D1985519

Ihr Bonusmaterial im Download-Bereich!

Zu Ihrem Buch **„Psychische Belastungen, Stress, Burnout?“** stellen wir Ihnen wertvolles Bonusmaterial zum Download zur Verfügung.

Ihr Bonusmaterial können Sie auf www.ecomed-storck.de/mein-konto aktivieren.

Wichtig: Sie müssen das Bonusmaterial dort zunächst **einmalig** mit Ihrem persönlichen Download-Code freischalten (siehe unten „So geht's“). Danach steht es Ihnen im Bereich **„Mein Konto“** bis zur nächsten Auflage des Buches zur Verfügung.

Ihr **persönlicher Download-Code** lautet: **p19-bst-734e**

So geht's:

1. Haben Sie bereits **Zugangsdaten** für die Website www.ecomed-storck.de?
   Wenn **nein**: Bitte weiter mit **Schritt 2**.
   Wenn **ja**: Bitte weiter mit **Schritt 3**.
2. Bitte legen Sie sich ein **Konto** an unter:
   www.ecomed-storck.de/konto-eroeffnen
3. Loggen Sie sich mit Ihren Zugangsdaten im Bereich **„Mein Konto“** ein:
   www.ecomed-storck.de/mein-konto
4. Klicken Sie dort bitte auf den Punkt **„Download-Code einlösen“**. Tragen Sie nun **Ihren persönlichen Download-Code** ein, bestätigen Sie die AGB und Datenschutzerklärung und klicken Sie auf **„Einlösen“**.
5. Unter **„Online-Produkte & Downloads“** steht Ihnen jetzt Ihr Bonusmaterial zur Verfügung.

ecomed SICHERHEIT

Ulla Nagel · Olaf Petermann

Psychische Belastungen, Stress, Burnout?

So erkennen Sie frühzeitig Gefährdungen für Ihre Mitarbeiter und beugen Erkrankungen erfolgreich vor!

3. Auflage

ecomed
SICHERHEIT

Bibliografische Informationen der Deutschen Nationalbibliothek

Die Deutsche Nationalbibliothek verzeichnet diese Publikation in der Deutschen Nationalbibliografie; detaillierte bibliografische Daten sind im Internet über http://dnb.de abrufbar.

Bei der Herstellung des Werkes haben wir uns zukunftsbewusst für umweltverträgliche und wiederverwertbare Materialien entschieden. Der Inhalt ist auf chlorfrei gebleichtes Papier gedruckt.

ISBN 978-3-609-69434-4

E-Mail: kundenservice@ecomed-storck.de

Telefon: 089/2183-7922
Telefax: 089/2183-7620

www.ecomed-storck.de

Alle Namen in den Fallbeispielen sind frei erdacht.
Ähnlichkeiten mit Namen realer Personen sind zufällig.

Abbildungen auf S. 13, 21, 127, 187, Umschlag vorne und hinten: fotolia.com
Alle anderen Abbildungen/Grafiken stammen von den Autoren

Satz: abavo GmbH, 86807 Buchloe
Druck: Westermann Druck, Zwickau

Vorwort

Wie bleibe ich trotz wachsendem Arbeitsstress gesund? Diese Frage bewegt immer mehr Mitarbeiter und Führungskräfte. Gesund bleiben kann der Einzelne nur im gesunden System! Das heißt also: Wie „gesund" ist mein Unternehmen?

Hier setzt das Buch an. Die psy.Res® Gesamtbilanz „Meine Arbeit & Gesundheit" analysiert im Teil 1 Belastungen und Ressourcen in der Arbeit, um dann im Teil 2 die psychische Gesundheit des Anwenders zu betrachten. Aus dem Abwägen beider Teile zueinander entsteht eine Gesamtbilanz mit detaillierten Empfehlungen für Verbesserungen.

Das Buch und die im Download-Bereich bereitgestellten Dateien bieten Hilfe sowohl für Betroffene durch das Selbsttest-Instrument als auch für Arbeitsschutzexperten und Führungskräfte durch die Checklistenvariante zur Fremdbeobachtung. In 30 anschaulichen Fallbeispielen werden die Instrumentarien psy.Risk® und psy.Res® in ihrer Anwendung und Auswertung ausführlich erläutert.

Erklärt werden Entstehung und Facetten psychischer Fehlbeanspruchungsfolgen, wie z.B. Stress, Depression, Burnout, Sucht, Innere Kündigung etc. Es wird außerdem ein Überblick über die Vielfältigkeit menschlicher Kraftquellen, der sog. Gesundheitsressourcen, gegeben, die für die Bewältigung der gewachsenen Anforderungen eine entscheidende Rolle spielen.

Um den Lesefluss zu erleichtern, wird in allen Texten nur die plurale Schreibweise (z.B. Mitarbeiter) verwendet, gleichwohl sind damit aber auch die weiblichen Funktionsträgerinnen gemeint. Der Download-Bereich zum Buch enthält alle Checklisten und Selbsttests als bearbeitbare PDF-Dokumente. Beachten Sie hierzu bitte die Hinweise in Kapitel 5.3.2.

Herzlichen Dank an das Team der Dr. Ulla Nagel GmbH, Susan Kainrat, Kristin Kramer, Rutger Nagel und Normann Nagel für die Mitarbeit an der Erstellung des Buches. Außerdem danken wir Herrn PD Dr. Wolfgang Zschiesche, BG ETEM, und Herrn Prof. em. Dr. Peter Richter, TU Dresden, für ihre fachliche Beratung und Unterstützung bei der Erstellung und Validierung des Testinstrumentariums. Unser Dank gilt weiterhin Herrn Dr. Peter Mack, ecomed Verlag, für die Leitung der redaktionellen Bearbeitung und Umsetzung des Buches.

Die 3. korrigierte Auflage berücksichtigt neben neuer Literatur die Erfahrungen aus den letzten Änderungen des Arbeitsschutzgesetzes, das die psychischen Belastungen bei der Arbeit in den Gefährdungskatalog aufgenommen hat, der bei der Gefährdungsbeurteilung zu berücksichtigen ist.

Olaf Petermann konnte an dieser Neuauflage leider nicht mehr mitarbeiten, da er am 30. Juni 2017 im Alter von 60 Jahren unerwartet verstorben ist. Er war bis zu seinem Tod Vorsitzender der Geschäftsführung der Berufsgenossenschaft Energie Textil Elektro Medienerzeugnisse (BG ETEM).

Dresden, im April 2019 Dr. Ulla Nagel

Diplompsychologin **Dr. Ulla Nagel** ist Trainerin, Beraterin und Coach mit arbeitspsychologischem und psychotherapeutischem Background. Seit 20 Jahren führt sie als Inhaberin die Innovative Personal- und Unternehmensentwicklung IPU Dr. Nagel & Partner in Dresden.
Seit 2007 ist sie Präsidentin der Internationalen Gesellschaft für Organisationsentwicklung IODA mit Sitz in Alexandria, USA. Sie ist weltweit aktiv, um Verantwortliche für das Thema „psychische Gesundheit in der Arbeit" zu sensibilisieren.
Seit 2003 besteht eine Kooperation mit der BG ETEM. Unter dem Namen psy.Risk® und psy.Res® entwickelte sie praktikable Instrumente zur Beurteilung und Prävention arbeitsbedingter Gesundheitsgefahren.

Olaf Petermann war bis zu seinem Tod im Juni 2017 Vorsitzender der Geschäftsführung der Berufsgenossenschaft Energie Textil Elektro Medienerzeugnisse (BG ETEM) in Köln. Mitglied der Geschäftsleitung war er seit 2001. Er hat an der Universität Trier Rechtswissenschaften studiert.
Als Vorsitzender des Besonderen Ausschusses für Prävention bei der Internationalen Vereinigung für Soziale Sicherheit (IVSS) in Genf war er weltweit Promotor für die Integration der psychischen Arbeitsbelastungen und Beanspruchungsfolgen in das Aufgabenspektrum der Prävention von Arbeitsunfällen und Berufskrankheiten.

Inhalt

1 Arbeit und Gesundheit – Von der Unfallverhütung zur Prävention bei psychischen Gefährdungen

■ Auswirkungen einer veränderten Arbeitswelt: Hetze, Arbeitsverdichtung, Effizienzdruck

Einführung von Olaf Petermann, bis 2017 Vorsitzender der Geschäftsführung der Berufsgenossenschaft Energie Textil Elektro Medienerzeugnisse BG ETEM:

Psychische Belastungen und psychische Erkrankungen als Folge von Arbeit und Beruf stehen heute im Blickpunkt der Öffentlichkeit, viel stärker als Arbeitsunfälle und Berufskrankheiten.

Dafür gibt es folgende Erklärungen:

- Die Krankenkassen vermelden eine große Zahl an psychischen Erkrankungen seit 2010.
- Die Berufsgenossenschaften und Unfallkassen verzeichnen in den letzten Jahren und Jahrzehnten rückläufige Zahlen von Arbeitsunfällen und Berufskrankheiten. So ist zum Beispiel die Zahl der Arbeitsunfälle insgesamt in Deutschland in den letzten 50 Jahren um 75% zurückgegangen.
- Unternehmer und Berufsgenossenschaften haben seit 1997 einen erweiterten gesetzlichen Präventionsauftrag durch das Arbeitsschutzgesetz und das SGBVII auch für arbeitsdingte Gesundheitsgefahren. Hierzu gehören auch psychische Belastungen. § 4 (1) 1 Arbeitsschutzgesetz regelt: Die Arbeit ist so zu gestalten, dass eine Gefährdung für das Leben und die physische und psychische Gesundheit möglichst vermieden und die verbleibende Gefährdung möglichst gering gehalten wird. Weitere gesetzliche Vorgaben werden diskutiert und gefordert, insbesondere eine Antistressverordnung. Aus der gestiegenen Zahl an psychischen Erkrankungen, die mit Arbeit und Beruf in Zusammenhang gebracht werden, wird gefolgert, dass die Prävention diesbezüglich unzureichend ist. Weitere gesetzgeberische Maßnahmen werden gefordert. Presse, Funk und Fernsehen berichten ständig über das Thema. Die Sozialpartner streiten, in den Betrieben wird diskutiert.
- Als Schwerpunkt und Grundlage des Arbeits- und Gesundheitsschutzes im Betrieb wird heute die Gefährdungsbeurteilung nach § 5 Arbeitsschutzgesetz gesehen. In § 5 (3) des Arbeitsschutzgesetzes wurden ausdrücklich „psychische Belastungen“ ausgeführt. Diese müssen bei der Gefährdungsbeurteilung berücksichtigt werden. Zwischenzeitlich haben die meisten Betriebe diese erstellt. Die Gefährdungsbeurteilung muss aber umfassend und ganzheitlich sein, also auch den Bereich der psychischen Belastungen einbeziehen. Damit tun sich viele Unternehmer, Vorgesetzte und Sicherheitsexperten schwer. Es ist auch nicht einfach!

1.1 Der Zusammenhang zwischen Arbeit und Gesundheit

Arbeit ist die Basis unserer Gesellschaft und des menschlichen Lebens. Insofern fördert (und sichert) Arbeit das Wohlbefinden und damit auch die Gesundheit. Es ist allgemein anerkannt, dass Arbeitslosigkeit der Gesundheit schadet und sogar Ursache von Krankheit sein kann. Der Spruch: „Arbeit macht krank“ ist deshalb grundsätzlich falsch und irreführend! Arbeit müsste dann abgeschafft oder gar verboten werden. Natürlich kann Arbeit Gefährdungen und Belastungen aller Art für die Gesundheit mit sich bringen, insbesondere bestimmte Berufe (z. B. Bergleute) und Tätigkeiten (z. B. Umgang mit Asbest) sind für die Gesundheit mit Risiken verbunden.

1.2 Arbeitsunfall und Berufskrankheit

Seit langer Zeit ist der Arbeitsunfall bekannt, der durch besondere Gefährdungen bzw. atypische Geschehensabläufe ungeplant und plötzlich zu einem Gesundheitsschaden führt. Die stark ansteigende Zahl von Arbeitsunfällen im Zeitalter der Industrialisierung im 19. Jahrhundert wurde zum großen sozialen Problem. Die damals eingesetzte Technik bei Dampf und Elektrizität war noch gefährlich, weil unberechenbar und unvollkommen. Der Sicherheitsstandard war noch sehr niedrig im Vergleich zu heute. Die Verbesserung der Technik, aber auch der Organisation im Betrieb und der Personalführung von Unternehmer und Führungskräften haben zu einem starken Rückgang der Unfälle geführt. Unfallursache ist heute zumeist ein Verhaltensfehler des Betroffenen. Durch Qualifikation und Training sowie durch optimale Personalführung lässt sich die Unfallquote noch weiter senken.

Bisher wenig Beachtung bei der Prävention findet die Tatsache, dass psychische Faktoren sehr häufig Unfallursache oder Mitunfallursache sind. Auf jeden Fall ist es deshalb auch in der „klassischen“ Unfallverhütung wichtig, psychische Fehlbelastungen festzustellen und zu vermeiden. Zwar ist die Zahl der Arbeitsunfälle stark zurückgegangen, aber die „Vision zero“ kann nur erreicht werden, wenn bei der Unfallprävention auch die psychischen Fehlbelastungen miteinbezogen werden.

Neben den Arbeitsunfällen sind seit dem Altertum auch die Berufskrankheiten (zum Beispiel die Staublunge der Bergleute) bekannt: Besondere Berufe oder bestimmte Arbeitstätigkeiten sind von bestimmten Krankheiten häufiger betroffen. Die deutsche Berufskrankheitenverordnung beschreibt 52 Berufskrankheiten, die durch die Berufsgenossenschaften und Unfallkassen entschädigt werden müssen.

Chemische, mechanische, biologische und andere Einwirkungen und Belastungen (zum Beispiel Lärm, Asbest, Lösemittel) sind als krankheitsverursachend eingestuft und aufgeführt, nicht jedoch psychische Fehlbelastungen. Insoweit sind psychische Fehlbelastungen im Beruf, die zu einer Erkrankung führen, nicht von der Unfallversicherung zu entschädigen. Die Folgen psychischer Fehlbelastungen im Beruf haben im Wesentlichen die Krankenkassen und die Rentenversicherung zu tragen. Das wird insbesondere von den Gewerkschaften in Deutschland kritisch gesehen.

1.3 Arbeitsbedingte Gesundheitsgefahren

Seit 1997 sind Unternehmer und Berufsgenossenschaften verpflichtet, neben der Prävention vor Arbeitsunfällen und Berufskrankheiten auch alle arbeitsbedingten Gesundheitsgefahren zu verhüten! Während „Arbeitsunfall“ und „Berufskrankheiten“ konkret im SGB VII geregelt sind, erscheint der Begriff „arbeitsbedingte Gesundheitsgefahr“ sehr weit und unbestimmt. Es werden alle Einwirkungen, Einflüsse und Bedingungen der Arbeit erfasst, die eine Gefahr für die Gesundheit darstellen können, also zur Krankheit (über die Berufskrankheit hinaus) führen können.

Nach langen Diskussionen hat sich folgende Klassifizierung ergeben:

- physische Belastungen wie Heben, Tragen, Sitzen, Bewegen bei der Arbeit,
- Belastungen aus der Arbeitsumwelt wie Lärm, Klima, Vibration, Licht, Strahlen, also Beleuchtung des Arbeitsplatzes,
- psychische Belastungen

Insbesondere ob und in welchem Umfang psychische Belastungen bei der Arbeit als arbeitsbedingte Gesundheitsgefahren einzustufen sind, war lange Zeit streitig. Der allgemeine Grundsatz, dass psychische Belastungen zu negativen Folgen für den Beschäftigten, aber auch für den Betrieb führen können, ist heute unbestritten.

1.4 Klassische Prävention bei Arbeitsunfällen

In der Unfallverhütung sind die präventiven Maßnahmen einfach und klar zu bestimmen. Der Arbeitsunfall hat meist eine eindeutige Ursache. Hat ein technischer Mangel zum Unfall geführt, ist dieser zu beseitigen. Ebenso organisatorische Mängel (zum Beispiel: keine Gefährdungsbeurteilung) und unzureichende Personalführung (zum Beispiel: fehlende oder falsche Arbeitsanweisungen). Häufig sind Unfälle nicht monokausal, sondern eine Reihe von Umständen und Einflüssen haben zum Schaden geführt. Es ist aber immer einfach festzustellen, was hätte besser gemacht werden können:

- Qualifikation und Motivation des Mitarbeiters
- bessere Anweisung und Unterweisung, gegebenenfalls andere Personalauswahl
- verbesserte Organisation des Arbeitsablaufs
- technische Überwachung und Mängelbeseitigung, persönliche Schutzausrüstung

Die Maßnahmen der Unfallverhütung sind konkret und gut nachvollziehbar.

1.5 Die Prävention bei psychischen Fehlbelastungen

Die Prävention bei psychischen Fehlbelastungen ist eine Herausforderung:

- Psychische Belastungsfaktoren sind schwer messbar im Gegensatz zu mechanischen Kräften, chemischen Konzentrationen, Temperatur und Lärm. Messen, Zählen und Wiegen sind aber im Betrieb notwendige und akzeptierte Verfahren, auf denen Technik und Betriebswirtschaft, aber auch alle betrieblichen Prozesse beruhen. Auf den ersten Blick sind psychische Belastungen gar nicht zu sehen, schon gar nicht von Dritten wie Aufsichtspersonen von Staat und Berufsgenossenschaft. Allenfalls durch fachlich fundierte psychologische Fremd- und Selbstbeobachtung kann man zu dem Ergebnis kommen, dass psychische Belastungen vorhanden sind. Obwohl wir im Zeitalter der verstärkten Hinwendung zu psychologischen Fragestellungen leben, sind der Unternehmer, die Führungskräfte, Beschäftigte, Betriebsräte und Sicherheitsfachkräfte grundsätzlich nicht in der Lage, psychische Belastungen zu ermitteln, am ehesten noch der Betriebsarzt. Einen psychologischen Berater für jeden der über eine Million Betriebe in Deutschland zur Verfügung zu stellen, ist fern jeder Realität. Kritiker sind deshalb auch der Auffassung, der Gesetzgeber habe bei der Präventionsvorgabe für arbeitsbedingte Gesundheitsgefahren über das Ziel hinausgeschossen. Es bedarf also besonderer Methoden und Verfahren für die betrieblichen Entscheidungsträger, damit psychische Belastungen mit vertretbarem Aufwand und gutem Ergebnis an den Arbeitsplätzen festgestellt werden können.
- Selbst wenn man psychische Belastungen erkannt hat, wirken sie auf die verschiedenen Menschen unterschiedlich. Der Faktor „monotone Arbeit“ kann krank machen. Er kann aber auch denjenigen beruhigen, der ganzheitlichen komplexen Aufgaben nur schwer gewachsen ist. Umgekehrt kann ganzheitliche Organisation (zum Beispiel Teamarbeit) die Gesundheit fördern und einseitige psychische Belastungen vermeiden. Das verhindert das Entstehen solcher Fehlbeanspruchung wie Monotonie, schnelle Ermüdung oder negative Gereiztheit (psychische Sättigung).

Viele psychische Belastungen sind wie bei Berufskrankheiten eher als „weich“ und weniger intensiv einzustufen. Erst die Belastung über einen längeren Zeitraum zeigt Wirkung, anders als beim Arbeitsunfall, wo ein plötzliches Ereignis (Sturz von der Leiter) direkt zum Schaden (Handgelenksbruch) führt. Bei psychischen Belastungen stellt sich die Frage, ob sie im konkreten Fall überhaupt ursächlich für eine Erkrankung sind oder andere Ursachen oder psychische Einflüsse aus dem Privatbereich (Ehe, Familie) oder anlagebedingt zu einer Erkrankung (Herzinfarkt) führen. Andersherum betrachtet: Erkrankungen können viele Ursachen haben.

- Bei Berufskrankheiten gibt es eine rechtsverbindliche Liste, in der auf der einen Seite die schädlichen Einwirkungen (zum Beispiel Asbest) bezeichnet sind, zum anderen entsprechende Erkrankungen (Pleuramesotheliom).

Entsprechendes existiert bei psychischen Belastungen und Erkrankungen nicht. Es sind wissenschaftliche Literatur, Gutachten und Studien vorhanden. Auch gibt es die Normen DIN EN ISO 10075 1, 2, 3 mit grundlegenden Definitionen zur psychischen Arbeitsbelastung. Die Bundesanstalt für Arbeitsschutz und Arbeitsmedizin (BAUA) stellt in einer Toolbox eine Vielzahl von Instrumente zur Feststellung von psychischen Belastungen vor.

Trotz der ausdrücklichen Erwähnung von „psychischer Gesundheit“ und „psychischen Belastungen“ im § 4 und 5 des Arbeitsschutzgesetzes tun sich Betriebe mit der Umsetzung der Gefährdungsbeurteilung und den daraus folgenden Maßnahmen schwer.

1.6 Das Projekt psy.Risk®

Die Berufsgenossenschaft Energie Textil Elektro und Medienerzeugnisse (BG ETEM) hat im Rahmen ihres erweiterten Präventionsauftrages ihre Mitgliedsbetriebe bei der Verhütung von arbeitsbedingten Gesundheitsgefahren zu unterstützen. Es wurde das Projekt psy.Risk® unterstützt und gefördert.

Psy.Risk® ist ein Verfahren zur Feststellung und Vermeidung psychischer Fehlbelastungen. Es berücksichtigt die Situation des Betriebes umfassend. Es stellt auf die tatsächlichen beruflichen, personellen und sozialen Einflussfaktoren insgesamt ab. Es berücksichtigt neben Arbeitstätigkeit, Arbeitsplatz sowie Arbeitsmittel, System und Qualifikation auch die Belastungen, die aus Prozessen zwischen den Mitarbeitern untereinander, zwischen Mitarbeitern, Führungskräften und Unternehmensleitungen folgen. Kultur und Werte des Unternehmens werden betrachtet.

Es geht vor allem auch darum, nicht nur psychische Belastungen festzustellen, sondern auch Entlastungen im Sinne von personellen, organisatorischen und technischen Maßnahmen zu entwickeln. Diese Maßnahmen wirken dann als arbeitsbedingte und soziale Ressourcen bei der Ausübung der Arbeit und helfen den Beschäftigten, ihre persönlichen Ressourcen auszubauen. Dieses Buch basiert auf dem Konzept psy.Risk®.

1.7 Gute Gründe für aktive Prävention bei psychischen Fehlbelastungen im Betrieb!

Es ist schwierig, aber Sie sollten es tun!

Gute Prävention im Betrieb:

- ist Ausdruck der Fürsorge für die Mitarbeiter und verbessert Kultur und Betriebsklima.
- erhöht die Leistung jedes Einzelnen, jedes Teams und des gesamten Betriebes.
- dient der Gesundheit und verhindert Krankheit aller im Betrieb Beschäftigten.
- ist eine gute und sinnvolle Investition, die sich betriebswirtschaftlich rechnet.
- dient dem Ansehen des Betriebes und schafft auch Vertrauen beim Kunden in die Produkte und Dienstleistungen.
- ist eine gesetzliche Vorgabe – keine Kür, sondern Pflicht.
- verhindert Arbeitsunfälle, Krisen und Krankheiten, weil diese häufig auch auf psychischen Fehlbelastungen beruhen.

2 Die Pflicht zur Gefährdungsbeurteilung bei psychischen Faktoren – Was sagt das Gesetz?

■ Die Gefährdungsbeurteilung hat sich für technische Sachverhalte durchgesetzt. Sollten auch psychische Risiken aufgenommen werden?

Psychische Belastungen gehören zu den arbeitsbedingten Gesundheitsgefahren.

Nach dem Arbeitsschutzgesetz (§ 2 Abs. 1, § 3 Abs. 1) sind Arbeitgeber verpflichtet, die erforderlichen Maßnahmen zur Verhütung von Unfällen bei der Arbeit und arbeitsbedingten Gesundheitsgefahren einschließlich der Maßnahmen der menschengerechten Gestaltung der Arbeit zu ergreifen. Der Arbeitgeber hat durch eine Beurteilung der Gefährdung zu ermitteln, welche Maßnahmen des Arbeitsschutzes zu treffen sind.

Er hat damit auch die Pflicht, die Gefährdungen der Gesundheit durch psychische Belastungen zu ermitteln (§ 5 Abs. 3 ArbSchG) und die Maßnahmen zur Abwendung der Gefährdung zu treffen: Gefährdungsbeurteilung!

2.1 Die Gefährdungsbeurteilung – eine grundlegende Maßnahme zur Sicherheit und Gesundheit

Maßnahmen des Arbeitsschutzes nach dem Arbeitsschutzgesetz sind neben den sicherheitstechnischen Maßnahmen auch die organisatorischen und personalführungsmäßigen Maßnahmen (§ 3 Abs. 2).

Eine Vielzahl von Maßnahmen des Arbeitsschutzes muss, wenn notwendig, im Betrieb zum Einsatz kommen und Anwendung finden, zum Beispiel:

- persönliche Schutzausrüstung, bspw. Schutzbrille tragen (Verhalten)
- Unterweisung im Arbeitsschutz (Personalführung)

- Sicherheitsbeauftragte in der erforderlichen Zahl bestellen (Organisation)
- Maschinenverkleidung bei einer Drehmaschine (Sicherheitstechnik)

Die Gefährdungsbeurteilung ist eine grundsätzliche Maßnahme des Arbeitsschutzes, die übergreifend ist und alle Gefährdungen sowie alle daraus abgeleiteten notwendigen Maßnahmen personeller, organisatorischer und technischer Art umfassen muss. Grundlage ist die Art der Tätigkeit.

§ 5 (3) Arbeitsschutzgesetz

Eine Gefährdung kann sich insbesondere ergeben durch:

1. die Gestaltung und die Einrichtung der Arbeitsstätte und des Arbeitsplatzes,
2. physikalische, chemische und biologische Einwirkungen,
3. die Gestaltung, die Auswahl und den Einsatz von Arbeitsmitteln, insbesondere von Arbeitsstoffen, Maschinen, Geräten und Anlagen sowie den Umgang damit,
4. die Gestaltung von Arbeits- und Fertigungsverfahren, Arbeitsabläufen und Arbeitszeit und deren Zusammenwirken,
5. unzureichende Qualifikation und Unterweisung der Beschäftigten,
6. psychische Belastungen bei der Arbeit.

Die Gefährdungen sind nach Art der Tätigkeiten zu ermitteln. Die Maßnahmen des Arbeitsschutzes sind festzulegen und entsprechend § 6 des Arbeitsschutzgesetzes zu dokumentieren. Der gesamte Betrieb ist zu erfassen, was im Ergebnis aufwendig ist und zu umfangreichen Dokumenten führt. Kritiker weisen darauf hin, dass die Gefährdungsbeurteilung die Sicherheitsarbeit im Betrieb verbürokratisiert und andere wichtige Maßnahmen des Arbeitsschutzes zu Unrecht in den Hintergrund treten: So ersetzt die Gefährdungsbeurteilung nicht notwendige und erforderliche Anweisungen und Unterweisungen bezüglich sicheren Arbeitens im Betrieb.

Die Gefährdungsbeurteilung ist aber die erste und grundlegende Maßnahme für Sicherheit und Gesundheit im Betrieb.

2.2 Auch psychische Gefährdungen sind zu beurteilen!

Psychische Gesundheit und psychische Belastungen werden ausdrücklich im ArbSchG aufgeführt. Es ist anerkannt, dass im Begriff „arbeitsbedingte Gesundheitsgefahren" auch die psychischen Gefährdungen mit enthalten sind. Das führte zu jahrelangen Diskussionen, ob psychische Gefährdungen wirklich vom Arbeitsschutzgesetz und dem SGB VII umfasst sind.

Nicht übersehen werden darf, dass nach § 4 Nr. 2 Arbeitsschutzgesetz der Stand der Technik, Arbeitsmedizin und Hygiene sowie gesicherte arbeitswissenschaftliche Erkenntnisse zu berücksichtigen sind. Damit gelten die Normen von DIN EN ISO 10075, 1, 2, 3 und DIN EN ISO 9241-2 direkt auch in Deutschland. Diese Normen beschreiben die Anforderungen an menschengerecht gestaltete Arbeitsbedingungen – mit dem Ziel, übermäßige psychische Belastungen im Arbeitsalltag zu vermeiden.

Im Arbeitssicherheitsgesetz wird den Betriebsärzten auch die Aufgabe gestellt, arbeitspsychologische und ergonomische Fragen zu lösen. Die Bildschirmarbeitsverordnung regelt in § 3, dass der Arbeitgeber auch psychische Belastungen an Bildschirmarbeitsplätzen zu ermitteln und zu beurteilen hat.

Gemessen an der Bedeutung haben wir relativ wenige Vorschriften und Regeln, was Vor- und Nachteile hat. Leitlinien setzt die Gemeinsame Deutsche Arbeitsschutzstrategie GDA Psyche. (Geschäftsstelle der Nationalen Arbeitsschutzkonferenz (Herausgeber): Leitlinie Beratung und Überwachung bei psychischer Belastung am Arbeitsplatz, Berlin (2018), Bundesanstalt für Arbeitsschutz und Arbeitsmedizin. GDA Psyche, Erklärungsplattform: https://www.gda-psyche.de/)

2.3 Die „ganzheitliche" Gefährdungsbeurteilung

Die Gefährdungsbeurteilung muss alle Arten der Tätigkeiten im Betrieb erfassen, nicht nur bestimmte, als besonders gefährlich eingeschätzte Arbeiten. Lediglich bei gleichartigen Arbeitsbedingungen ist die Beurteilung eines Arbeitsplatzes oder einer Tätigkeit ausreichend.

Die Forderung nach einer sogenannten „ganzheitlichen" Gefährdungsbeurteilung will sicherstellen, dass die Gefährdungsbeurteilung über sicherheitstechnische Aspekte hinausgeht:

- Auch Personalführung und Organisation sind zu beurteilen.
- Neben Unfallgefahren sind alle arbeitsbedingten Gesundheitsgefahren einschließlich der Maßnahmen der menschengerechten Gestaltung der Arbeit zu beurteilen.

2.4 Aufbau und Struktur einer Gefährdungsbeurteilung

Der Arbeitgeber hat

a) die Gefährdungen nach Art der Tätigkeiten zu beurteilen,

b) die Maßnahmen des Arbeitsschutzes festzulegen.

Damit ist die Grundstruktur einer Gefährdungsbeurteilung beschrieben.

Sinnvollerweise kann man weiteres anführen:

c) Wurden die „allgemeinen Grundsätze" (§ 4 Arbeitsschutzgesetz) für Maßnahmen der Gefährdungsbeurteilung eingehalten?

1. *Die Arbeit ist so zu gestalten, dass eine Gefährdung für Leben und Gesundheit möglichst vermieden und die verbleibende Gefährdung möglichst gering gehalten wird.*
2. *Gefahren sind an ihrer Quelle zu bekämpfen.*
3. *Bei den Maßnahmen sind der Stand von Technik, Arbeitsmedizin und Hygiene sowie sonstige gesicherte arbeitswissenschaftliche Erkenntnisse zu berücksichtigen.*
4. *Maßnahmen sind mit dem Ziel zu planen, Technik, Arbeitsorganisation, sonstige Arbeitsbedingungen, soziale Beziehungen und Einfluss der Umwelt auf den Arbeitsplatz sachgerecht zu verknüpfen.*
5. *Individuelle Schutzmaßnahmen sind nachrangig zu anderen Maßnahmen.*

Damit überprüft man, ob man die „richtigen" Maßnahmen getroffen hat, zum Beispiel ob der Grundsatz „Gefahrenvermeidung vor Gefahrenminderung" eingehalten wurde.

d) War die Maßnahme wirksam und ist sie dauerhaft?

Aufgrund der Komplexität und Dynamik der Arbeitsprozesse wird diese Frage häufig übersehen bzw. am Rande behandelt. Sehr häufig ist zu beobachten, dass in den Betrieben alle möglichen Aktionen gestartet werden und nicht zum Ende geführt werden, sondern durch neue ersetzt werden. Die Nachhaltigkeit bleibt auf der Strecke.

e) Eine weitere formale Pflicht ist die Dokumentation nach § 6 Arbeitsschutzgesetz. Hierfür gibt es Tools zum Beispiel von der BG ETEM, die das Dokumentieren erleichtern und einen guten und übersichtlichen Aufbau sowie inhaltliche Mindestanforderungen sicherstellen.

Leider ist auch häufig in der betrieblichen Praxis zu beobachten, dass die Tools und Bausteine zwar die Dokumentation erleichtern, aber dann in den Aktenschränken verschwinden. Eine Gefährdungsbeurteilung muss vor allen Dingen gelebt und nicht nur dokumentiert werden. Sie muss in den Köpfen stattfinden und nicht auf dem Papier!

2.5 Besonderheiten bei der Beurteilung psychischer Gefährdungen

Expertenverfahren stoßen an ihre Grenzen

Die herkömmliche Gefährdungsbeurteilung ist meist ein Expertenverfahren. Sie erfasst Einschätzungen speziell (und vorwiegend technisch) ausgebildeter Sicherheitsfachleute, die häufig vom Arbeitgeber für die Umsetzung des Arbeits- und Gesundheitsschutzes eingesetzt sind. Während die Kausalität bei „klassischen" Gefährdungen häufig eindeutiger ist (z.B. eine bestimmte Konzentration von Giftstoffen ruft definierte physische Reaktionen beim Menschen hervor), ist die Reaktion auf psychische Einflussfaktoren weniger monokausal und somit schwieriger vorauszusagen (z.B. kann ein bestimmtes Führungsverhalten einen Teil der Mitarbeiter anspornen, den anderen Teil aber demotivieren und negative Auswirkung auf ihre psychische Verfassung haben). So kann es mit Checklisten durchaus gelingen, die allgemein als kritisch bekannten Faktoren durch Beobachtung zu erfassen. Inwieweit die konkrete Bedingung beim Arbeitsplatzinhaber jedoch tatsächlich als belastend erlebt wird, kann oft nur durch Befragung des Mitarbeiters ermittelt werden.

Expertenverfahren stoßen bei der Beurteilung psychischer Risiken also an ihre Grenzen und benötigen ergänzend den **Dialog mit den Betroffenen**.

2.5.2 Objektive Einwirkungen und subjektive Auswirkungen müssen gleichermaßen erfasst werden

Psychische Gefährdungen können in ihrer Schwere objektiv kaum beurteilt werden, da die Wirkungen äußerer Belastungsfaktoren von dispositionellen und konstitutionellen Ressourcen des Mitarbeiters abhängig sind. Objektive Einwirkungen werden am Individuum gemessen und in ihrer individuellen Wirkung subjektiv wahrgenommen.

Die Komplexität einer Arbeitsaufgabe ist grundsätzlich noch kein Gefährdungsfaktor. Sie kann als Ansporn und Chance wahrgenommen werden. Wenn der Arbeitende jedoch Angst entwickelt, diese Komplexität auf Dauer nicht beherrschen zu können, wird sie zum negativen Belastungsfaktor für seine Gesundheit.

Beurteilung von psychischen Gefährdungen

Eine Beurteilung von psychischen Gefährdungen sollte die Betrachtung sowohl von **objektiven Einflussfaktoren (Belastungen)** als auch von **subjektiven Reaktionen darauf (Beanspruchungsfolgen)** einbeziehen.

(nähere Informationen siehe Kapitel 3)

2.5.3 Es mangelt an gesicherten Erkenntnissen und Erfahrungen

Ganzheitliche Gesundheitsgefährdungen spielten bislang eine untergeordnete Rolle und wurden eher oberflächlich erfasst. In üblichen Einteilungen finden sie sich aber in verschiedenen Untergruppen der Gefährdungsfaktoren wieder (insb. 10, 11, 12 und 13.)

Beurteilt werden (nach Debitz, Gruber, Richter 2001):

1. Mechanische Gefährdung
2. Elektrische Gefährdung
3. Gefährdung durch Stoffe
4. Biologische Gefährdung
5. Gefährdung durch Brände/Explosionen
6. Thermische Gefährdung
7. Gefährdung durch spezielle physikalische Einwirkungen

8. Gefährdung/Belastung durch Arbeitsumgebungsbelastungen
9. Gefährdung durch Nichtbeachtung ergonomischer Erkenntnisse/physische Belastung/Arbeitsschwere
10. Gefährdung durch Arbeitsplatzgestaltung: Wahrnehmung und Handarbeit
11. Gefährdung durch organisatorische Mängel
12. **Psychische Belastungsfaktoren** (Arbeitstätigkeit, Arbeitsorganisation, soziale Beziehungen)
13. Sonstige Gefährdungs- und Belastungsfaktoren (wie z.B. durch: PSA, Tiere, Pflanzen, Menschen)

Am besten untersucht sind psychische Einflussfaktoren aus der Gestaltung der Arbeitstätigkeit, des Arbeitsinhalts, der Arbeitsorganisation sowie des Informationsaustausches (Hacker, Richter 1984; Debitz, Gruber, Richter 2001). Allerdings diente die arbeitspsychologische Forschung, die einen Höhepunkt in den 70er- und 80er-Jahren hatte, in erster Linie der lern- und persönlichkeitsförderlichen Gestaltung von Arbeitstätigkeiten, Arbeitsformen und Arbeitsprozessen. Der Ressourcenaspekt stand im Vordergrund. Ebenfalls widmete man sich der Vermeidung von kurzfristigen Fehlbeanspruchungsfolgen (Monotonie, psychische Sättigung, psychische Ermüdung und akutes Stresserleben).

Weniger befasste sich die arbeitswissenschaftliche Forschung mit der Frage, welche Bedingungen in der Arbeit die ganzheitliche Gesundheit der Arbeitenden langfristig schädigen können und wie sich diese Schädigung individuell vollzieht.

2.5.4 Der Arbeitsplatz- und Tätigkeitsbezug nach § 5 ArbSchG ist nicht aufnahmefähig für komplexe psychische Gefährdungen

Der enge Bezug der herkömmlichen Gefährdungsbeurteilung zu Arbeitsmittel, Arbeitsgegenstand, Hilfsmitteln, Arbeitsplatz, Arbeitsverfahren, Arbeitsabläufen, Arbeitszeit sowie Qualifikation und Unterweisung (§ 5 Abs. 1, Abs. 3 ArbSchG) begrenzt die Betrachtung ganzheitlicher Gesundheitsgefahren. Psychische Gefährdungen sind in ihrer Wirkung komplex und gehen häufig vom System und nicht nur vom einzelnen Arbeitsplatz oder Arbeitsverfahren aus. Die systembezogenen Einwirkungen, die sich in der Qualität des sozialen Wohlbefindens niederschlagen, werden nicht selten sogar belastender erlebt als die tätigkeitsbezogenen.

Wie kann ein schlechtes Teamklima, ein unangemessenes Führungsverhalten oder eine von eher negativem Menschenbild geprägte Unternehmenskultur eingeordnet werden? Auch die Art und Weise der Unternehmensführung ist ein psychischer Einflussfaktor. Nachweislich birgt z.B. das Fehlen eines klaren Organigramms mit Ausweisung von Befugnissen, Verantwortlichkeiten und Kompetenzgrenzen eine potenzielle psychische Gefährdung in sich. Es wurde beobachtet, dass es dadurch leichter zur Ausbildung von Verdrängungswettbewerb und Mobbing kommt als in Firmen, in denen alles klar geregelt ist und jeder seinen Platz ausfüllen kann.

! Gefährdungsbeurteilung im psychischen Bereich

Eine Gefährdungsbeurteilung im psychischen Bereich darf sich einer Einschätzung dieser globalen oder territorialen Bedingungen im Unternehmen nicht verschließen. Sie muss **unmittelbar arbeitsbezogene mit systembezogenen Beurteilungen kombinieren.** Letztere betreffen dann gleichzeitig mehrere Arbeitsplätze und sollten kollektiv beispielsweise in Teams oder Abteilungen (Workshop, Zirkel) bzw. in der gesamten Organisation (Mitarbeiterbefragung) ermittelt werden. **Die Sicherheitsfachkraft kann hier als Moderator fungieren.**

2.5.5 Belastungen können sowohl Gefährdung als auch Ressource sein

Je nachdem, wie ein psychomentaler Einflussfaktor ausgeprägt ist, wird er entweder zur Gefährdung oder zur Gesundheitsressource. In anderen Rubriken der Gefährdungsbeurteilung geht es in erster Linie um das Abstellen einer negativen Einwirkung. Sind die Kabel so gelegt, dass der Arbeitende nicht darüber stolpern kann, ist die Gefahr beseitigt. Eine zusätzliche Gesundheitsressource erwächst daraus nicht.

Anders ist das z.B. beim Vertrauen unter den Kollegen. Herrscht **Misstrauen,** so führt das zur Distanzierung voneinander. Das Teamklima bekommt eine feindselige Note. Man beobachtet angestrengt, wo die nächste „Fußangel" ausgelegt werden könnte. Man hat Angst, dass einem Nachteile entstehen und sichert sich ab, so gut es geht. Das eigentliche Ziel der Arbeit gerät außer Sicht. Eventuell schafft man die Vorgaben nicht mehr und fürchtet die Kritik des Chefs. Abends grübelt man noch, wie das wohl alles ausgehen wird und findet am Ende keinen ruhigen Schlaf.

Wird das Misstrauen abgebaut, entsteht Vertrauen. **Vertrauen** zu den Teamkollegen wiederum ist eine gewichtige soziale Ressource. Man „wirft sich die Bälle zu", kann sich auf Zuruf schnell verbindlich einigen. Gemeinsam findet man viel kreativere Lösungen, arbeitet effektiver und steuert das Ziel direkt an. Die Arbeit geht von der Hand, macht Spaß, man lacht zusammen und freut sich am gemeinsamen Erfolg. Selbstvertrauen entsteht.

! Gefährdungsbeurteilung als Gestaltungshilfe

Baut man also eine psychische Fehlbelastung ab, baut sich im Gegenzug i.d.R. automatisch eine Gesundheitsressource auf. **Gefährdungsbeurteilungen sind daher im Prinzip gleichzeitig Gestaltungshilfen für gesundheits- und persönlichkeitsförderliche Arbeit.**

2.5.6 Eine nur technische Ausbildung von Sicherheitsexperten reicht nicht mehr aus

Durch den Einzug des Computers und des Internets in unsere Arbeitswelt haben sich nicht nur die Tätigkeiten an sich sondern vor allem auch die Belastungen verändert. Die Beschäftigung mit dem Thema „Psychomentale Belastungen und ihre Folgen" stellt für Sicherheitsfachkräfte eine neue Herausforderung dar. Sie ist in Bezug auf die Tätigkeit der Sicherheitsfachkraft daher als Belastung zu klassifizieren. Welche Wirkung diese Belastung hat – Bereicherung der bisherigen Tätigkeit verbunden mit Neugier und Interesse oder lästige Pflicht, weil zusätzlicher Lernaufwand in einem schwer fassbaren, innerlich abgelehnten Fachgebiet –, wird entscheiden, ob es für den einzelnen Arbeitsschutzexperten eine angemessene oder eine Fehlbelastung ist.

Die DGUV (Deutsche Gesetzliche Unfallversicherung), der Spitzenverband der Unfallkassen und Berufsgenossenschaften, hat bereits reagiert und die Ausbildungsprogramme für Arbeitsschutzexperten, Beschäftigte, Vorgesetzte und Unternehmer um das Themengebiet „Prävention bei psychischen Gesundheitsgefährdungen" erweitert.

2.5.7 Die ganzheitliche Gefährdungsbeurteilung oder die spezielle Gefährdungsbeurteilung für psychische Fehlbelastungen

Aufgrund der unterschiedlichen Wirkungsweise von psychischer Belastung und Beanspruchung auf der einen Seite und der monokausalen Beziehung beim klassischen Arbeitsschutz zwischen Gefahr, Maßnahme und Beseitigung auf der anderen Seite stellt sich die Frage: Ist es überhaupt sinnvoll, psychische Belastung und Beanspruchung in die allgemeine Gefährdungsbeurteilung zu integrieren oder empfiehlt sich neben der „allgemeinen" Gefährdungsbeurteilung eine „eigene" Gefährdungsbeurteilung für den Bereich Psyche?

Beides ist möglich, beides kann sinnvoll sein.

Nimmt man zum Beispiel die Tätigkeit „Außendienst Vertrieb", so bietet es sich an, neben den Außendienstgefahren wie Verkehrssicherheit, Arbeitsorganisation auch psychische Gefährdungen wie stressige Kunden, Erfolgsdruck, psychische Belastungen durch Autofahren, in einem Beurteilungs- und Maßnahmenkatalog abzuhandeln.

Bei größeren betrieblichen Standorten mit vielen Bereichen und Führungsebenen empfiehlt es sich, wie folgt vorzugehen:

- Bei der Gefährdungsbeurteilung nach Art der Tätigkeiten sollten auch die in diesem Zusammenhang auftretenden psychischen Gefährdungen (zum Beispiel: Monotonie) aufgeführt werden.
- Sinnvoll ist dann aber noch ein weiterer Teil: Er beinhaltet psychische Gefährdungen aufgrund von Organisation und Struktur des Betriebes unter Berücksichtigung der Information und Kommunikation zwischen den verschiedenen Arbeitsbereichen und Führungsebenen.

Teilweise wird vertreten, dass die Gefährdungsbeurteilung nur verhältnispräventive Maßnahmen beinhalten sollte. Bei psychischen Gefährdungen sind auch allgemeine verhaltenspräventive Maßnahmen, wie Vorbeugung gegen Sucht oder bestimmte Störungen (z.B. emotionale Erschöpfung) in sinnvoller Weise in der Gefährdungsbeurteilung zu berücksichtigen.

3 Wie alles zusammenhängt – Psychische Belastungen, Stress, Burnout

Normale Belastung oder schon psychische Fehlbeanspruchung?

3.1 Was verbirgt sich hinter den Begriffen „Belastung" & „Beanspruchung"?

„*Wer rastet, der rostet!*", sagt der Volksmund und meint, wer sich keinen Herausforderungen stellt – sprich: wer sich nicht belastet – baut ab.

Belastungen

Belastungen sind also grundsätzlich erst einmal positiv. Wir bezeichnen damit jene *Einflüsse, die von außen auf einen Menschen wirken*: z.B. Aufgaben, Verantwortung, Zeitregime, Organisation ... Sich mit ihnen auseinanderzusetzen stellt eine *Anforderung* dar.

In unserem Sprachgebrauch sind Begriffe wie Belastung und Beanspruchung allerdings vorwiegend negativ belegt. Wie häufig in unserem Leben kommt es auch hier auf die Dosis an! Die **Höhe** und die **Dauer** einer Belastungseinwirkung entscheiden, ob diese zum **Aufbau** oder zum **Abbau** von körperlichen sowie psychischen **Ressourcen** (*Kraft, Energie, körperliche und geistige Fähigkeiten, Motivation, Optimismus, Selbstbewusstsein usw.*) führen.

Beanspruchung

Diese *körperliche und psychische Reaktion auf eine Belastung* nennen wir **Beanspruchung**. Eine Hauptform psychischer Beanspruchungsfolgen ist das Erleben von **Stress**.

Das beschriebene **Belastungs-Beanspruchungs-Konzept** (DIN EN ISO 10075) ist dem Ursache-Wirkungs-Zusammenhang aus der technischen Mechanik entlehnt. Ein Druck auf ein Material (Belastung) bewirkt dessen Verformung und ändert die stofflichen Eigenschaften des Materials (Beanspruchung). Es wird z.B. härter oder es bricht.

Eine Belastung, die zu hoch und/oder zu lang andauernd ist, führt zur **Fehlbeanspruchung** (*Abbau von Ressourcen: Schwächung*). Laufe ich beispielsweise als Untrainierter einen Marathon, muss ich wahrscheinlich nach einigen Kilometer wegen Gelenk- und Muskelbeschwerden aufgeben und laboriere an akuten Schmerzen im Knie. Im Nachhinein betrachtet, handelte es sich bei dieser Belastung um eine **Fehlbelastung**. Sie war zu hoch. Ein Trainierter jedoch fühlt sich nach dem Lauf für mehrere Tage leicht und frei und erlebte den Lauf als eine **positive Beanspruchung**. Somit setzte er sich durch den Marathonlauf anscheinend einer **förderlichen Belastung** aus. **Kurzfristig** betrachtet, scheint das tatsächlich der Fall gewesen zu sein. **Langfristig** könnten sich Kniegelenksbeschwerden entwickeln, deren Ursache die Überstrapazierung der Gelenke ist. Wie förderlich die Belastung für den Körper wirklich war, lässt sich erst nach längeren Beobachtungsperioden feststellen.

Wann eine Belastung zur Fehlbelastung wird, entscheidet sich also erst an ihren Folgen. Ein und dieselbe äußere Belastung kann bei unterschiedlichen Personen sowohl eine positive Belastung als auch eine Fehlbelastung sein.

Welche es ist, hängt von zwei Faktoren ab:

1. genetische Anlagen der Person
2. körperlicher und psychischer Trainiertheitsgrad der Person, auf die die Anforderung trifft

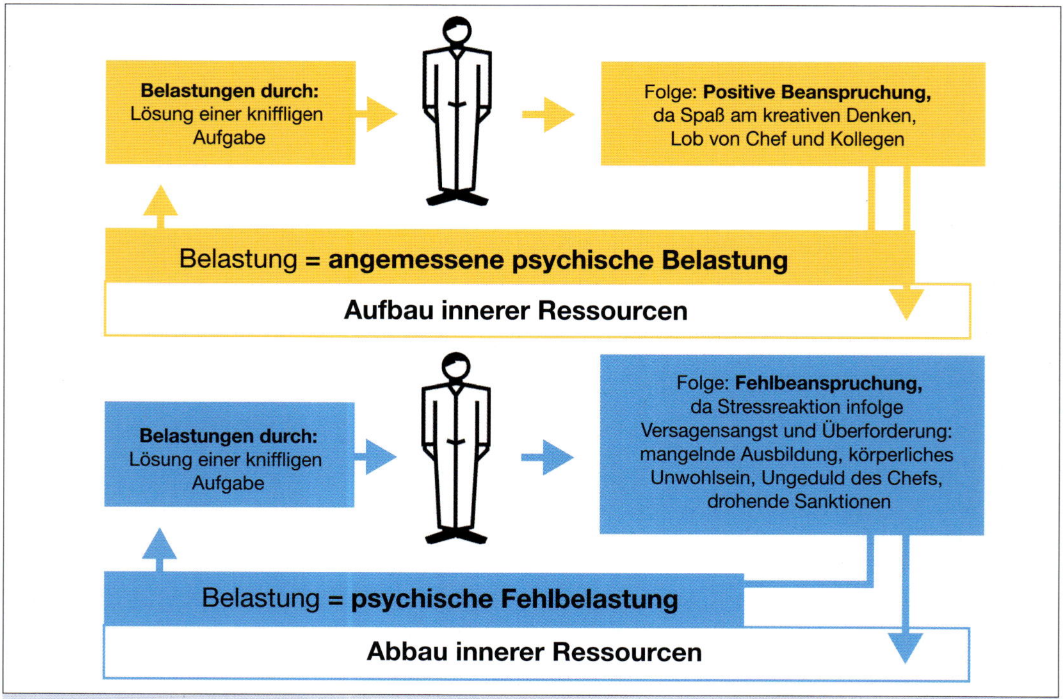

■ Aufbau und Abbau innerer Ressourcen in Abhängigkeit von persönlichen Voraussetzungen

Manchmal ist es schwer einzuschätzen, welche Art Belastung die Fehlbeanspruchung ausgelöst hat. Nehmen wir an, der Marathonläufer ist von Beruf Elektroinstallateur und arbeitet auch oft im Knien. Welche Belastung war dann die tatsächliche Fehlbelastung: Der Marathon oder die Arbeit im Knien auf der Baustelle? Oder beide?

Diese Frage betrifft die **Kausalität, den Zusammenhang zwischen Ursache und Wirkung**. Sie ist oft schwer zu beantworten.

3.2 Sonderfall: Psychische Belastungen und psychische Beanspruchungen

Was bereits bei körperlichen Fehlbelastungen und Fehlbeanspruchungen hinsichtlich ihres **kausalen Bezuges** (was führt wozu?) schwer zu durchschauen ist, wird bei **psychischen** auf keinen Fall leichter.

Es gibt vier Gründe, die es erschweren, psychische Belastungen und ihre Folgen in einem einfachen Ursache-Wirkungs-Zusammenhang zu betrachten:

1. Wir können uns nicht in eine Privat- und eine Arbeitsperson teilen.

Was war zuerst da: Das Ei oder die Henne?

Sorgen und Ärger bringen wir von zu Hause mit in die Arbeit und umgekehrt: Wenn wir *ausgelaugt* von den Anforderungen unserer Arbeit sind, gelingt uns ein *erfülltes Privatleben* nach Feierabend kaum. Die Familie ist dann enttäuscht. Das entstehende *schlechte Gewissen* ist bereits Folge der Belastung und somit eine **psychische Fehlbeanspruchung**, eine weitere kann der darauffolgende *unruhige Schlaf* sein.

Am Morgen kommen wir unausgeruht und innerlich beunruhigt in den Betrieb zurück. Die geistigen und emotionalen Arbeitsanforderungen (**psychische Belastungen**: *Zeitdruck, Hetze, Verantwortung, Auseinandersetzungen, knifflige Probleme, Lärm usw.*) treffen nun auf einen Mitarbeiter, dessen psychische und körperliche Ressourcen sich über Nacht nicht auf-, sondern weiter abgebaut haben. Ein Teufelskreis entsteht...

2. Psychische Belastungen sind komplex.

Psychische Belastungen sind ein Oberbegriff für verschiedene Arten der Belastung:

Kognitive Belastungen

- Aufmerksamkeitsleistung (wach und aktiv beobachten)
- Wahrnehmungsleistung (bestimmte Merkmale mit den Sinnen zielsicher erfassen)
- Geistige Verarbeitungsprozesse (Verknüpfen von Wissen, ableiten, schlussfolgern)

Volitive (Willens-) Belastungen

- Entscheidungen fällen und durchsetzen
- Sich beherrschen müssen
- Durchhalten müssen

Emotionale Belastungen

Alle Einwirkungen von Bezugspartnern, die auf die Gefühlswelt vorübergehend Einfluss haben:

- Bewertung meiner Leistungen, Einschätzung meiner Person (Beurteilungen, Einstufungen, Zuteilung von Aufgaben, Posten)
- Beziehungsbotschaften (Signale, wie sehr eine Person sich von mir angezogen fühlt oder Distanz zu mir einnimmt)

Seelische Belastungen

- Stark bewegende Lebensereignisse:
  - Schwere Schicksalsschläge (Tod eines Nahestehenden, z.B. auch eines Kollegen, an dessen Unfall ich mich mitschuldig fühle)
  - Ausgrenzung durch Mobbing
  - Existenzangst bei drohendem Arbeitsplatzverlust
  - Trennung von der Familie wegen Versetzung an einen anderen Arbeitsort

3. **Psychische Belastungen stehen mit** den aus ihnen resultierenden **psychischen Beanspruchungen in starker Wechselwirkung** und können sich aufschaukeln.

Den Teufelskreis von psychischer Belastung und der aus ihr folgenden Beanspruchung haben wir schon kennengelernt, als wir unter Punkt 1 vergebens versuchten, den Menschen in eine Arbeits- und eine Privatperson aufzuteilen. Das schlechte Gewissen, der fehlende Schlaf wirken als **innere psychische Belastungen**, die zu weiteren negativen Folgen führen, z.B. geistigen: *Wahrnehmungs-, Konzentrations- und Denkstörungen*. Unsere Leistung und unsere Qualität werden sinken, die Freude an der Arbeit auch. Hoffentlich passiert aus Unachtsamkeit kein Unfall! Wir sind gereizt, die Kollegen fühlen sich genervt und nehmen Abstand.

Die nächste Arbeitsbeurteilung wird nicht so gut ausfallen. Schauen wir uns an, wie dann Belastung und Beanspruchung in Wechselwirkung stehen:

Erhalten wir nun von unserem Chef die Beurteilung, bleiben wir nicht ohne Gefühlsregung, da sie unser Selbstwertgefühl anspricht. Diese Bewertung zu verarbeiten ist hier die **psychische Belastung**. Macht sich Enttäuschung in uns breit – d.h., entsteht ein negatives Gefühl als Ausdruck einer **psychischen Fehlbeanspruchung** –, wird sich im gleichen Zuge z.B. unsere **Wahrnehmung** verändern: „Ich habe es doch gewusst, dass der mich nicht leiden kann. Gestern hat er kaum einen Gruß herausbekommen, und dass er mir das neue schwierige Projekt übertragen hat, war also auch nur Schikane.“ Während vorhin die Werkhalle noch so hell und freundlich aussah, kommt sie uns nach dem Lesen dieser Beurteilung trübe und kalt vor ...

„Kein Gefühl ohne Gedanke und kein Gedanke ohne Gefühl.“ Unsere Gefühle steuern unsere Gedanken und unsere Gedanken steuern unsere Gefühle.

Das bedeutet, wenn wir „schlecht drauf“ sind, können auch die Produkte unseres Denkens keine geistigen Höchstleistungen sein. Die Kreativität lässt nach. Die Vision vom freudvoll und glücklich arbeitenden Unternehmen ist daher keine Eiapopeia-Fantasie, sondern eigentlich ein intelligentes Managementverständnis. Wenn es nur nicht so schwer zu machen wäre ...!

Haben Sie schon einmal erlebt, wie ein Lob beflügelt? Wenn Menschen an uns glauben, können wir fast alles erreichen. Hier handelt es sich um die Umkehrung des Teufelskreises: Positive Energien werden aufgeschaukelt und innere Ressourcen aufgebaut.

4. **Psychische Fehlbeanspruchungen gehen mit körperlichen Begleiterscheinungen einher.**

Fehlbeanspruchungen haben viele Gesichter. Die Folge jeder Belastung (auch der körperlichen) hat ihre Widerspiegelung im Organismus auf **sechs Ebenen** (siehe nachfolgende Abbildung).

a) **Energetische Ebene** (Energie)
b) **Mentale Ebene** (Gedanken, Wahrnehmungen)
c) **Emotionale Ebene** (Gefühl)
d) **Vegetative Ebene** (innere Funktionen)
e) **Muskuläre Ebene** (Muskel- und Skelettsystem)
f) **Verhaltensebene** (Verhalten)

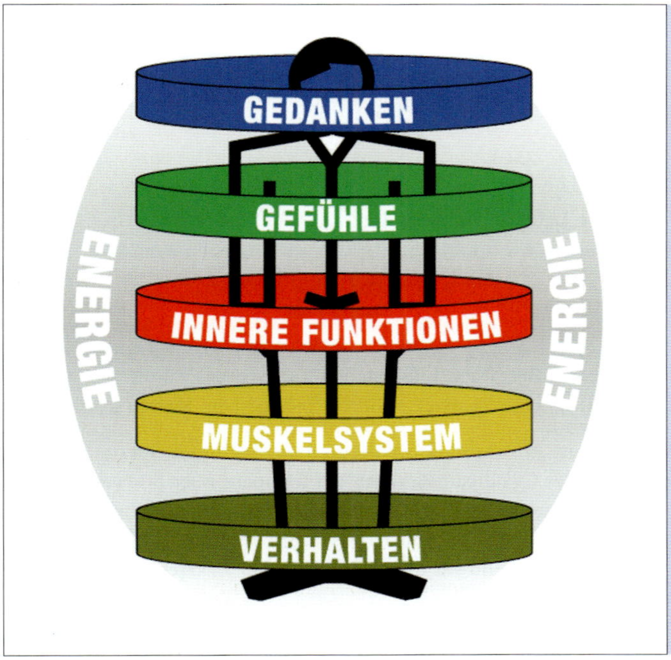

■ Sechs Reaktionsebenen des Organismus

3.3 Wie hängt „Stress“ mit Belastungen und Beanspruchungen zusammen?

Im *Ingenieurwesen* wird der Begriff „Stress“ (engl.) zur Bezeichnung von Spannungen oder verformenden Kräften verwendet.

Stress als Anpassungsstrategie

Im *medizinischen Bereich* versteht man unter **Stress** eine **Anpassungsstrategie des Körpers**, mit deren Hilfe er sich gegen Umwelteinflüsse, Anforderungen und Belastungen wappnet und sich ihnen anzupassen versucht.
Diese Verteidigungs- und Anpassungsreaktion wird durch unterschiedliche Bedingungen (sog. **Stressoren**) ausgelöst und durch **Stresshormone** reguliert.

Der Begriff „Stressoren“ (Stress erzeugende Faktoren) ist eine Sammelbezeichnung für psychische Belastungen. Einige dieser Belastungen sind selbst bereits Belastungswirkungen, da Fehlbeanspruchungsfolgen (z.B. sinkende Selbstsicherheit). **Unter Stressoren fassen wir demnach sowohl äußere als auch innere Belastungsfaktoren zusammen**:

Beispiele:

Eine Arbeit unter Zeitdruck (äußerer Stressor = äußerer Belastungsfaktor) löst Angst um die Termineinhaltung (innerer Stressor = psychische Fehlbeanspruchung = innerer Belastungsfaktor) aus.

Diffuse Angst kann einen Menschen in großen Stress versetzen, obwohl ein äußerer Aggressor in diesem Prozess nicht wirklich auftaucht, sondern nur ein Produkt der Fantasie oder eine verdrängte Erinnerung ist.

Auch bei Stress gilt: Freudige Ereignisse, wie eine Hochzeit oder eine Beförderung, können mit Stress verbunden sein. Der Körper muss sich sowohl mit der einen wie der anderen Art von Stress auseinandersetzen und unterscheidet nicht zwischen beiden als „positiver“ oder „negativer“ Stress.

3.4 Was passiert, wenn der Körper in Stress gerät?

Sinn der Stressreaktion

Sinn der Stressreaktion ist *ursprünglich* die **Lebenserhaltung** durch einen reflexartigen Angriffs- und Fluchtmechanismus. Droht Gefahr, handeln wir intuitiv richtig, um unser Leben zu retten: Rast bspw. ein Auto auf uns zu, so springen wir, ohne zu überlegen, zur Seite (**Flucht**) und retten somit unser Leben.

Sitzen wir vor einer Prüfungskommission und unser Berufsabschluss steht auf dem Spiel, fahren wir unseren Organismus mithilfe der Stressreaktion auf höchstes Leistungsniveau hoch. Wir haben auf **Kampf** geschaltet.

Die „schnelle Eingreiftruppe" um die Stresshormone Adrenalin und Noradrenalin beginnt unverzüglich ihren Einsatz. Sie ist die *immunologische Abwehreinheit* des Organismus. Wenn wir kämpfen oder flüchten müssen, können wir keine Nebenschauplätze wie Auseinandersetzung mit Viren, Krebszellen oder anderen Radikalen gebrauchen. Also fahren Adrenalin und Noradrenalin den Immunisierungsschutzwall hoch. (Beispiel: Wird man von eisigen Fluten ergriffen bei einem Sturz ins Meer und aus dieser Lebensgefahr gerettet, folgt der Unterkühlung in der Regel keine Lungenentzündung.)

Weiterhin wirken Adrenalin und Noradrenalin auf das Herz-Kreislauf-System. Blutdruck und Herzschlagrate steigen, um die Muskeln zu versorgen. Die Atmung wird beschleunigt, um dem Gehirn Sauerstoff zuzuführen. Stoffe werden freigesetzt, die den Körper schmerzunempfindlich machen. Das führt dazu, dass wir uns unter Stress häufig ganz gut fühlen, aber dann in der Erholungsphase zusammensacken, uns plötzliche „alle Knochen" wehtun, wir kränkeln und nur noch auf der Couch liegen wollen. Neue Forschungen offenbaren, dass die schnelle Stressreaktion auch Entzündungsherde im Körper anlegt. Wieso das? Bei Gefahr geht der Körper von Verwundungsgefahr aus und produziert schon einmal das nötige Eiweiß in Blutzellkernen, um dann Blessuren sofort wirkungsvoll heilen zu können. Es wird „gezündelt", um präpariert zu sein.

Ist die Gefahr vorbei, werden die „Befehlshaber" Adrenalin und Noradrenalin in den Feierabend geschickt und das Hormon „Cortisol" übernimmt nun die Führung, indem es möglichst viele Soldaten (T-Helferzellen) auf seine Seite bringt. Cortisol löscht die Entzündungsherde, die Adrenalin und Noradrenalin angelegt haben. (Erinnern Sie sich: Cortisol als Cortison ist in allen entzündungshemmenden Salben enthalten!) Es ist wichtig, dass sich Entzündungen nicht ausbreiten können. Eine weitere Aufgabe des Cortisols ist jetzt, dafür zu sorgen, dass die Wunden, die bereits von weißen Blutkörperchen gut versorgt werden, nicht durch äußere Einwirkungen infiziert werden. Eine starke Abwehr gegen Bakterien und andere Mikroben wird aufgefahren. Viele Partikelchen werden als feindlich eingestuft und sicherheitshalber abgestoßen. Der Körper reagiert also allergisch auf sie. Diese 2. Körperabwehr unter Leitung von „Kapitän" Cortisol nennt man *humorale Abwehr*.

So weit, so gut. Was aber, wenn die Offiziere Adrenalin und Noradrenalin weiter zündeln müssen, weil der Mensch keine Ruhe gibt, sondern seinem Körper befiehlt, alle Anstrengungen aufrecht zu halten, obwohl die Müdigkeit Pause und Erholung fordert?

Die beiden Abwehrarmeen streiten sich nun um das Heer der Soldaten. Beide sind sozusagen auf Dauer unterbesetzt, müssen ihre Stellungen aber verteidigen. Die Immunabwehr wird schwächer, die Zündelherde breiten sich aus, geraten außer Kontrolle, weil auch die humorale Abwehr schwach geworden ist. Das ist ein Grund, warum wir bei Stress Lippenherpes und andere Infekte bekommen. Dennoch ist die humorale Abwehr unter Cortisol ständig aktiv, sodass der Mensch auch von unsinnigen allergischen Reaktionen geplagt wird. Die schwächer werdende Immunabwehr ermöglicht den Krebszellen, ihr Unwesen zu treiben. Krebsherde entwickeln sich. Ungebremste, freie Radikale zerstören die Zellkraftwerke (Mitochondrien), sodass Zellen nicht mehr gut mit Sauerstoff versorgt werden. Das kommt den Krebsherden gerade recht. Auch werden Gene angegriffen, es kommt zu Mutationen. Die große Anzahl von verschiedensten Autoimmunerkrankungen (z.B. Muskelschwund) und Entzündungsarten (z.B. Rheumatismus) sind Folgen für die Gesundheit. Manche werden erst im

Alter überhaupt spürbar, sind aber durch Stress in frühen Jahren befördert worden (wie Rheumatismus). (von Hopfgarten, 2012)

Welche weiteren Erscheinungen und Krankheiten sind Folgen von Dauerstress?

Stress ist eine der wichtigsten Ursachen der meisten chronischen Erkrankungen. Nehmen wir den ganzen Bereich der **Herz-Kreislauf-Erkrankungen**: Hier ist das natürliche Gleichgewicht von Anspannung und Entspannung verloren gegangen. Wir haben keine Balance mehr, sondern wir sind überwiegend angespannt. Dafür ist der menschliche Körper nicht eingerichtet. Deswegen reagiert er auf lang anhaltenden Stress teilweise sehr drastisch, z.B. mit **Herzinfarkt**. Einer der Risikofaktoren für koronare Herzerkrankungen ist **Bluthochdruck**, der auch durch Stress entsteht bzw. befördert wird.

In der Stressforschung „berühmt" ist das **Stress-Magengeschwür**. Bei ganz vielen Magengeschwüren ist Stress als Ursache mitbeteiligt. Genauso im Bereich der **Rückenbeschwerden** und **Kopfschmerzen**. Da kommt es durch Daueranspannung zu einer chronischen Überanstrengung der Muskulatur, die überwiegend stressbedingt ist:

Die Angst sitzt uns im Nacken (Versagensangst). Die „nackte Angst" (Lebensbedrohung) sitzt in den Lenden. Sorgen lasten auf der Schulter (Schwere der Verantwortung).

Der Körper leidet mit – stressbeeinflusste Störungen und Krankheiten sind z.B.:

a) **Energetische Ebene**: allgemeine Schwäche, Antriebslosigkeit
b) **Mentale Ebene**: Konzentrationsstörungen, Tagträumen, Gedächtnis- und Leistungsstörungen, Realitätsflucht, Wahrnehmungseinschränkungen, chronische Müdigkeit, Schlafstörungen
c) **Emotionale Ebene**: Angstsyndrome, Panikattacken, Nervosität, Depression, Apathie
d) **Vegetative Funktionen**: Herz-Kreislauf-Beschwerden, Blutdruckprobleme, Infarktrisikos, Atembeschwerden, Gastritis, Darm- und Magengeschwüre, Verdauungsbeschwerden, Anfälligkeit für Infektionen, Verschiebung des Hormonhaushaltes, Erhöhung des Cholesterinspiegels, Abnahme der Schilddrüsenübertätigkeit, Potenz- und Zyklusstörungen, Hautkrankheiten, übermäßiges Schwitzen, Schwindelanfälle
e) **Muskel- und Skelettsystem**: Rücken-, Kopfschmerzen, allgemeine Verspanntheit, leichte Ermüdbarkeit, Krampfneigung, Muskelzittern, Entspannungsunfähigkeit
f) **Verhalten**: riskantes Verhalten, häufige (Beinahe)-Unfälle, unsicheres Auftreten, Ja-Sager-Mentalität, Aggressionsbereitschaft.

3.5 Was hat es mit Burnout auf sich?

„Burnout" hat sich zu einer Art *Etikett* für das Thema psychische Gefährdungen in der Arbeitswelt entwickelt. Wer dauerhaft für eine Sache brennt und sich keine Erholung gönnt, läuft Gefahr, auszubrennen. Das leuchtet ein. Brennen verweist dabei auf die Stressreaktion, die auch beim Burnout eine zentrale Rolle spielt. In Abgrenzung zum chronischen Stress wirkt bei Burnout ein von permanenten Frustrationen negativ gefärbter emotionaler Zustand auf Erholungsprozesse zusätzlich erschwerend. Er steht in Zusammenhang mit der Entwicklung von Depressionen, sodass sich bei Burnout Dauerstress und emotionale Erschöpfung in einem gefährlichen Aufschaukelungsprozess miteinander verquicken.

! Burnout

Burnout steht auch mit menschlichen Charakterzügen und Verhaltensweisen in Verbindung. Anstrengungsbereite, perfektionistische, nach Anerkennung durch Leistung strebende Menschen sind hier mehr gefährdet als Menschen, die sich geliebt fühlen, wie sie sind und nicht, weil sie leisten.

Dennoch sollte man sich nicht zu sehr davon leiten lassen, dass es vorwiegend bestimmte Charaktere treffen könnte. Maslach, Ch., Leitner, M.P. und Lidauer, B. (2001) weißen in Ihrem Buch „Die Wahrheit über Burnout" darauf hin, dass Burnout mehr über den „Arbeitsplatz" als über die „Arbeitskraft" aussage. Burnout sei immer auch ein Zeichen der Fehlfunktion eines Unternehmens. Die folgende Tabelle illustriert drei wesentliche Ursachen von Burnout, die sich wechselseitig aufschaukeln können. Weitere Faktoren, wie physiologische, genetische, gesellschaftliche, sind nicht erwähnt, spielen jedoch ebenfalls eine Rolle.

Begünstigende Persönlichkeitsfaktoren	Kritische Verhaltensweisen	Begünstigende Arbeitsbedingungen
• Hohes Anspruchsniveau • Perfektionismus • Mangelnde Fähigkeit, sich selbst wertzuschätzen • Idealismus • Hunger nach Anerkennung • Ausgeprägtes Erfolgsstreben • Neigung zu Schuldgefühlen	• Überbewertung von Arbeit • Hohe und rigide Erfolgs- und Karriereziele • Unterschätzung des Aufwands • Vernachlässigung von Pausen, Schlaf und längerer Erholung • Vernachlässigung eigener Bedürfnisse	• Geringe Handlungsspielräume • Übermaß an bürokratischer Kontrolle • Mangel an Anerkennung • Mangel an Rückhalt – vor allem bei Misserfolg • Unmöglichkeit, als Einzelner etwas zu bewegen • Keine soziale Unterstützung • Fehlender Direktkontakt

■ **Bedingungen, welche die Entwicklung von Burnout fördern**

Aufgrund der potenziellen Gefahr von Fehlentwicklungen sah sich die Deutsche Gesellschaft für Psychiatrie, Psychotherapie und Nervenheilkunde (DGPPN) im März 2012 zu einem Positionspapier zum Thema Burnout veranlasst, mit dem sie zu einer Versachlichung des in den Medien viel diskutierten Begriffes beitragen will. Darin stellt sie unter anderem klar, dass weder der zeitliche Zusammenhang zwischen Burnout und Arbeitsbelastungen wissenschaftlich belegt noch dass der Begriff als Ersatz für die Depression arbeitender Menschen tragbar ist (DGPPN 2012).

Klar ist, dass Burnout nach wie vor nicht die Kriterien einer Krankheit erfüllt, da es kein eindeutiges Symptombild gibt. Mittlerweile zählt das Burnout-Syndrom über 160 verschiedene Einzelsymptome (Burisch 2006). Bezog sich das Erschöpfungsgefühl ursprünglich auf Menschen in Gesundheitsberufen, so werden heute mitt-lerweile alle Berufssparten als bedroht angesehen.

Trotzdem werden die folgenden drei Symptome als markant angesehen:

1. Die emotionale Erschöpfung: Bezieht sich auf Gefühle der Überforderung und des Ausgelaugtseins, die einhergehen mit Müdigkeit, Schlafstörungen und Niedergeschlagenheit. Auch in der Freizeit ist es nicht mehr möglich, zu entspannen. Körperliche Beschwerden wie Magen-Darm-Symptome, Kopf- und Rückenschmerzen sowie eine erhöhte Anfälligkeit für Infekte können auftreten.

2. Zynismus/Distanzierung/Depersonalisation: Als Schutz- und Abwehrreaktion folgt auf die emotionale Erschöpfung der emotionale, kognitive (gedankliche) und verhaltensmäßige Rückzug von Kollegen, Kunden oder auch Freunden. Die erlebte Frustration führt schließlich zur Abwertung der Arbeit oder zu zynischen Bemerkungen gegenüber Arbeitskollegen oder Kunden. Auch ein Verlust des persönlichen Gefühls (Depersonalisation) ist möglich.

3. Verringerte Arbeitsleistung: Hinsichtlich ihrer Arbeitsleistung sind Betroffene unzufrieden. Durch das mangelnde Konzentrationsvermögen und die Arbeitsunzufriedenheit insgesamt entsteht der Eindruck, dass Leistung, Kompetenz und Kreativität leiden.

Schaufeli und Enzmann (1998) beschreiben Burnout als „einen dauerhaften negativen, arbeitsbezogenen Seelenzustand ‚normaler' Individuen. Er ist in erster Linie von Erschöpfung gekennzeichnet, begleitet von Unruhe und Anspannung (*distress*), einem Gefühl verringerter Effektivität, gesunkener Motivation und der Entwicklung disfunktionaler Einstellungen und Verhaltensweisen bei der Arbeit. Diese psychische Verfassung entwickelt sich nach und nach, kann dem betroffenen Menschen aber lange unbemerkt bleiben. Sie resultiert aus einer Fehlpassung von Intentionen und Berufsrealität. Burnout erhält sich wegen ungünstiger Bewältigungsstrategien, die mit dem Syndrom zusammenhängen, oft selbst aufrecht" (Schaufeli & Enzmann 1998, zitiert nach Burisch 2006, S. 19).

3.6 Überblick über Beanspruchungsfolgen

Kurzfristige Fehlbeanspruchungsfolgen

Kurzfristige Fehlbelastungen lassen sich durch Pausen schnell beheben.

➔ **Monotonie** ist der Zustand zunehmender Müdigkeit und sinkender Aufmerksamkeit, der durch geringe Abwechslung in der Arbeit entsteht.

➔ **Psychische Sättigung** entsteht bei langwierigen Arbeiten, die nur schwer von der Hand gehen und deren Sinn sich nicht recht erschließen will. Wir erleben ein Gefühl innerer Anspannung und Gereiztheit.

➔ **Psychische Ermüdung** ist eine Schutzhemmung des Körpers, die vor Überlastung schützt und zeigt, dass es höchste Zeit ist, eine Pause zu machen.

➔ **Akuter Stress** entsteht in „Kampf- oder Fluchtsituationen".

Langfristige Fehlbeanspruchungsfolgen

Stress und Stressfolgen stehen hier im Mittelpunkt.

➔ **Dauerstress** ist ein über Wochen andauernder, erhöhter Erregungslevel, der durch Erholungspausen nicht mehr ausreichend abgebaut werden kann.

Weitere Fehlbeanspruchungsarten sind spezifische Folgen von Dauerstress

➔ **Burnout** ist ein chronischer Erschöpfungszustand mit Krankheitsgefühl und komplexem Krankheitsbild, der mehr als sechs Monate andauert. Es existiert eine lang andauernde zu hohe Energieabgabe bei geringer Wirkung und ungenügendem Energienachschub. Besonders gefährdet sind perfektionistische, überloyale Mitarbeiter, die sich selbst wenig wertschätzen können und zu Schuldgefühlen neigen.

➔ **Ängste**: „Gesunde" Angstreaktionen lösen den Stressmechanismus aus und schützen uns vor Gefahren, indem sie uns schnell und zuverlässig warnen und Energien bereitstellen. Bei manchen Menschen treten solche Alarmreaktionen jedoch auch in Situationen auf, die eigentlich keine Gefahr bedeuten. Sie verselbständigen sich ...

➔ **Depressionen** sind affektive psychische Störungen, die mit dauerhaft (mindestens zwei Wochen fast durchgängig) gedrückter Stimmung, Freudlosigkeit, Erschöpfung, emotionaler Abstumpfung, Antriebslosigkeit und verschiedensten körperlichen Beschwerden einhergehen.

➔ **Missbrauch und Süchte:**
- **Abhängigkeit von Substanzen** wie z.B. Alkohol, Tabletten, Drogen. Es gibt zwei grundsätzliche Formen des Alkoholismus: Abstinenzverlust (nicht auf Alkohol verzichten können); Kontrollverlust (zwar auf Alkohol verzichten können, aber die Alkoholmenge nicht mehr kontrollieren können, wenn man angefangen hat zu trinken).
- **Mediale Abhängigkeiten** sind z.B. pathologischer Internet- und Social-Media-Gebrauch – Online-Sucht, Spielsucht.
- **Arbeits- und Erfolgssucht**: In der Arbeitssucht zeigt sich eine Unfähigkeit, das Leben ohne ein Übermaß an Arbeit genießen zu können. Arbeitsfreie Zeit gilt als verlorene Zeit. Nichtstun ist schwer zu ertragen. Erholungsunfähigkeit ist die Folge. Die Leistungsgesellschaft unterstützt den Hunger auf Erfolg.

- **Gewaltbereitschaft:**
  - **Mobbing** ist Psychoterror am Arbeitsplatz mit dem Ziel der Ausgrenzung des „Opfers". Er wird lang andauernd und regelmäßig betrieben. Durch die Subtilität der Isolation ist der Betroffene in seiner Wehrfähigkeit i.d.R. bald geschwächt.
  - **Sexuelle Gewalt** hat nichts mit Erotik, sondern mit Machtausübung zu tun (Ausnutzen von Abhängigkeitsverhältnissen). Sexuelle Anspielungen und Annäherungen sind dann problematisch, wenn sie unerwünscht sind und/oder dazu benutzt werden, jemanden gefügig zu machen.
  - **Unternehmensschädigung** ist negativ engagiertes Verhalten am Arbeitsplatz wie Selbstbedienung und Sabotage

- **Motivationsverlust:**
  - **Dienst nach Vorschrift** ist unengagiertes Verhalten, sich dem Unternehmen nicht verpflichtet fühlen.
  - **Innere Kündigung** ist verweigerndes Verhalten. „Äußere" Kündigung erscheint nicht möglich. Die Mitarbeiter bringen nur das absolute Mindestmaß an Engagement auf: so viel, um nicht selbst gekündigt zu werden. Sie bleiben weit unter ihren möglichen Leistungen. Als Ursache gilt die dauerhaft beeinträchtigte Motivation des Mitarbeiters bezüglich seiner Arbeit bzw. seiner Arbeitsumwelt.

- **Psychosomatik:** Der Körper spricht aus, was die Psyche verdrängt!

Langfristiger Ressourcenaufbau

Individuelle Gesundheitsressourcen sind Verhaltens- und Handlungsmuster, Überzeugungssysteme und Persönlichkeitseigenschaften, die über viele Situationen konstant sind (vgl. Kapitel 3.3) und die Bewältigung von Herausforderungen erleichtern.

Da es nicht gelingt, allen Belastungen aus dem Wege zu gehen, sozusagen „auszusteigen", gewinnen unsere Ressourcen an Bedeutung. Sie sind das Gegengewicht auf unserer Belastungswaage und dämpfen die Beanspruchungswirkungen ab.

Im nächsten Kapitel erhalten Sie eine Übersicht über verschiedene Arten von Gesundheitsressourcen, die in der Arbeit eine entscheidende Rolle spielen. Die individuellen Ressourcen verkörpern eine von drei Ressourcenaspekten, andere Ressourcen erwachsen aus dem Miteinander und wieder andere aus den Bedingungen unter denen wir arbeiten.

4 Gesundheitsressourcen als Schlüssel zur Prävention von psychischen Fehlbelastungen und Stress

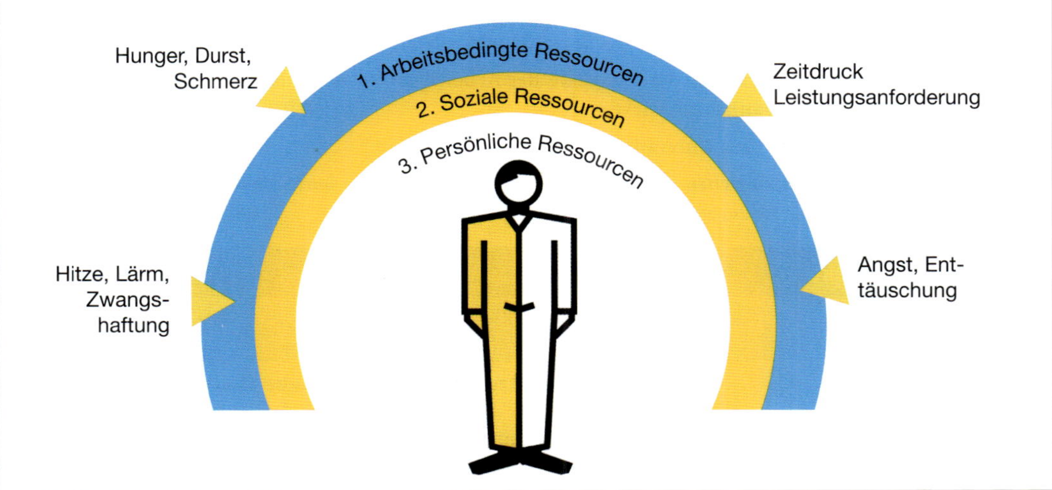

■ **Ressourcenmodell**

4.1 Was sind Gesundheitsressourcen und wie wirken sie?

Wir können den mannigfaltigen Belastungsfaktoren unserer Umwelt, insbesondere unserer Arbeitswelt, nicht entfliehen. So stellt sich die Frage: Wie können wir uns schützen? Gibt es Mittel, mit denen wir Stressoren geeignet Paroli bieten?

Ja! Der Schlüssel zur Prävention liegt in den sogenannten **Gesundheitsressourcen**.

Ursprünglich befasste sich die Stressforschung eher mit der Suche nach **krank machenden Faktoren**, um sie zu eliminieren. Heute forscht man auch nach Faktoren der **Resilienz** (Rampe 2010). Man will aufdecken, welche Besonderheiten Menschen befähigen, Belastungen zu überstehen, an denen die Mehrzahl zerbrechen würde.

Aron Antonovsky führte 1987 einen neue Denkweise ein, indem er fragte: **Was erhält Menschen trotz hoher Belastungen gesund?** Die Antwort: **Ihre Ressourcen**!

! Begriff der Ressourcen

Der Begriff der Ressourcen in der Arbeits- bzw. Gesundheitspsychologie nach Richter & Hacker (1998) bezeichnet Mittel, die es erlauben, **die eigenen Ziele anzustreben und unangenehme Einflüsse zu reduzieren.**

Man versteht unter Ressourcen also Faktoren, die wie ein **Puffer** oder ein **Schutzschild** für den Menschen wirken und dazu führen, dass er, trotz unangenehmer Einflüsse von außen oder innen, seine Ziele und Aufgaben vollbringen kann.

Ressourcen können die Wirkung von Stressoren, die eine gesundheitsschädigende Wirkung haben, dämpfen. Wenn wir über Ressourcen verfügen, hilft uns das, Ereignisse als weniger stressvoll einzustufen und zu erleben.

4.2 Welche Arten von Gesundheitsressourcen gibt es?

Gesundheitsressourcen werden in der Wissenschaft derzeit intensiv diskutiert. Die Gliederungspunkte 2 und 3 im Kapitel 4 leisten einen Beitrag zur Diskussion. Dabei wird der Arbeitskontext in den Mittelpunkt der Betrachtung gestellt.

Drei wichtige Arten von Gesundheitsressourcen werden im Weiteren vorgestellt:

1. Ressourcen, die durch **Merkmale der Tätigkeit, des Arbeitsplatzes, der Ausführungsbedingungen, der Arbeitsumwelt** und **Organisation** wirken,
2. Ressourcen, die durch **soziale Unterstützung** entstehen,
3. Ressourcen, die der **persönlichen Einstellung**, den **Überzeugungen**, dem **Selbstbild** und der **körperlichen sowie geistigen Fitness** entspringen.

Ressourcen – Aspekte		
Arbeitsbezogene	**Soziale**	**Persönliche**
Arbeitstätigkeit: ● Sinnerfüllung ● Freiheitsgrade ● Handlungsspielraum ● Entscheidungsspielraum ● Verantwortung ● Partizipationsmöglichkeit ● Aufgabenvielfalt ● Lernmöglichkeiten ● Entwicklungschancen ● Herausforderung ● Qualifikationspotenzial ● Aufgabenbezogene Information/Kommunikation ● Feedback ● Erfolgsmöglichkeiten ● Planbarkeit **Arbeitsbedingungen:** ● Bedienung Arbeitsmittel ● Qualität der Hilfssysteme (Wissensmanagement, Regelwerke) **Arbeitsplatz:** ● Ergonomie, Licht etc. **Arbeitsumwelt** ● Klima, Lärm, Gerüche etc. **Organisation:** ● Aufbauorganisation ● Prozessabläufe	**Soziale Unterstützung:** ● Führung ● Teamarbeit/Kooperation ● Kommunikation ● Netzwerken ● Solidarität/Hilfe ● Einbindung ● Anerkennung/Respekt ● Vertrauen ● Mitgefühl/Liebe etc. **Partner im Netzwerk:** ● Kollegen, Vorgesetzte ● Familie, Freunde etc. ● Gesellschaft / Politik **Gütekriterien des Netzes:** ● Synergiepotenzial ● Zusammensetzung ● Innere Strukturen: Führungs-, Kommunikations-, Entscheidungsstrukturen **Gütekriterien des Netzes:** ● Stabilität ● Leitlinien ● Regeln und Abläufe ● Verquickung mit anderen Netzen etc.	**Positives Denken:** ● Innere Überzeugungen – Selbstvertrauen – Überzeugung von eigener Wirksamkeit – Erkennen eines Sinns ● Widerstandsfähigkeit – Engagement – Mut zum Risiko – Selbststeuerung ● Urvertrauen ● Selbstwertgefühl ● Positive Selbstinstruktion ● Realistischer Optimismus **Aktives Handeln:** ● Motivation ● Lösungsorientierung ● (Selbst-)Verantwortung ● Flexibilität, Anpassung ● Erholungsfähigkeit **Akzeptanz:** ● Realitätssinn ● Gelassenheit, Loslassen ● Verzeihen, Güte **Selbststeuerung:** ● Gesunde Lebensweise ● Disziplin/Planungsneigung ● Lern-/Arbeitsmethodiken

■ Übersicht über Ressourcen, die ein Schutzschild gegen Stress und seine Folgen bieten

salutogenetischer Ansatz

Der Ressourcenansatz ist ein **salutogenetischer Ansatz** und steht damit im Gegensatz zu der in der Medizin verbreiteten Pathogenese (Krankheitsreparaturmedizin).

Statt Krankheiten zu bekämpfen, geht es beim salutogenetischen Ansatz darum, Gesundheit zu fördern. Folgende Fragen stehen im Mittelpunkt: Was ist Gesundheit? Ist es tatsächlich nur die Abwesenheit von Krankheit oder ist die Anwesenheit von Gesundheit viel mehr? Wie fördert man Gesundheit? Und wie lassen sich (gesunde und kranke) Menschen zu gesundem Leben motivieren?

4.3 Überblick über Gesundheitsressourcen in der Arbeitswelt

4.3.1 Die arbeitsbezogenen Gesundheitsressourcen

arbeitsbezogene Gesundheitsressourcen

Arbeitsbezogene Gesundheitsressourcen sind Ressourcen, die aus den verschiedensten Merkmalen der Arbeit eines Menschen hervorgehen und ihm helfen, Belastungen zu mindern oder ihre Bewältigung zu erleichtern.

Arbeitsbezogene Gesundheitsressourcen sind vielgestaltig:

A) **Tätigkeitsbezogene Ressourcen** ergeben sich aus dem Ausmaß an Sinnerfüllung, Selbstverwirklichung, Belohnung und Anerkennung, welches die Arbeit bietet. Sie bestehen in der Abwechslung und Vielfalt der Aufgaben, in Freiheitsgraden, die ein Mensch beim Ausführen seiner Tätigkeit hat, in der Fülle seiner Möglichkeiten, am Gesamtprozess teilzuhaben, sowie in der Güte von Lernbedingungen und Wissensmanagementprozessen, die ihm helfen, sich weiter zu entwickeln, zu wachsen.

B) **Organisationsbezogene Ressourcen** erwachsen aus
- der Qualität der betrieblichen Aufbaustruktur,
- der Qualität betrieblicher Regelungen und
- dem Design sowie der Organisation und Planung der Ablaufprozesse.

C) **Arbeitsplatzbezogene Ressourcen**
- Ergonomie am Arbeitsplatz (z. B. Einrichtung von Bildschirmarbeitsplätzen)
- Einhaltung von ergonomischen Normen, Platzverhältnissen: Auswirkungen auf Körperhaltungen im Tätigkeitsvollzug
- Lichtverhältnisse etc.

D) **Arbeitsumweltbedingungen**
- physikalische Umgebungsbedingungen: Lärm, Raumklima, Zugluft, Gerüche, Dämpfe etc.
- Ambiente: gesundheitsförderliche Gestaltung, z. B. Förderlichkeit für Kreativität, Wohlfühlen, Wiederauftanken.

E) **Ausführungsbedingungsbezogene Ressourcen** resultieren aus
- der Qualität der Arbeits- und Hilfsmittel (sicher, funktionsfähig, neuester Stand),
- ihrer Angemessenheit und Passfähigkeit zur Erfüllung der konkreten Zielstellung der Aufgabe (z.B. Anpassung der Software an die gegebenen Bedingungen der konkreten Dienstleistung oder Produktion),
- ihrer Bedienbarkeit (ergonomische Gestaltung).

Beispiele für A) tätigkeitsbezogene Gesundheitsressourcen:

Die tätigkeitsbezogenen Ressourcen beschreiben arbeitspsychologische Phänomene, die allgemein weniger bekannt sind. Daher sollen die wichtigsten von ihnen für die Erläuterung arbeitsbezogener Ressourcen exemplarisch herausgegriffen werden:

1. Sinnerfüllung

Arbeit wird als fundamentales Element zur Stiftung von Lebenssinn gesehen. In ihr, durch sie kann sich der Mensch selbst verwirklichen. Über Arbeit findet der Mensch Zugehörigkeit zu sozialen Netzen außerhalb der Familie. Über Arbeit leistet er seinen Beitrag für die Gemeinschaft und definiert darüber seinen Selbstwert. Je höher der Nutzen des eigenen Beitrags erlebt wird, umso größer die Ressource, die aus der Arbeit erwächst. Die Forschung hat nachgewiesen, dass ein positiver Zusammenhang zwischen *Sinnerfüllung im Beruf*, *genereller Sinnerfüllung* und *Arbeitsengagement* besteht (Siller 2009).

2. Freiheitsgrade, Handlungs- und Entscheidungsspielraum

Der Tätigkeitsspielraum hat Schlüsselfunktion für die Gestaltung von tätigkeitsbezogenen Ressourcen. Er bestimmt den Umfang der **Kontrolle**, die ein Tätiger über seine Arbeit hat. Er setzt sich zusammen aus der Breite/Vielfalt der zu nutzenden Fähigkeiten und der Möglichkeiten, **selbst Entscheidungen zu treffen**. Auch die Einteilung der Arbeit nach eigenen Präferenzen zählt dazu. Dabei unterscheiden sich Tätigkeiten in den **inhaltlichen** (*z.B. Zielfindung*) **und zeitlichen** (*Gleitzeit, Folge der Abarbeitung*) **Freiheitsgraden**, die sie Menschen bieten.

Ein wissenschaftlich bestätigtes Beschreibungsmodell von Karasek (1979 und 1990) besagt:

„Unter der Bedingung erweiterter Handlungs- und Entscheidungsspielräume führen herausfordernde, schwierige Anforderungen nicht in dem Maße zu negativen Befindens- und Gesundheitsauswirkungen wie unter Bedingungen eingeengter Spielräume" (zitiert nach Richter & Hacker, 1998).

! vollständige Aufgaben

Optimal sind möglichst vollständige Aufgaben, d.h., der Mitarbeiter führt eine Arbeit nicht nur aus, sondern kann diese auch vorbereiten, organisieren und anschließend das Ergebnis kontrollieren.

3. Partizipationsmöglichkeiten, Delegation von Verantwortung

Es ist wichtig zu wissen, welche Rolle die eigene Tätigkeit im Unternehmen spielt. Partizipationsmöglichkeiten widerspiegeln das Maß, in dem der Mitarbeiter in Ausübung seiner Tätigkeit in Leitungs-, Planungs-, Entscheidungs-, Ausführungs- und Controllingprozesse einbezogen ist. Sie widerspiegeln den Umfang der Möglichkeiten, auf die Gesamtleistung des Unternehmens einzuwirken und dabei seinen Selbstwert zu erleben. Sie werden mitbestimmt durch betriebliche Strukturen, Verfahrensregeln und gelebte Werte. In welchem Maße ist es erwünscht, dass der Mitarbeiter eigene Ideen und Verbesserungsvorschläge einbringt? Wie gelingt es Führungskräften, Mitarbeiter zu beteiligen? Delegation von Verantwortung und ein Führen auf Augenhöhe schafft Partizipation und hilft Mitarbeitern, Motivation und Fähigkeiten zu entfalten.

4. Aufgabenvielfalt, Herausforderungen als Lern- und Entwicklungsmöglichkeiten

Arbeit, die immer die gleiche ist und nie Neues beinhaltet, wird schnell langweilig und man verlernt Fähigkeiten, die im Rahmen dieser eintönigen Arbeit nicht genutzt werden. Eine Arbeitsaufgabe sollte daher nicht nur einfache Handlungsfolgen beinhalten. Sie sollte aus *vielfältigen Tätigkeiten* zusammengesetzt sein, die unterschiedliche Fähigkeiten und Fertigkeiten abverlangen und trainieren. Uns Menschen wohnt das Wachstumsprinzip inne: Fortschritte, Selbstüberwindung, Zeugnisse gewachsener Leistungsfähigkeit wecken neue Energien in uns, lösen Stolz und Selbstüberzeugung aus (individuelle Ressourcen). Um das zu erleben, brauchen wir *Herausforderungen*. Ohne Herausforderungen gibt es keine Entwicklung und keinen Erfolg!

5. Qualifikationspotenzial

In der Arbeitswelt, in der sich kontinuierlich technische Veränderungen ergeben, ist es unumgänglich, ständig weiterzulernen und die eigenen Qualifikationen auf dem neuesten Stand zu halten. Nur so ist man den steigenden Arbeitsanforderungen gewachsen und kann ihnen wirksam – ohne Stress – begegnen. Das Qualifikationspotenzial im Rahmen einer Aufgabe beschreibt also die Möglichkeit für einen Menschen, in seiner Arbeit auf dem aktuellen Stand von Methoden, Verfahren und Technik zu bleiben.

6. Information und aufgabenbezogene Kommunikation

In der Wissensgesellschaft liegt der Wettbewerbsvorteil im schnellen Zugriff auf die wichtigsten Informationen. Wer mühsam Informationen zusammentragen muss, ist ineffizient, fühlt sich frustriert. Können Informationen kontinuierlich in geregelten Kommunikationsrunden (tägliche Frühstücksrunde, Wochenmeeting, Quartalsworkshop) ausgetauscht werden, generieren Mitarbeiter Best-Practise-Lösungen, die ihre Arbeitsbelastung optimieren. Das Wissen sollte gut aufbereitet werden (Wissensmanagement).

7. Feedback und Erfolgsmöglichkeiten

Erfolg ist ein Dreh- und Angelpunkt beim Thema psychische Fehlbelastungen. Solange ein Mensch erfolgreich ist und dies durch Feedback von seiner Umwelt gespiegelt bekommt, hat er förmlich Zugang zu schier unbegrenzter Energie. Jeder Schauspieler, Sänger oder Redner kennt das: Wenn das Publikum mitgeht, kann er über sich hinauswachsen. Umgedreht kämpft er auf verlorenem Posten, liefert eine schlechte Performance. Hinterher fühlt er sich ausgelaugt, verschlissen, kraftlos, niedergeschlagen.

Friedman und Martin schreiben in ihrem Buch „The Long-Life-Formel" über die bemerkenswerte Terman-Studie, in der man mehrere Tausend US-Bürger, die im Alter von 10 unter vergleichbaren Bedingungen ins Leben gestartet sind, über 80 Jahre begleitet hat: „Der Erfolgsdruck bringt sie nicht um, er macht sie stärker. Die Ergebnisse waren sehr klar: Diejenigen, die den größten Berufserfolg hatten, starben am seltensten früh. Vielmehr lebten die Erfolgreichsten im Durchschnitt fünf Jahre länger als die Erfolglosesten" (Friedman & Martin 2012).

Ergo: Eine Arbeit kann nur als gesundheitsfördernd gelten, wenn sie Erfolgsmöglichkeiten und differenziertes Feedback bietet!

8. Planbarkeit

Planbarkeit meint Merkmale der Tätigkeit, die ein planvolles Vorbereiten und Durchführen unterstützen. Eine Tätigkeit, die ausschließlich darauf gerichtet ist, Störungen zu beheben, wird vorwiegend operational gesteuert. Es kann passieren, dass nach anforderungsarmen Phasen plötzlich mehrere Aufträge gleichzeitig zu erledigen sind und Stress entsteht. Hier wird die *Qualität der Prozessorganisation* darüber entscheiden, wie gut solche Auftragsspitzen abgefedert werden können, sodass die Planbarkeit der Tätigkeitsausführung dadurch steigt.

Was können Sie tun, um arbeitsbezogene Ressourcen gezielt zu erschließen?

• Anreichern der Arbeitsaufgaben: Schaffen vollständiger Tätigkeiten, die sowohl Vorbereitung und Organisation als auch Ausführung und Kontrolle beinhalten	○
• Jobrotation bei anforderungsarmen Tätigkeiten einführen und diese steuern	○
• Schaffen von abwechslungsreichen und vielfältigen Tätigkeiten, die Sinnerfüllung bieten können	○
• Einräumen von Freiheitsgraden und Spielräumen	○
• Übertragung von Verantwortung	○
• Bieten von Herausforderungen, die Entwicklungs- und Erfolgschancen eröffnen	○
• Feedbacksystem einführen (z.B. 180°- oder 360°-Feedback) und Mitarbeiter in Beurteilungsgesprächsführung schulen	○
• Nachwuchsförderprogramme, Karrierepfade kreieren	○
• Mitentscheidungsrecht und Transparenz für Mitarbeiter gewähren	○
• betriebliches Vorschlagswesen und Ideenwettbewerbe durchführen	○
• Werkzeuge und Arbeitsmittel auf dem neuesten Stand halten	○
• Wissensmanagement organisieren (z.B. Firmen-Wiki)	○
• Gute Informationspolitik betreiben	○
• Formen der Regelkommunikation installieren (Meetings, Foren, Besprechungen, Zirkel, Workshops, zwanglose Runden etc.)	○
• KVP (Kontinuierlichen Verbesserungsprozess) etablieren	○

Hinweis: In den Kapiteln 6 und 7 werden alle 30 Praxisbeispiele ausführlich hinsichtlich Ressourcenauf- bzw. -abbau diskutiert.

4.3.2 Die sozialen Gesundheitsressourcen

Der Zuwachs an psychischen Erkrankungen spornt derzeit die Forschung an, die Quellen für stabilere psychische Gesundheit zu erforschen. Aus unserer Forschung und unseren Beobachtungen heraus schlagen wir folgende Betrachtungsweisen vor.

! soziale Gesundheitsressourcen

Soziale Gesundheitsressourcen sind Quellen für Gesundheit, die aus unserer *Verfügung über unterstützende soziale Netzwerke* erwachsen. Durch unsere Beziehung zu und in diesen Netzen erhalten wir Unterstützung, die uns hilft, Belastungen abzubauen oder deren Bewältigung zur erleichtern.

Was ist ein soziales Netz?

Unser soziales Netz besteht aus Beziehungen zu Menschen, die uns umgeben und uns z.B. durch Liebe/Zuneigung, Anerkennung und Bestätigung, Information, Anteilnahme, materielle Hilfe, Pflege usw. unterstützen. Das können Familienangehörige, Freunde, aber auch **Arbeitskollegen**, **Vorgesetzte** oder andere Personen sein.

Wie kann ein soziales Netz Gesundheit beeinflussen?

Durch die Verfügung über ein soziales Netz erfährt der Einzelne **soziale Unterstützung.** Diese hat **zwei Hauptrichtungen:**

a) Es liegen viele Befunde zur **beschützenden Wirkung sozialer Netze** und zum sozialen Rückhalt in der Gesundheitspsychologie vor (Schwarzer, 1997). Diese Nähe und die Hilfeleistungen, die man durch das soziale Netz erfährt, haben eine positive Funktion für die Stressbewältigung. Dabei spielt es sogar weniger eine Rolle, ob die Unterstützung tatsächlich erfolgt, sondern es zählt eher das beruhigende Gefühl, in Problemsituationen mit dieser Unterstützung rechnen zu können (Hoyos & Frey, 1999).

   Beispiel: Stellen Sie sich vor, Sie laufen im dunklen Wald mutterseelenallein und fürchten sich. Wie würde sich Ihr Gefühl wandeln, wenn ein zweiter Mensch mit Ihnen ist? In den meisten Fällen wird sich die Angst sofort auflösen, obwohl die objektive Gefahr die gleiche bleibt. Ähnliche Phänomene hat die Arbeitspsychologie beobachtet: Durch soziale Unterstützung wird die wahrgenommene Arbeitsleistung und Last gemindert, auch wenn sie noch gar nicht anders verteilt ist.

b) Im Arbeitsprozess geht es vorwiegend auch um einen zweiten Aspekt: die **mobilisierende Wirkung sozialer Netze.** Beziehungen sind Kraftquellen, die uns helfen, innere Energiequellen zu erschließen. Wenn andere uns bewundern, laufen wir zu Hochform auf. Für ein Team, auf das wir stolz sind, investieren wir gern unsere Kraft. Für die Verwirklichung gemeinsamer Werte und Überzeugungen nehmen Menschen große Entbehrungen auf sich und sind sogar glücklich dabei.

   Beispiel: Lehrreich war das Ereignis „Flut in Dresden 2002“. Viele Tausende arbeiteten Tag und Nacht, um Dresdner Kunstschätze vor den Fluten zu retten. Sie schaufelten Sand, sie schleppten Säcke, standen dabei stundenlang im Wasser. Ihre Motivation war nicht zu bremsen. Als die Flut bereits zurückgegangen war und keine Säcke mehr benötigt wurden, jedoch niemand davon Notiz nehmen wollte, griff ein Lastwagenfahrer zu einem spektakulären Mittel. Als der LKW mit Säcken voll beladen war, kippte er vor den Augen aller die Ladefläche nach oben und ließ die Säcke einfach zu Boden fallen. Er wollte sagen: Bitte versteht es endlich. Es werden keine Säcke mehr gebraucht! Obwohl es der 3. oder 4. Einsatztag war, empfanden die Helfer keine Müdigkeit. Jeder war ergriffen und beseelt, bei diesem wichtigen gemeinschaftlichen Ereignis dabei zu sein, sich einzubringen, sich als wichtig wahrzunehmen, die Kraft des „Wir“ zu fühlen und Geborgenheit als Teil des symbiotischen Ganzen zu spüren. Niemand jammerte, niemand fragte: Was bekomme ich für meinen Einsatz? Das sinngeleitete selbstständige Handeln in der Gemeinschaft war es, was befriedigte. Die Kraft der Solidarität aufzunehmen war Lohn genug. Noch in Jahrzehnten wird man den Enkeln davon berichten. Man ist gewachsen durch Erleben und Erfahrung. Sicher gab es Muskelkater, aber es ist anzunehmen, dass die typischen Nacken-, Rücken-, Kreuzschmerzen, die sich in unbefriedigenden konfliktbeladenen Arbeitssituationen entwickeln, nicht aufgetreten sind.

Ergo: Psychische und somatische Belastungsfolgen werden durch den Puffer „soziale Unterstützung“ abgefangen, aufgelöst, abgeschwächt.

Die Qualität des sozialen Netzes und der daraus erwachsenden sozialen Unterstützung hängt von verschiedenen Faktoren, sogenannten **„Ressourcenaspekten“**, ab. Sie bestimmen in ihrer Güte, wie stark die soziale Ressource „Netz“ ist. Die wichtigsten werden nachfolgend aufgeführt. Führung z.B. ist ein Ressourcenaspekt. Führung kann gut und schlecht sein und ist daher nicht per se eine Ressource. Wenn Führung schlecht ist, wirkt sie als Fehlbelastung. Nur wenn sie gut ist – also den Geführten hilft, Belastungen leichter zu bewältigen, sich wohler zu fühlen –, hat sie das Potenzial, die soziale Ressource „Netz“ zu verstärken. Diese Polarität trifft auch für andere hier diskutierte Aspekte zu.

Welche sozialen Ressourcenaspekte gibt es?

1. Prozess- und ablaufbezogene soziale Ressourcenaspekte

1.1. Führung und Wertschätzung als Mensch

Führung als Ressource ist eine von menschlichen Werten geleitete Führung. Sie schätzt den Beitrag und die Einzigartigkeit eines jeden und versucht, ihn durch Anleitung, Wertschätzung und Motivation für die Ziele der Gemeinschaft aufzuschließen und in der eigenen Entwicklung zu unterstützen. Ihr Grundsatz ist: Interessiere Dich für Deinen Mitarbeiter als Mensch und sei ihm ein Vorbild in Deinen Taten!

1.2. Teamarbeit, Teamgeist, Kooperation und Wettbewerb

Arbeitsteilung und Kooperation hat uns zu dem gemacht, was wir Menschen sind. Durch sie sind wir z.B. zum Mond geflogen. Kein Ziel ist zu weit oder groß, wenn Menschen für eine gemeinsame Sache brennen. *Teamarbeit* ist dann Ressource, wenn sie versteht, die Stärken jedes Einzelnen im kooperativen Prozess so zu bündeln, dass das Resultat mehr als die Summe der Einzelleistungen ist. Um das zu realisieren, braucht ein Team neben Führung: a) Visionen, Ziele und Aufgaben, b) Regeln und Vereinbarungen und c) Kommunikation (transparente Informations- und Rückmeldeprozesse). Aus der Teamarbeit entsteht unmittelbar eine eigene Produktivkraft: Der *Teamspirit* oder *Teamgeist*. Er drückt sich in freigesetzten Energien aus, die Menschen in isolierter Arbeit nicht aufzubringen vermögen. Der *Wettbewerb* – nicht Konkurrenz! – ist ein Mittel, solche Energien zu entfachen.

1.3. Kommunikation und Netzwerke

Kommunikation ist Voraussetzung für Teamarbeit. Diese funktioniert umso besser, wenn Informations-, Abstimmungs- und Rückmeldeprozesse von hoher Qualität sind. Kommunikation hat zwei Aspekte: Auf der *Sachebene* hilft sie, das Resultat gemeinsamer Arbeit auf hohes Niveau zu führen. Auf der *Beziehungsebene* sorgt sie für emotionalen Ausgleich, Zufriedenheit und Begeisterung am gemeinsamen Tun. Jeder hat bereits erlebt, wie viel Erleichterung, ja sogar Heilung ein offenes, wertschätzendes Gespräch bringen kann. Wenn zwischen Konfliktparteien die Kommunikation abgebrochen ist, eskaliert die Situation einige Zeit später. An diesen Beispielen erkennt man gut, welch wichtige Ressource gute Kommunikation ist.

In unserer Kommunikations- und Wissensgesellschaft sind *Netzwerker* im Vorteil. Durch Kommunikation bauen sie Beziehungsnetzwerke auf, die sie flexibel, spontan und vielgestaltig für Unterstützung und Problemlösung nutzen können.

1.4. Einbindung

Die Integrationsfähigkeit eines Teams bestimmt, wie sehr sich das einzelne Mitglied eingebunden fühlt: *Zugehörigkeit, Geborgenheit, Sicherheit, Vertrauen* umschreiben Gefühlsszenarien, in denen Menschen unbelastet von negativen Gefühlen ihre Leistungsfähigkeit ausschöpfen und der Gemeinschaft zur Verfügung stellen.

1.5. Solidarität und Hilfeleistung

Solidarität ist ein emotional getöntes Handlungsmuster, dessen Motivation altruistisch ist und bei dem sich der Handelnde von der Idee der Gerechtigkeit leiten lässt (Bierhoff & Fetchenhauer, 2001). In vielen Lebenssituationen würde der Einzelne untergehen, hätte er nicht die *Solidarität* anderer Menschen bzw. einer Gemeinschaft. Die Ressourcen eines Teams sind also auch daran zu bewerten, wie solidarisch es sich verhält. *Helfen* sich Teammitglieder gegenseitig aus? Erkennen sie, wenn einer unter Druck oder in Nöte gerät, und bieten dann passende *Unterstützung* an? Stellen sie sich bei Fehlern hinter ihren Kollegen und gleichen diese gemeinsam aus?

1.6. Anerkennung und Respekt

Dazuzugehören, Eingebundensein ist die eine Ressource. Eine andere besteht darin, in dieser Gemeinschaft auch noch spezielle *Anerkennung und Respekt* zu erhalten. Man ist nicht nur Mitglied eines Teams, sondern hat darin eine hervorgehobene Stellung. Anerkennung ist Nahrung für unsere Seele. Wir selbst können uns nicht messen. Wir messen uns in dem Spiegel, den uns andere vorhalten. So entsteht unser *Selbstbild* und das Bewusstsein darüber: unser *Selbstbewusstsein*.

1.7. Vertrauen

Eine Gemeinschaft, in der Menschen vertrauensvoll miteinander umgehen, tut allen gut. Energien werden nicht durch Misstrauen, Missgunst, Zweifel, Konkurrenz und Absicherung blockiert. *Vertrauen* als gelebter Wert bzw. die *Vertrauensfähigkeit* der Mitglieder eines Teams untereinander stellen eine wichtige Teamressource dar. Covey beschreibt sie in seinem viel beachteten Buch „Schnelligkeit durch Vertrauen" als „Kraft, die alles verändert" (Covey & Merrill 2009, S. 15).

1.8. Liebe und Mitgefühl

Es wirkt vermessen, in einem kleinen Abschnitt die wohl stärkste menschliche Ressource erklären zu wollen. Da würde ein Buch nicht ausreichen. Beschrieben schon in der Bibel, gepriesen in allen Märchen und Mythen, besungen in allen Liedern, gilt die *Liebe* als mächtige Ressource, als Quelle unbändiger Kraft, als Macht, die alle Grenzen überwindet und alle Leiden lindern kann. Im Arbeitsprozess geht es nicht um das Sehnen nach einer bestimmten Person: Es geht um das *Wohlwollen* gegenüber anderen, das *Mit-ihnen-Fühlen* und die *Anteilnahme* an ihrem Erleben, ihrem Schicksal, ihrem Erfolg und Misserfolg. Nur wer Liebe sät, wird Vertrauen ernten! Da schließt sich der Kreis.

2. Aufbau- und strukturbezogene soziale Ressourcenaspekte

2.1. Synergiepotenzial

Wie trägt die Zusammensetzung eines Teams dazu bei, dass sich seine Mitglieder gegenseitig fördern – nach dem Grundsatz: *Das Ganze ist mehr als die Summe seiner Teile*? Betrachten wir ein Team: z.B. eine Rechtsanwaltskanzlei. Wenn alle Partner ausschließlich Fachanwälte für Arbeitsrecht sind, besteht das Synergiepotenzial darin, dass sie sich gegenseitig zur Meisterschaft in ihrem Fach verhelfen. So können sie die schwierigsten Fälle gewinnen und hohe Honorare generieren. Nehmen wir an, der Markt braucht im Moment aber keine Anwälte für Arbeitsrecht, dann kann die Kanzlei schnell in wirtschaftliche Nöte geraten. Gemessen an dieser Situation wäre das Synergiepotenzial einer gemischt zusammengesetzten Sozietät höher.

2.2. Zusammensetzung, Vollständigkeit der Architektur

Eine Firma sollte Menschen mit *verschiedensten Talenten, Interessen, Charakteren* in sich vereinigen: Es müssen Visionen entwickelt, Ziele geplant, Menschen geführt, Gelder angelegt, Prozesse ausgestaltet, Produkte produziert, beworben und verkauft werden. Jede Tätigkeit erfordert unterschiedliche Interessen und Neigungen. In kleinen Firmen fällt häufig auf, dass bestimmte Charaktertypen fehlen: meist Initiative, Innovative, sogenannte Entdeckertypen. Der Chef, selbst Techniker oder Handwerker, sucht eher Personal, das ihm gleich ist. Öffentlichkeitsarbeit, Marketing, Werbung, Akquise und Kundenbetreuung kommen in diesem Unternehmen dann häufig zu kurz. Obwohl alle gut ausgebildet sind und sich „abstrampeln", bleibt der Erfolg aus. Ursache ist die *unvollständige innere Zusammensetzung* (oder *Architektur*) des Personals.

2.3. Innere Strukturen für Führung, Kommunikation, Entscheidung

Welche Qualität Führung, Kommunikation und Entscheidungsprozesse annehmen, hängt auch von *Strukturen* ab. Ist die *Führungsspanne* zu groß, z.B. über 15 Mitarbeiter, nimmt die Qualität der Führung ab, auch wenn die Führungskraft sehr befähigt ist. Dasselbe gilt für *Führen aus der Ferne*, d.h., wenn Teammitglieder an verschiedenen Standorten arbeiten. Auch Kommunikation ist hier erschwert, wird oft nur über Medien erfolgen. Sind *Arbeitsprozesse* so gestaltet, dass Mitarbeiter sie ohne Gefährdung des Prozesses nicht verlassen können, behindert das die Regelkommunikation (z.B. Call-Center-Agenten). Wann kann ein Meeting überhaupt angesetzt werden? Oder: Wenn nur bestimmte Manager entscheiden dürfen, selbst aber viel auf Reisen sind, können Entscheidungen nicht getroffen werden, auch wenn alle Techniker in Problemlösung ausgebildet sind.

2.4. Stabilität

Wenn ein Team gerade erst zusammengestellt wurde, ist es noch nicht voll leistungsfähig, sondern muss sich erst „finden". Gesetzmäßig ablaufende *gruppendynamische Prozesse* treiben die Teamentwicklung über verschiedene turbulente Phasen bis zum Erreichen der *Arbeits- oder Leistungsphase* voran (Antons 2011). Hochleistungsteams befinden sich in dieser Phase. Wechseln Teammitglieder, geht die Gruppendynamik von Neuem los. U.a. werden *Rangpositionen* neu ausgefochten: Das verunsichert diejenigen, die eher „mitlaufen". Welches Teammitglied wird die informelle Führung übernehmen? Wessen Ansichten werden sich als Werte und Normen etablieren? In diesen Phasen beschäftigt sich das Team mehr mit sich selbst als mit der Arbeit (Schindler, 1967). Allerdings gelangen auch stabile Gruppen in *Zerfallsstadien*, wenn ihnen neue *Herausforderungen*, sozusagen die Chance, zu wachsen und zu lernen, fehlen.

2.5. Leitlinien, Normen

Leitlinien und Normen befördern oder behindern Entfaltung der Ressourcenaspekte: Werden werteorientierte Führung, offene Kommunikation, Arbeits- und Gesundheitsschutz etc. als *Grundsätze des Umgangs* miteinander beschrieben, dann wird die Gemeinschaft sich stärker an ihnen ausrichten. Bei Vernachlässigung können sie eingeklagt werden.

Firmen, bei denen Kundenzufriedenheit das oberste Gebot ist, geben dem Mitarbeiterwohl häufig zu wenig Aufmerksamkeit. Mit dem Anspruch, 24 Stunden an 7 Tagen der Woche für den Kunden zur Verfügung zu stehen, besteht die Gefahr, den Mitarbeiter zu „versklaven". Er fühlt sich nicht unterstützt, sondern ausgebeutet. Oder: Wenn Störungsbehebung immer Vorrang hat, kann es passieren, dass das lang anberaumte Meeting wieder einem „Feuerwehreinsatz" zum Opfer fällt. Kommunikation kann als Ressourcenaspekt nicht wirksam werden.

2.6. Regelungen und Abläufe

Auch *Regelungen und Prozessabläufe* beeinflussen die Wirkung von sozialen Ressourcenaspekten. Ein Beispiel: In der Wirtschaft beobachtet man den *Trend zur Einzelarbeit*: Monteure, die früher paarweise zur Störungsbehebung fuhren, Vermesser, die immer im Tandem unterwegs waren, Fallbearbeiter, die früher in der Verwaltung in ihren Teams saßen, arbeiten heute allein. Mit elektronischer Disposition über Laptop, genialen GPS-unterstützten Messsystemen oder der elektronischen Akte ist das jetzt alles möglich. Kommunikation, Führung, Teamarbeit, Hilfe, Anteilnahme, Anerkennung etc. gelingen unter diesen Bedingungen nur durch zusätzliche Anstrengungen.

2.7. Verquickung mit anderen Netzen etc.

Die Ressourcenstärke eines sozialen Netzes wird durch *Verknüpfung mit anderen Netzen* potenziert. Viele Gemeinschaften existieren vor allem nur deshalb. Sie ermöglichen ihren Mitgliedern *Zugang zu anderen interessanten Netzen*, den der Einzelne nicht erlangen kann. Über einen mittelständischen Verband kommt auch der kleinere Unternehmer an das Netzwerk der Kommunalpolitiker oder Großindustriellen heran. Wenn ein Team einen Vertreter im Betriebsrat hat, bekommt er besseren Zugang zu Informationen und Entscheidungsprozessen. Engagiert sich der Betriebsarzt im Vorstand eines Werksärzteverbandes, gewinnt er Zugang zu Netzwerken von Forschern, Berufsgenossenschaften, Krankenkassen und erwirbt sich ggfs. zusätzliche Unterstützung für seine Vorhaben in der eigenen Firma.

Was kann man tun, um soziale Ressourcen gezielt zu erschließen?

Rahmenbedingungen:	
• Leitlinien, Werte und Normen so formulieren und Strukturen, Prozesse, Räumlichkeiten, Facilities, Abläufe, Regelungen so gestalten, dass sie Führung, Kommunikation, Information, Entscheidungsfähigkeit, Teamarbeit, Integration, Solidarität, gesunden Wettbewerb, Anerkennung, Vertrauen etc. unterstützen	○
• Sinnvolle und vollständige personelle Zusammensetzung des Teams in Bezug auf die zu lösende Aufgabe überprüfen	○
• Team-Synergiepotenziale und ihre Ausschöpfung beurteilen	○
• Kontakte zu anderen Netzen knüpfen	○
Führung:	
• Training und Coaching sozialer Kompetenzen: Führung, Kommunikation und Teamarbeit entwickeln	○
• Persönlichen Kontakt zu Vorgesetzten vereinfachen: Sprechstunden, Management by walking around, d.h. täglich jeden Mitarbeiter persönlich begrüßen, offenes Ohr des Vorgesetzen für Mitarbeiter	○
• Führungsinstrumente einführen: z.B. regelmäßiges Feedback an die Mitarbeiter in Mitarbeitergesprächen, Formen der Anerkennung und Belohnung überlegen, Mitarbeiterbefragungen organisieren etc.	○
• Mit Vorbild Werte vorleben	○
Kommunikation:	
• Kommunikationstraining: aktives Zuhören für besseres Verstehen, Konflikte lösen, Rückmeldung geben, gezieltes Bitten um Unterstützung und Verständnis	○
• Kommunikationsinfrastruktur ausbauen: Jour fixe, Monatsworkshop, Quartalsmeeting, Kommunikationsforen, abteilungsübergreifende Zirkel einführen	○
• Sozialen Austausch während der Arbeit ermöglichen	○
Teamarbeit:	
• Teamtraining: Gruppendynamik, Vorteile des Teams, Charaktere und Bedürfnisse beachten	○
• Teambildung und Teamentwicklung begleiten lassen	○
• Gemeinsame Aktivitäten organisieren: Weiterbildungen im Team, Aktionen, Feiern, Aufmerksamkeiten zu Ehrentagen	○

Hinweis: In den Kapiteln 6 und 7 werden alle 30 Praxisbeispiele ausführlich hinsichtlich Ressourcenauf- bzw. -abbau diskutiert.

4.3.3 Die individuellen Gesundheitsressourcen

soziale Gesundheitsressourcen

Individuelle oder persönliche Ressourcen sind Verhaltens- und Handlungsmuster, Überzeugungssysteme und Persönlichkeitseigenschaften, die über viele Situationen konstant sind (Udris et al. 1992) und die Bewältigung von Herausforderungen erleichtern.

1. Positives Denken

1.1. Kohärenzerleben (positive innere Überzeugungen)

Das Kohärenzerleben ist ein Kraft spendendes System innerer Überzeugung (Antonovsky, Franke 1997). Es umfasst:

1. die Fähigkeit, dass man die *Zusammenhänge des Lebens versteht*
2. die Überzeugung, dass man das eigene Leben gestalten kann (sogenannte *Selbstwirksamkeitsüberzeugung*: Maß, in dem eine Person davon überzeugt ist, dass ihre Mittel etwas bewirken können, sozusagen der Glaube an die eigenen Möglichkeiten. Dies beeinflusst, welche Situationen eine Person auswählt und wie sehr sie sich anstrengt, eine Aufgabe zu lösen.)
3. den Glauben, dass das Leben einen Sinn hat (auch *„Spiritualität“*): positive Beantwortung von Sinn- und Wertfragen des Daseins, der Welt und der Menschen und besonders der eigenen Existenz und seiner Selbstverwirklichung im Leben (Sponsel 2006).

Personen mit einem ausgeprägten Kohärenzsinn sind gekennzeichnet durch:

- eine größere Arbeitszufriedenheit
- geringe Depressivität
- besseren Umgang mit existenziellen Bedrohungen
- abgeschwächtes Erleben von Arbeitsbelastungen
- stärkeres Maß an Merkmalen seelischer Gesundheit

1.2. „Hardiness“ oder Widerstandsfähigkeit

Ein ähnliches Konzept wie das der inneren Kontrollüberzeugungen ist das der Hardiness (Fels in der Brandung).

Kobasa und Mitarbeiter (1979) stellten im Rahmen von Untersuchungen fest, dass eine bestimmte Gruppe von Managern trotz ihres hohen beruflichen Stresspotenzials gesünder war als ihre Kollegen. Alle gesunden Manager wiesen Folgendes auf:

1. Sie zeichneten sich durch ein hohes Engagement aus.
2. Sie glaubten, den Lauf der Dinge gut steuern zu können.
3. Sie zeigten sich gern bereit, sich hohen Herausforderungen zu stellen.

1.3. Urvertrauen

Urvertrauen ist die Fähigkeit, zu vertrauen. Es verschafft die *innere emotionale Sicherheit*, die Menschen überhaupt erst befähigt, Vertrauen in ihre Umgebung und in den Kontakt mit anderen aufzubauen (Claessens 1992).

Sie entwickelt sich im ersten Lebensjahr abhängig von der „verlässlichen Wiederkehr" von Bezugspartnern, die emotionale Wärme zu geben vermögen (Riemann 2009). Urvertrauen ermöglicht angstarme Auseinandersetzung mit der sozialen Umwelt. Während viele Ressourcen aufbaubar sind, geht man davon aus, dass ein mangelhaftes Urvertrauen nicht aufhebbar ist. In der Arbeitswelt arbeiten wir auch mit Menschen zusammen, die diese Ressource leider nicht zur Verfügung haben. Emotionale Zuverlässigkeit, Gerechtigkeit und Güte sind Eigenschaften, mit denen wir diesen Kolleg(inn)en helfen, mehr Sicherheit im Kontakt zu empfinden.

1.4. Selbstwertschätzung, Selbstwertgefühl, Selbstvertrauen

Das *Selbstwertgefühl*, eigentlich besser „*Selbstwertschätzung*" (sich selbst annehmen und würdigen), resultiert aus dem Vergleich der subjektiv wahrgenommenen Fähigkeiten in Bezug auf die für eine Leistung geforderten. Ein hohes *Selbstvertrauen* gegenüber Anforderungen zeigt sich, wenn vorausschauend eingeschätzt wird, dass die Anforderungssituationen gut gemeistert werden können (Satir 2004; Branden 2006). Selbstwertschätzung ist von *Selbstüberschätzung* abzugrenzen, die nicht als Ressource gelten kann (auch wenn es manchmal den Eindruck macht). Sie führt i.d.R. zu Enttäuschungen von Selbst- und Fremderwartungen. Selbstüberschätzer sublimieren diese Enttäuschung über komplizierte Verdrängungsmechanismen und müssen für diese Selbsttäuschung ihre wertvollen psychischen Energien aufwenden.

1.5. Positive Selbstinstruktionen

Positive Selbstinstruktionen sind Gedanken, innere formelhafte Aufforderungen, die man willentlich erzeugt, bevor oder während man an eine Aufgabe herangeht: z.B. Instruktionen, wie „Ich schaffe das!", „Ich kann das!", „Ich halte durch!". Die formelartigen, wiederkehrenden Instruktionen werden in tiefer liegenden Gehirnschichten eingespeichert. Sie gewinnen dadurch die Qualität von stabilen Glaubenssätzen. Die innere Programmierung auf Erfolg hilft, an entscheidenden Stellen nicht „einzuknicken" und die Zielspannung aufrechtzuerhalten.

1.6. Realistischer Optimismus

Optimisten sehen Dinge zuversichtlich und erwarten auch in schwierigen Situationen positive Ergebnisse. Sie neigen zum positiven Denken, konzentrieren sich auf Lösungen statt auf Verhinderungen (Auhagen 2004). Die Gesundheitspsychologie kennt viele Untersuchungen, in denen förderliche psychische, physiologische und immunologische Wirkungen positiver Denkweisen nachgewiesen wurden: Therapie von Depressiven, schnellere Heilung nach Bypass-Operation, verbesserte Immunabwehr (Auhagen 2004).

In der über 80 Jahre geführten Terman-Studie (Friedman & Martin 2012), die nach der Formel für langes Leben sucht, waren „die Ergebnisse ... eindeutig. Schwarzmaler starben früher." (S. 87). Allerdings hatten Optimisten und Vergnügte auch kein längeres Leben, waren aber wenigstens glücklicher. Schwarzmaler beschworen das Unglück herauf und Optimisten liefen leichtfertig und blindäugig hinein (naiver Optimismus) (S. 65–75). Ein gewisses Maß an Sich-Sorgen erwies sich als durchaus gesundheitsförderlich. Nicht naiver, sondern „*realistischer Optimismus*" ist gesund!

2. Aktives Handeln

2.1. Motivation und gesunder Ehrgeiz

Die Kraft der Motivation ist wohl jedem bekannt. *Motivation* entsteht, wenn ein unbefriedigtes *Bedürfnis* auf ein *Objekt* trifft, von dem der Mensch annimmt, dass es, eingebettet in eine *Handlung*, dieses Bedürfnis befriedigen kann. Das Objekt wird zum Motiv. Je größer die *Bedürfnisspannung* und je geeigneter das Objekt, umso stärker die Motivation zur Handlung: Eine junge Referentin fühlt sich in der Warteschleife, möchte beruflich weiterkommen (unbefriedigtes Bedürfnis). Ein Führungsposten wird in nächster Zeit vakant (Objekt). Diesen Posten zu bekommen bedeutet einen guten Ausgangspunkt für die weitere Karriere (Objekt wird zum Motiv). Andere Führungskräfte neiden ihr den Anspruch auf den Posten. (Objekt scheint schwierig erreichbar und Bedürfnisbefriedigung gefährdet. Objekt wird umso begehrlicher, die Bedürfnisspannung steigt und damit auch die Motivation!) Die junge Frau wird alle Kräfte auch gegen Widerstände mobilisieren.

2.2. Aktives Einholen sozialer Unterstützung und Lösungsorientierung

Aktivität bedeutet Initiative ergreifen, handeln, den ersten Schritt tun. Menschen, die aktiv sind, gestalten ihr Leben. Sie agieren, statt zu reagieren. Sie warten nicht ab oder sitzen aus. Sie quälen sich nicht mit ewigen Grübeleien und Zweifeln. Sie experimentieren und zwingen Systeme zur Reaktion, zur Anpassung, Veränderung. Wenn die junge Referentin (vorheriger Punkt „Motivation") aufsteht und offen ausspricht, dass sie auf den vakanten Führungsposten spekuliert, wird nichts mehr so sein wie vorher. Sie hat einen Stein ins Rollen gebracht, alle werden sich neu positionieren. Vielleicht war niemand darauf vorbereitet und der Vorteil liegt jetzt klar bei ihr. Sie hat Tatsachen geschaffen.

Manche hoffen, dass andere sehen, was sie begehren und es ihnen dann erfüllen. Welche Überforderung für Mitmenschen! Wer sagt, was er braucht, hat die größten Chancen, es zu bekommen. Für andere nützlich zu sein ist für viele ein Bedürfnis. Es gibt ihnen Sinn. Sie mögen es sogar sehr, um Hilfe gefragt zu werden!

2.3. Verlassen der Opferrolle und Übernahme von Verantwortung

Ein Grundpfeiler für Entwicklung ist gesunde Selbstkritik: Erkennen und Akzeptieren, welchen Anteil man am Misserfolg, am Unglück selbst beigetragen hat. Ausgestattet mit dieser (Selbst-)Erkenntnis, wird erneute Handlung zu besseren Resultaten führen. Der Gescheiterte übernimmt Verantwortung für seinen Fehler und überwindet ihn aktiv – getreu dem Prinzip: Du kannst nicht andere, sondern nur Dich selbst verändern! Menschen, die sich in der Opferrolle gefallen, bemitleiden sich selbst, geben anderen die Schuld an ihrem Versagen, verweigern die Einsicht und die Übernahme von (Selbst-)Verantwortung. (Die anderen sind böse, bedauert mich!). Sie nehmen eine passive Haltung ein. Es besteht Gefahr, dass sich charakterbedingt einerseits gesteigerte Feindseligkeit/Aggressivität oder andererseits Depression entwickeln (Werner, 2001).

2.4. Flexibilität, Anpassungs- und Wandlungsfähigkeit

Die Evolutionsforschung hat es bewiesen: Die Anpassungsfähigsten setzten sich durch! Das lehren auch Studien zur Krisenbewältigung. Vorteile hat, wer Situationen von verschiedenen Standpunkten aus betrachten und mehrere Lösungsoptionen entwickeln und ihr Erfolgspotenzial bewerten kann. In der Umsetzung helfen dann Tüfteln sowie Improvisieren und immer wieder Offenheit für Kurskorrekturen (Abrahamson 2000 und 2001).

2.5. Erholungsfähigkeit

Die Erholungsfähigkeit beschreibt Zeit und Aufwand, die für die Wiederherstellung der normalen Leistungsfähigkeit des Organismus nach Ermüdung oder einer heilbaren Schädigung benötigt wird. Wir erholen uns unterschiedlich schnell. Darin steckt eine individuelle Ressource. Leistungssportler haben Zugang zu ihr. Sie spielt neben Muskelkraft, ausgeklügelter Technik, Wettkampferfahrung eine mindestens ebenso große Rolle. Wer aus Stresssituationen heraus gut und schnell abschalten kann, z.B. in der Lage zu einem Kurzschlaf (Minutenschlaf, Napping) ist, hat große Vorteile. Innerhalb 15 – 20 Minuten holt er sich auch während des Tages Frische und Spannkraft zurück.

3. Akzeptanz

3.1. Realitätssinn

Die Dinge zu erkennen und zu akzeptieren, wie sie sind, Illusionen, „wenn und hätte" über Bord zu werfen, hilft uns, schnell handlungsfähig zu werden. Mangelnder Realitätssinn führt dazu, dass präventive oder rettende Aktionen zu spät oder unvollständig gestartet werden. Das führt zu zusätzlichem Schaden und neuen Belastungen, die vermeidbar gewesen wären. Die Resilienzforschung (was lässt Menschen schwere Krisen überleben?) erkennt im *Realismus* eine geeignetere Ressource als im Optimismus (Collins, Coutu 2003). Realitätssinn baut auch auf intellektuellen Fähigkeiten auf.

3.2. Gelassenheit, Besonnenheit und die Fähigkeit loszulassen

Gelassenheit (*Gleichmut*, *innere Ruhe* oder *Gemütsruhe*) ist eine innere Einstellung, aus der die Fähigkeit erwächst, vor allem in schwierigen Situationen die Fassung oder eine unvoreingenommene Haltung zu bewahren. Sie ist das Gegenteil von *Unruhe*, *Aufgeregtheit*, *Nervosität* und *Stress*. Während *Gelassenheit* den emotionalen Aspekt betont, bezeichnet *Besonnenheit* den rationalen Aspekt von *innerer Ruhe*. Besonnenheit ist eine überlegte, selbstbeherrschte Form der Gelassenheit, die besonders auch in heiklen Situationen den Verstand die Oberhand behalten lässt.

Loslassen können hilft, Lasten abzuwerfen, die uns bedrücken. Entrümpeln, wie beim Frühjahrsputz, sodass man wieder durchatmen kann. Es umfasst das Sich-Trennen von Sachen ebenso wie von Menschen. Man akzeptiert, dass sie einem nicht mehr guttun. Es bedeutet auch das Loslassen von allem, was uns am Erfolg behindert: Gedanken, Sorgen, unbegründete Schuldgefühle, Glaubensätzen, Erwartungen, Anspruchshaltungen etc.

3.3. Verzeihen und mitmenschliche Güte

Verzeihen ist auch Loslassen. Man entledigt sich der Enttäuschung, des Zornes, Hasses, des Schmerzes, der Opferrolle. Es ist ein Zeichen menschlicher Reife, auf andere trotz bitterer Erfahrung wieder zuzugehen und ihre Wiedergutmachungsbemühungen damit zu honorieren. Mitmenschliche Güte spielt eine Rolle dabei. Sie ist ein Ausdruck von Autonomie – nicht etwa Unterordnung! Sie bedeutet, unabhängig von Befindlichkeiten, Reaktionen und Normen anderer selbstlos und in Nächstenliebe auf sie zu reagieren. Sie ist eine Voraussetzung, Lebensglück zu empfinden (Auhagen 2004, S. 161).

4. Selbststeuerung

4.1. Gesunde Lebensweise

Unsere Lebensweise gestalten wir selbst aktiv – im Rahmen der Freiheitsgrade, die uns die Arbeit lässt. Hier kann jeder Vorsorge betreiben – wenn er seinen „inneren Schweinehund" besiegt: Ernährung, Bewegung, Schlaf, Erholung, Entspannungsübungen, keine schädigenden Substanzen, anregende Freizeitgestaltung etc.

Betriebliches Gesundheitsmanagement ist in diesen Themen angesiedelt. Es zielt in der Praxis vorrangig ab auf gesunde Pausenversorgung, Bewegung, Betriebssport, Massagen, Yoga, Entspannungsverfahren etc. Dabei schiebt es den Aufbau der vorher diskutierten psychischen Ressourcen leider oft in den Hintergrund – möglicherweise, weil es einfacher fassbar, herstellbar und abrechenbar ist, eine Kantine umzugestalten, eine Vorsorgeuntersuchung oder eine Nordic-Walking-Gruppe zu organisieren, als einen tiefgründigen Kulturwandel zu initiieren und zum Erfolg zu führen. Das ist insofern bedenklich, da „für die Gesundheit … soziale Beziehungen wichtiger (sind) als beispielweise die Frage, wie man sich ernährt" (Henningsen 2012, S. 35).

4.2. Diszipliniertheit und Planungsneigung

Diszipliniertheit bezeichnet ein *stetiges und selbst kontrolliertes Verhalten*, das einen *Ordnungszustand* aufrechterhält oder schafft, indem es individuellen oder äußeren Ablenkungen von einer einzuhaltenden Zielvorgabe unter Aufwendung von Anstrengungen entgegenwirkt. In der Terman-Studie offenbarte sich Diszipliniertheit als eines der Rezepte für langes gesundes Leben. Disziplinierte befolgen ärztliche Anweisungen, hören auf Erfahrene, betreiben Prävention und gehen nicht blindäugig Risiken ein (Friedman & Martin 2012, S. 101f.).

Planungsneigung beschreibt die Neigung, seine Arbeitsaufgaben zu planen, ihre Abarbeitung zu strukturieren und nach Prioritäten abzuarbeiten. Dabei ist eine mittlere Planungsneigung ideal. Ist sie zu hoch, entsteht Planungspedanterie mit dem Risiko, den Plan über die Erledigung zu stellen. Er verkommt dann zum Selbstzweck.

4.3. Effektive Lern- und Arbeitsmethodiken

Lernen zu lernen, das ist die Herausforderung. Mit allen Sinnen lernen hilft einprägen: sehen, hören, lesen, anfassen (ausprobieren). Interessant ist für jeden, welcher Sinneskanal bei ihm am besten funktioniert. Das Beherrschen rationeller Aufbereitungs-, Übungs- und Gedächtnistechniken stellt eine enorme Ressource für den Lernprozess dar. In Seminaren und Workshops bedient man sich heute der verschiedenen Methoden. Sie befähigen Gruppen, Lern- und Entwicklungsprozesse gemeinsamen zu vollziehen. Flipcharts, Pinnwände, Moderationskarten und Moderationsstifte sind Utensilien dafür, auch die Moderationstechnik als solche. Andere *Arbeitstechniken* unterstützen beim Planen und Organisieren (Aktionspläne, Aufgabenverteilungsinstrumente, Zeitplanungsmethoden, Verwaltungssysteme, Wissensmanagement- und Projektmanagementtools etc.).

Was kann man tun, um individuelle Ressourcen gezielt zu erschließen?

Lesen Sie dazu die Präventionsempfehlungen in Kapitel 7.2.10 auf Seite 185 und 186.

5 Erkennen und Beurteilen von psychischen Belastungen und Beanspruchungsfolgen

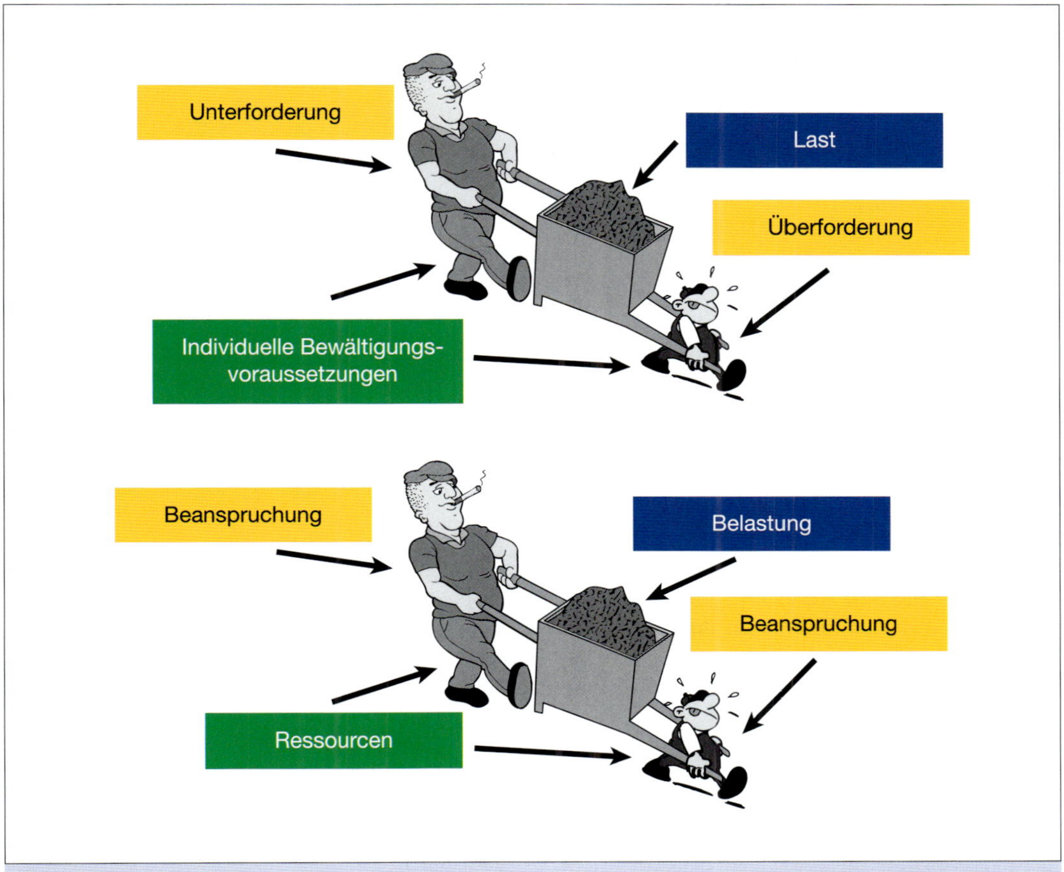

■ **Gleiche Belastung kann zu unterschiedlichen Qualitäten von Beanspruchungsfolgen führen. Der geschulte Beobachter kann von außen Wirkungen erkennen.**

5.1 Messen von psychischen Phänomenen

Geht das überhaupt? Insbesondere Techniker, Ingenieure, Physiker sind sehr skeptisch. Ja, es geht, auch wenn es sich vom physikalischen Messen etwas unterscheidet. Messen bedeutet, wie oft eine gewählte Merkmalseinheit in einem zu messenden Objekt enthalten ist. Beispielsweise sind in einem Meter einhundert Zentimeter enthalten. Objekte können aber auch andere sein, z.B.: Zufriedenheit, Wohlbefinden, Schmerz oder eine Störung abweichend vom Normalen.

Merkmalseinheiten für diese Objekte sind dann:

- Das Maß an Zufriedenheit
- Der Grad an Wohlbefinden
- Die Stärke des Schmerzes
- Der Grad der Störung

Ähnlich wie die Zentimeter-Schritte müssen die Merkmalseinheiten so definiert sein, dass der Abstand von einem Grad zum nächsten nicht größer ist als der Abstand vom nächsten zum übernächsten usw. Die Psychologie arbeitet hier mit gefühlten Abständen, deren subjektiv empfundene Genauigkeit allerdings an der übereinstimmenden Wahrnehmung vieler Versuchspersonen überprüft wurde. Folgende Skaleneinteilung für die Messung der Zufriedenheit erfüllt das Kriterium gleich großer Messeinheiten:

sehr zufrieden	**eher zufrieden**	**teilweise zufrieden**	**eher nicht zufrieden**	**nicht zufrieden**

Folgende Skala erfüllt das Kriterium nicht. Erkennen und spüren Sie den Unterschied?

über alle Maßen zufrieden	**außerordentlich zufrieden**	**zufrieden**	**eher nicht zufrieden**	**nicht zufrieden**

Menschen, die eine Erkrankung haben, z.B. Arthrose im Knie, werden dem Arzt sehr genau sagen können, wie stark heute ihr Schmerz auf einer Skala von 1 bis 10 ist.

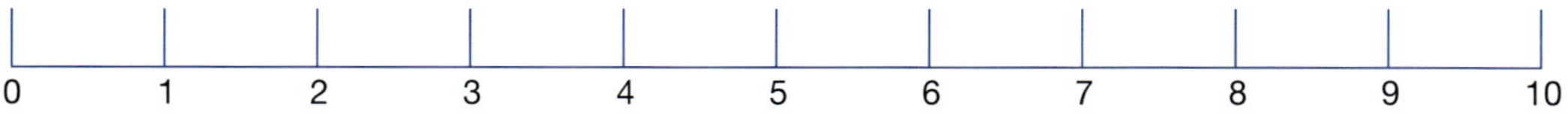

Was wir messen sind **Intensitäten von Wahrnehmungen.** Gefühlte Messlatten, gefühlte Messobjekte – ist das solide? Ja, durchaus: Denn es geht genau um diese **subjektiv wahrgenommenen Intensitäten. Sie sind Phänomene, die einem Zweiten nicht direkt zugänglich sind.**

Es geht nicht um das Messen der objektiven Größe. Das Bild auf S. 47 illustriert, was gemeint ist: Die Schubkarre und ihr Inhalt könnten mit physikalischen Messmitteln exakt gewogen werden. Über die Beanspruchungswirkung lässt sich daraus aber kein Rückschluss ziehen. Die Belastung (Last) wirkt über die individuellen Leistungsvoraussetzungen und (individuellen) Ressourcen sehr unterschiedlich auf das Wohlbefinden des Einzelnen. Sollte der große Mann heute für seinen Muskelaufbau trainieren wollen, wäre die Belastung auch eine Fehlbelastung wegen Unterforderung, also nicht ressourcenfördernd.

5.2 Verfahren zur Messung von Belastungen, Beanspruchungen und Ressourcen

Grundsätzlich gibt es verschiedene Herangehensweisen zur Ermittlung und Beurteilung von Belastungen, Beanspruchungen und Ressourcen:

1. Arbeitsplatzanalysen durch Experten
2. Befragung von Betroffenen (Fragebögen, Mitarbeiterbefragung)
3. Interviews durch Experten oder geschulte Interviewer
4. Beobachtung durch geschulte Beobachter

Eines Tages will die Wissenschaft genau sagen können, ob eine bestimmte „psychische Last“ dem *Normwert* für die Gestaltung einer gesunden Arbeit entspricht. Wenn Sie über dem Normwert liegt, ist sie zu verringern, auch wenn einige Mitarbeiter damit noch „ganz gut zurechtkommen“. Um diese Normwerte festzulegen, bedarf es des Sammelns, Auswertens und Vergleichens großer Datenmengen, die noch zu generieren sind.

Derzeit entstehen sehr viele Analyseinstrumente dazu. Die Toolbox der BAuA bildet allein über 97 Verfahren ab. Richter (2010) und Dunckel (1998) stellt in seinem Handbuch psychologischer Arbeitsanalyseverfahren u.a. 20 Verfahren vor, die eine Analyse und Bewertung menschlicher Arbeitstätigkeiten in unterschiedlichen Branchen und Bereichen und nach unterschiedlichen Gesichtspunkten erlauben. Eine weitere ausführliche Zusammenfassung von bewährten Instrumenten zu unterschiedlichen Analysen im Rahmen der Arbeit und in Organisationen findet sich bei Sarges et al. (2010) im Handbuch für wirtschaftspsychologische Testverfahren, Band II.

Fragen, die sich stellen, sind: Welches Instrument ist valide, wofür geeignet, wie umfassend? Welches bedarf der Anwendung durch Experten, welches nicht? Inwieweit erfasst es tatsächlich diese Einflüsse, die heute die Krankenstatistiken in die Höhe treiben? Eins kann als gesichert gelten: Die Einflüsse aus der Gestaltung von Arbeitstätigkeit, Arbeitsplatz, Arbeitsmittel, Arbeitssystem, Arbeitsbedingungen, Arbeitsumwelt und Qualifikation allein (Umfang, der im Arbeitsschutzgesetz gefordert ist) erklären nicht den steigenden Prozentsatz von emotionaler Erschöpfung, Depression, Selbsttötungen, Abhängigkeiten und innerer Kündigung etc. Viele Instrumente bewegen sich aber vorwiegend noch in diesem Rahmen.

Diesen Rahmen zu verlassen, war ein Ziel bei der Entwicklung des hier vorzustellenden Testinstrumentariums: psy.Res®-*Gesamtbilanz „Meine Arbeit & Gesundheit“*, das aus Teil 1: *psy.Risk®-10-Faktorentest* und Teil 2: *psy.Res®-Gesundheitstest* besteht. Es sollte ein Instrument geschaffen werden, *das ganzheitlich, systemisch* alle Wirkfaktoren auf die Psyche in und durch Arbeit einbezieht. Mit dem Verfahren werden bereits seit 8 Jahren Daten zur *Bewertung psychischer Arbeitsbelastungen* erhoben – immer jeweils vor dem Hintergrund des Gesundheitszustands des Beurteilers. In den 10 psy.Risk®-Skalen verblieben nach den Entwicklungsjahren genau die Sachverhalte, bei denen ein *sensibler Zusammenhang zur psychischen Gesundheit* wissenschaftlich nachgewiesen werden konnte.

5.3 Die psy.Res®-Gesamtbilanz „Meine Arbeit & Gesundheit“

5.3.1 Bestandteile der Gesamtbilanz: Die Instrumente psy.Risk® und psy.Res®

Die Beurteilungsinstrumente psy.Risk® und psy.Res® sind zwei *komplementäre Bestandteile eines modularen Instrumentensystems* zur Analyse, Feindiagnose, Beurteilung und Prävention psychischer Gesundheitsgefahren.

psy.Risk® – steht für *psychische Risiken* und bezieht sich auf die Analyse der *Gefährdungen* in der Arbeit.

psy.Res® – steht für *psychische Ressourcen* und bezieht sich auf die Analyse der *Gesundheit* des Arbeitenden.

Teil 1: psy.Risk®

befasst sich mit der Messung und Beurteilung der Belastungen.

Belastungen – sozusagen Einflüsse aus der Arbeit, die auf den Arbeitenden wirken – können sich erweisen als:

- **gefährdend *(Fehlbelastungen)* oder**
- **förderlich *(arbeitsbedingte und soziale Gesundheitsressourcen)***

Teil 2: psy.Res®

befasst sich mit der Messung und Beurteilung der Beanspruchungsfolgen.

Beanspruchungsfolgen – sozusagen die Auswirkungen der Einflüsse auf den Arbeitenden – sind entweder:

- **negativ *(Fehlbeanspruchungsfolgen)* oder**
- **positiv *(Gewinn an individuellen Gesundheitsressourcen)***

Erläuterung zu psy.Risk® und psy.Res®

5.3.2 Nutzungsbedingungen

Das Testinstrumentarium ist **urheberrechtlich geschützt**, d.h., Sie dürfen es nur für Ihre privaten oder innerbetrieblichen Zwecke im Rahmen der Gefährdungsbeurteilung, jedoch *nicht für gewerbliche Zwecke* verwenden. Sollten Sie das Verfahren für eine Mitarbeiterbefragung oder in Ihrer Tätigkeit als Coach, Berater oder Trainer verwenden wollen, dann wenden Sie sich bitte an:

Dr. Ulla Nagel, IPU Dr. Nagel & Partner, Arndtstr. 11, 01099 Dresden, Tel.: 0351-4045141, mobil: 0171-3125899, email: info@ipu-nagel. de, web: www.ipu-nagel.de

5.3.3 Daten zum Instrumentarium

Das theoretische Fundament sind das *Belastungs-Beanspruchungs-Modell* von Rohmert und Rutenfranz (1975) sowie das *systemische Zwei-Ebenen-Modell* von Nagel (psy.Risk®-Modell) (2004). Die psy.Res®-Skalen zur Gesundheitsbeurteilung bauen auf Konstrukten auf, die in der Psychologie und Medizin bekannt sind (siehe Anmerkung an der jeweiligen Skala im Kapitel 5).

Branchenneutralität, Anpassungsfähigkeit: Es kann auf die jeweiligen Gegebenheiten und Möglichkeiten im Unternehmen zugeschnitten bzw. auch auf betrieblich vorhandene Verfahren adaptiert werden. Untersuchungen von Teams, Abteilungen oder ganzer Unternehmen, aber auch individuelle Einzeltests sind möglich.

Sprachen, Anzahl Skalen und Items:

- Die psy.Res®-Gesamtbilanz „Meine Arbeit und Gesundheit" (Selbstbewertung) liegt als Standardversion in Deutsch und Englisch (21 Skalen, 229 Items) vor.
- Der psy.Risk®-10-Faktoren-Test zu Belastungsursachen (Fremdbewertung) existiert weiterhin in Französisch und Arabisch (10 Subskalen, 106 Items).

Beantwortungsmodus/Skalierung: 4-stufige Likert-Skala mit den Abstufungen 1 = „ja", 2 = „eher ja", 3 = „eher nein", 4 = „nein"

Die Messqualitäten (vgl. ISO 10075-.3) der Instrumente wurden insgesamt an einer Stichprobe von (N=1042) Fragebögen detailliert geprüft (Objektivität, Reliabilität, Validität, Generalisierbarkeit, Praktikabilität, Akzeptanz u.a.) und dargelegt (Nagel et al. 2011).

Veröffentlichungen des Instrumentariums bzw. von Teilmodulen:

- BG ETEM: Psychische Belastungen am Arbeitsplatz, Teil 1 – eine schnelle Hilfe zur Selbsthilfe für Unternehmer und Führungskräfte, Köln 2006 und 2008 (nur psy.Risk®-10-Faktoren-Test)
- BG ETEM: Psychische Belastungen am Arbeitsplatz, Teil 2 – eine schnelle Hilfe zur Selbsthilfe für Mitarbeiterinnen und Mitarbeiter 2012
- Ulla Nagel: Psychische Gesundheit in der Arbeit beurteilen und fördern – eine Handlungshilfe für Unternehmer und Führungskräfte 2006, 2007, 2008 (psy.Risk®-10-Faktoren-Test und Skalen zur Fremd- und Selbstbewertung von Beanspruchungsfolgen)

Die Autorin Ulla Nagel hat das Instrumentarium gemeinsam mit ihrem Team (Innovative Personal- und Unternehmensentwicklung IPU Dr. Nagel & Partner) von 2004 – 2006 im Auftrag der BG ETEM entwickelt, mit Unterstützung der TU Dresden validiert und seither in mehreren Schritten (2007, 2008, 2012) weiter verfeinert.

5.3.4 Die Beobachterperspektive durch Experten und Führungskräfte

Eine **Beobachterperspektive** bei der Bewertung psychischer Belastungen und Beanspruchungen am Arbeitsplatz wurde erarbeitet, um **Verantwortlichen** ein Hilfsmittel an die Hand zugeben. Es dient zur/als:

- ➔ Sensibilisierung und Wissensvermittlung
- ➔ Motivation zu gesundheitsförderlichem (Führungs-)Verhalten
- ➔ Analysegrundlage in Führungs- und Expertenkreisen und in Teams
- ➔ Gestaltungshilfe für Veränderungen in Verhältnissen und im Verhalten.

Teil 1: psy.Risk®-10-Faktoren-Test zur Fremdbeurteilung der Arbeitsbelastungen (psy.Risk®-Checklisten = Gefährdungsbeurteilung)

Die *Zielgruppe* sind: Unternehmer, Führungskräfte, Betriebsräte und Experten wie Sicherheitsfachkräfte, Betriebsärzte, technische Aufsichtspersonen, Sozialbetreuer etc. Auch Teams können die Handlungshilfe zu monatlichen Unterweisungen heranziehen und z.B. monatlich einen der *10 Belastungskomplexe* (sogenannte *psy.Risk®-Faktoren*) beurteilen. Auch Gesundheitszirkel können damit gut arbeiten.

Die *10 psy.Risk®-Belastungsfaktoren* sind (vergleiche psy.Risk®-Modell, Kap. 6, S. 57):

1. Unternehmensleitung
2. Organisationskultur
3. Führungsverhalten
4. Teamklima
5. Identifikationsbedingungen
6. Betriebsorganisation
7. Arbeitsprozesse
8. Arbeitstätigkeit
9. Ausführungsbedingungen
10. Soziale Rahmenbedingungen

Teil 2: psy.Res®-Gesundheitsskalen zur Beobachtung und Früherkennung von psychischen Gesundheitsgefährdungen bei Mitarbeitern (psy.Res®-Checklisten)

Die *Zielgruppe* sind vorrangig diejenigen, die unmittelbare *Führungs- oder soziale bzw. medizinische Verantwortung* tragen: Unternehmer, Führungskräfte, Betriebsräte, Betriebsärzte, Sozialbetreuer etc.

Die Handlungshilfe benennt *Frühwarnzeichen* der Entwicklung verschiedener **Fehlbeanspruchungsfolgen**: generelle Anzeichen und auch Anzeichen spezieller psychischer Beeinträchtigungen wie: Monotonie, psychische Sättigung, Depression, Burnout, Mobbing, innere Kündigung und Alkoholmissbrauch.

5.3.5 Die Selbstbeurteilung für Mitarbeiter

Eine **Ich-Perspektive** bei der Bewertung psychischer Belastungen und Beanspruchungen am Arbeitsplatz wurde entwickelt, um **Mitarbeitern** selbst ein Hilfsmittel zur Verfügung zu stellen. Es dient zur/als:

- ➔ Selbsterkenntnis und Prävention von Erkrankungen
- ➔ Sensibilisierung und Wissensvermittlung
- ➔ Motivation zu gesundheitsförderlichem Verhalten
- ➔ Mitarbeiterbefragung „Gesunde Arbeit“
- ➔ Gestaltungshilfe für Veränderungen in Verhältnissen und im Verhalten.

Teil 1: psy.Risk®-10-Faktoren-Test zur Selbstbeurteilung der Arbeitsbelastungen (psy.Risk®-Selbsttests = Gefährdungsbeurteilung)

Beurteilt wird die Wahrnehmung der Qualität der Einflüsse aus den *10 psy.Risk®-Belastungsfaktoren* (siehe 5.3.4, Handlungshilfe Fremdbeurteilung).

Teil 2: psy.Res®-Gesundheitsskalen zur Selbstbeurteilung eigener Gesundheit (psy.Res®-Selbsttests)

Die Teilnehmer am Test bewerten eigene *Frühwarnzeichen* von **Fehlbeanspruchungsfolgen** sowie die Qualität ihrer **individuellen Gesundheitsressourcen**.

Die *10 psy.Res®-Gesundheitsskalen* sind:

1. Kurzfristige Fehlbeanspruchungen: Monotonie und psychische Sättigung
2. Stress
3. Emotionale Erschöpfung/Burnout
4. Depression
5. Ängste
6. Mobbing
7. Abhängigkeit von Arbeit und Erfolg
8. Missbrauch von Substanzen
9. Innere Kündigung
10. Individuelle Gesundheitsressourcen

5.3.6 Die Erstellung der psy.Res®-Gesamtbilanz „Meine Arbeit & Gesundheit“

Das Gesamtbild darüber, wie gesundheitsförderlich die Arbeit tatsächlich ist, liefert die *Gegenüberstellung von Ursache und Wirkung.*

In den Kapiteln 6 und 7 wird jede Skala der Gesamtbilanz anhand von Fallbeispielen beschrieben. Am Ende jedes Skalen-Kapitels finden Sie den jeweiligen Selbsttest. Markieren Sie die eigene zutreffende Bewertung und tragen sie das Ampelergebnis in die untenstehende Ursache-Wirkungs-Tabelle ein.

Beurteilen der einzelnen Skalen

(resultierend aus der Bearbeitung der Kapitel 6 und 7)

Ursache ↔				Wirkung			
Schritt 1:				Schritt 2:			
Die Ergebnisse meiner Selbsttests				**Die Ergebnisse meiner Selbsttests**			
Meine Arbeit Ursachen: Belastungen in der Arbeit *Gefährdende und förderliche Einflüsse* (Kapitel 6)				**Meine Gesundheit** Folgen von Belastungen in der Arbeit: *Abbau oder Festigung von Gesundheit* (Kapitel 7)			
Unternehmensleitung	☹ ☐	😐 ☐	☺ ☐	Monotonie / Sättigung	☹ ☐	😐 ☐	☺ ☐
Organisationskultur	☹ ☐	😐 ☐	☺ ☐	Stress	☹ ☐	😐 ☐	☺ ☐
Führungsverhalten	☹ ☐	😐 ☐	☺ ☐	Erschöpfung / Burnout	☹ ☐	😐 ☐	☺ ☐
Teamklima	☹ ☐	😐 ☐	☺ ☐	Depression	☹ ☐	😐 ☐	☺ ☐
Identifikationsbedingungen	☹ ☐	😐 ☐	☺ ☐	Ängste	☹ ☐	😐 ☐	☺ ☐
Betriebsorganisation	☹ ☐	😐 ☐	☺ ☐	Mobbing	☹ ☐	😐 ☐	☺ ☐
Arbeitsprozess	☹ ☐	😐 ☐	☺ ☐	Abhängigkeit von Arbeit und Erfolg	☹ ☐	😐 ☐	☺ ☐
Arbeitstätigkeit	☹ ☐	😐 ☐	☺ ☐	Suchtmittel-Missbrauch	☹ ☐	😐 ☐	☺ ☐
Ausführungsbedingungen	☹ ☐	😐 ☐	☺ ☐	Motivation	☹ ☐	😐 ☐	☺ ☐
Rahmenbedingungen	☹ ☐	😐 ☐	☺ ☐	Individuelle Ressourcen	☹ ☐	😐 ☐	☺ ☐
Summe:				**Summe:**			

Ermitteln der Gesamtbilanz „Meine Arbeit & Gesundheit“:

Schritt 3:	Schritt 4:
Gesamturteil „Arbeit“ psy.Risk®	**Gesamturteil „Gesundheit“ psy.Res®**
Betrachten Sie Ihr dreifarbiges Ampelprofil im psy.Risk®-10-Faktoren-Test (blaue Reiter). Ermitteln Sie nun das Gesamturteil zu Ihrer Arbeit entsprechend Daumen hoch (grün) oder Daumen runter (rot)! Rot bedeutet nicht sofort: die Arbeit ist schlecht. Es heißt: Halte inne! Stopp! Korrigiere und verbessere, bevor du weiter machst. Fassen Sie nach folgender Regel zusammen:	Betrachten Sie Ihr dreifarbiges Ampelprofil im psy.Res®-Gesundheitstest (orangefarbene Reiter). Ermitteln Sie nun das Gesamturteil zu Ihrer **Gesundheit** entsprechend Daumen hoch (grün) oder Daumen runter (rot)! Fassen Sie nach der Regel unten zusammen und markieren Sie anschließend die Paarung (A, B, C oder D). Diese entspricht der Bilanz:

⇩ ⇩

👍 (grün)	⇨ Ankreuzen, wenn alle 10 Faktoren sind oder max. 3 Faktoren sind
✋ (rot)	⇨ Ankreuzen, wenn bereits ein Faktor ist oder mehr als 4 Faktoren sind

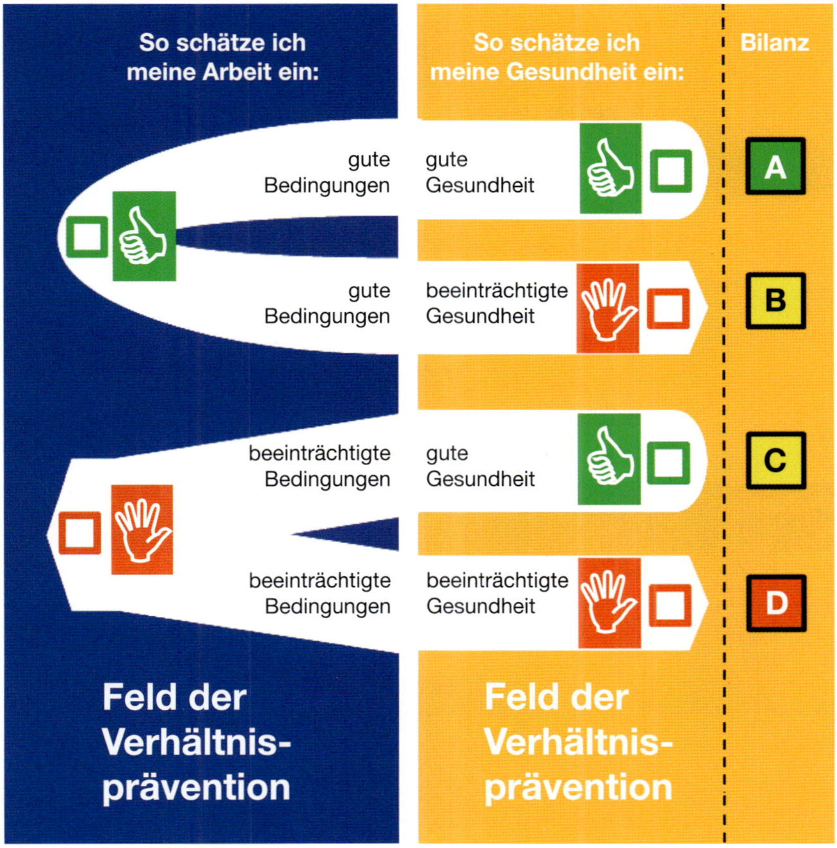

Schritt 5: Übertrag	Schritt 6: Handlungserfordernis
Übertragen Sie das Ergebnis der Gesamtbilanz – A, B, C, oder D:	**Was bedeutet mein Ergebnis?**

A ➜

GO!

Sie sind auf dem richtigen Weg! Achten Sie aber dennoch weiterhin auf gesundheitsförderliche Gestaltung Ihrer Arbeit und Lebensweise. Was können Sie noch verbessern?

B ➜

ACHTUNG!

im außerberuflichen Bereich

Achtung, Ihre Gesundheit ist beeinträchtigt! Die Ursachen scheinen eher im außerberuflichen Umfeld oder in nicht arbeitsbedingten Krankheiten zu liegen. Falls Ihnen Ihre privaten Belastungen bewusst sind, warten Sie nicht länger ab. Sie brauchen Hilfe, egal um welche Last es sich handelt. Sprechen Sie mit Freunden oder suchen Sie Hilfe bei Fachleuten (Coach, Arzt, Psychotherapeut).

C ➜

ACHTUNG!

im beruflichen Bereich

In Ihrer Arbeit gibt es Risiken. Auch wenn Sie heute noch keine gesundheitlichen Auswirkungen spüren, sollten Sie präventiv vorgehen. Regen Sie Veränderungen an! Die Risiken wirken sich früher oder später auf Ihre Gesundheit aus!

D ➜

STOPP!

So sollten Sie nicht weiter machen! Sowohl Arbeit als auch Gesundheit sind kritisch bewertet! Handeln Sie umgehend, beachten Sie auch, welche Alarmstufe bereits angezeigt ist!

In beiden Profilen zusammen:		Alarmstufe	Handlungserfordernis je nach Alarmstufe:
kein	☹	= ①	⇨ Suchen Sie das Gespräch!
max. 6	☹	= ②	⇨ Gesundheit ist jetzt das Topthema!
mehr als 6	☹	= ③	⇨ Es ist allerhöchste Zeit zum Handeln!

Ableitung von Maßnahmen und Aktionsplan

Schritt 7: Ableitung von Veränderungszielen und Maßnahmen in der Arbeit

Belastungen in der Arbeit				
Kritischste Ergebnisse	**Veränderungsziele**	**Maßnahmenvorschläge**		
Das stört mich am meisten	So könnte es sein!	Was ist zu tun?	Partner?	Wann?

Schritt 8: Ableitung von Veränderungszielen und Maßnahmen für die Gesundheit

Meine Gesundheit				
Kritischste Ergebnisse	**Veränderungsziele**	**Maßnahmenvorschläge**		
Das stört mich am meisten	So könnte es sein!	Was ist zu tun?	Wer?	Wann?

6 Gesamtbilanz „Meine Arbeit & Gesundheit“ – Teil 1: Beurteilung der psychischen Belastungen in der Arbeit

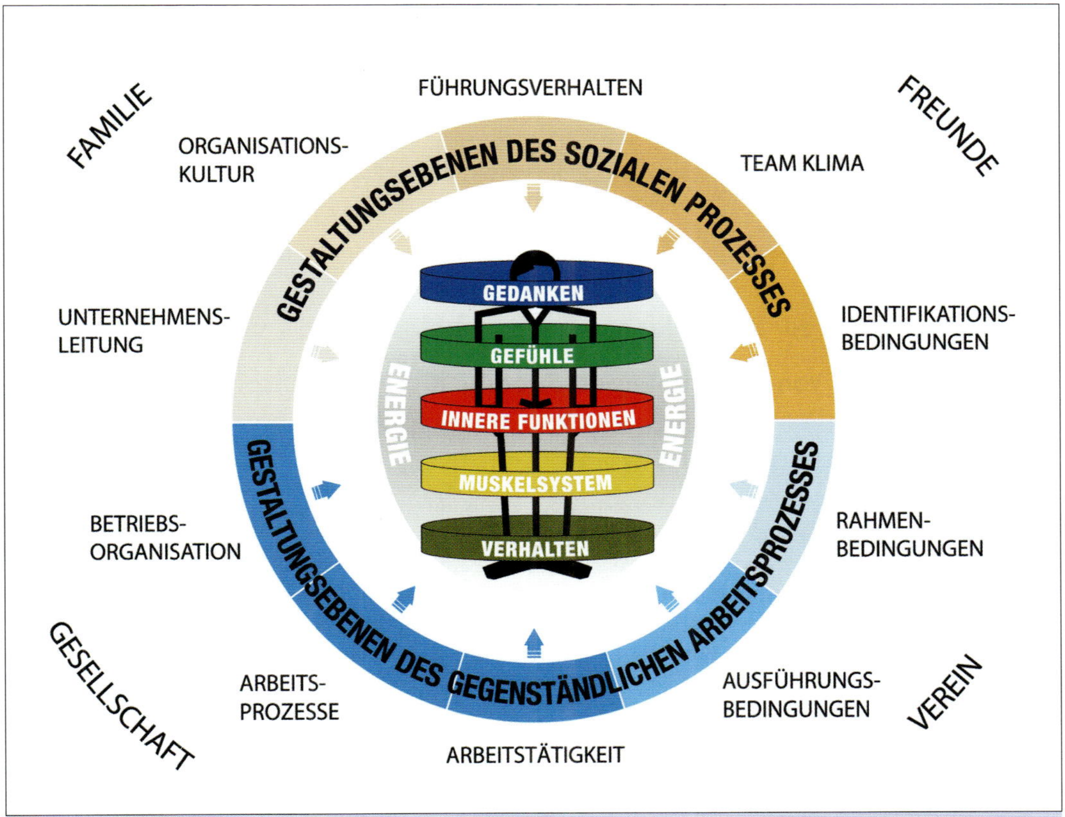

■ Das systemische Zwei-Ebenen-Modell der Belastung und Beanspruchung in der Arbeit „psy.Risk®“

6.1 Einführung

6.1.1 Zehn Belastungsfaktoren im Unternehmen: Das psy.Risk®-Modell als theoretisches Fundament

Die Quellen betrieblicher Fehlbelastungen sind vielfältig. Im psy.Risk®-Modell sind 10 Unternehmensfaktoren ausgewiesen, aus denen Belastungen erwachsen (siehe farbiger Außenkreis). Wie im Modell dargestellt, können Belastungen sowohl aus dem Arbeitsprozess direkt (Ebene des gegenständlichen Arbeitsprozesses – blauer Halbkreis) als auch aus dem sozialen System des Unternehmens (Ebene des sozialen Systems – orangefarbener Halbkreis) entspringen.

Andere Belastungsquellen wirken aus der Freizeit in die Arbeit hinein: aus dem Privatleben (Familie, Freunde), als Folge gesellschaftlicher Betätigung des Mitarbeiters sowie durch problematische, nachbarschaftliche, kommunale oder gesamtgesellschaftliche Entwicklungen (siehe Außenkreis im Modell: Familie, Freunde, Gesellschaft, Verein).

Noch einmal soll unterstrichen werden: Die Belastungen (sprich „Einflüsse") aus den Faktoren können sowohl positiv als auch negativ sein. Sind sie positiv ausgeprägt, können sie eine gesundheitsförderliche Wirkung entfalten, die die Ressourcen der Mitarbeiter fördert.

! psy.Risk®-10-Faktoren-Test

Im nun folgenden psy.Risk®-10-Faktoren-Test lernen Sie, die psychische Belastungssituation in Unternehmen, Teams und an Arbeitsplätzen nach arbeitspsychologischen Kriterien zu beurteilen. Außerdem erhalten Sie Tipps, wie Sie geeignete Präventionen realisieren.

6.1.2 Zwei Wege zur Beurteilung der Arbeitsbelastungen

Fremdbeurteilung von Gefährdungen: Arbeit mit den Fallbeispielen

Um sich in der Betrachtung und Bewertung zu üben, sind Fallbeispiele beigefügt. Zu jedem der 10 psy.Risk®-Einflussfaktoren werden Ihnen zwei Fälle angeboten.

Sie werden sehr schnell herausfinden, dass es sich dabei jeweils um ein positives und ein negatives Beispiel handelt. Nehmen Sie die am Anfang jedes Kapitels vorgestellte Checkliste zur Fremdbeobachtung und Fremdbeurteilung zur Hand. Beurteilen Sie den beschriebenen Fall, indem Sie die zutreffenden Bewertungsfelder markieren. Am Schluss ermitteln Sie die Summe der Aussagen mit ablehnenden Antworten („eher nein" und „nein"). Folgen Sie dazu ganz bequem der jeweiligen Vorschrift unter der Checkliste. Im Endergebnis erhalten Sie eine Ampelbewertung: Grün, Gelb oder Rot. Was die Farbe im Einzelnen bedeutet, wird Ihnen erläutert.

Selbstbewertung: Die Gefährdungsbeurteilung für Ihre eigenen arbeitsbedingten Gesundheitsrisiken

Gegen Ende des Abschnitts über jeden der 10 psy.Risk®-Faktoren finden Sie ein zweites – der Checkliste recht ähnliches – Testinstrumentarium: Es handelt sich um die zugehörige Selbstbewertung Ihrer persönlichen Arbeitssituation. Mit Hilfe dieser Selbsttests erstellen Sie Ihre persönliche **Gefährdungsbeurteilung** für die arbeitsbedingten Gesundheitsrisiken in Ihrer eigenen Arbeitswelt, indem Sie die erhaltenen Ampelkarten in das Blatt für die Gesamtbilanz „Meine Arbeit & Gesundheit" (Kapitel 5, Seite 52) eintragen.

6.1.3 Sinn und Zweck der Beurteilung: Prävention

! Gestaltungsmerkmale

Aus den psy.Risk®-Skalen können Sie ablesen, welche Gestaltungsmerkmale der Arbeit anstrebenswert sind. Oftmals werden Sie sich dann fragen, durch welche Maßnahmen Sie die Arbeit derart förderlich gestalten können. Hierzu erhalten Sie Anregungen durch konkrete Handlungsempfehlungen nach jedem psy.Risk®-Faktor.

6.2 Der psy.Risk®-10-Faktorentest in Anwendung

6.2.1 Unternehmensleitung

Beobachter-Checkliste: Wie kooperieren Leitung und Mitarbeiter?

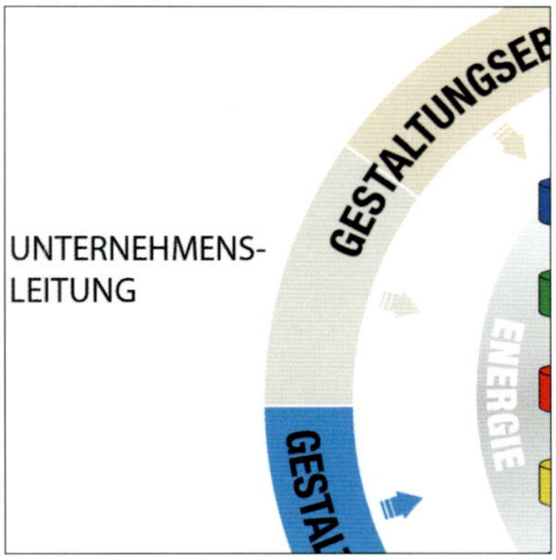

Wie gesundheitsförderlich die Arbeit in einem Unternehmen ist, hängt neben der eigentlichen Tätigkeit von anderen, häufig sogar wichtigeren Faktoren ab. Ganz besonderen Einfluss nehmen Werthaltungen und Wirken der Geschäftsleitung. Die Leitung fällt Entscheidungen, die jeden im Unternehmen betreffen. Der Betriebsprozess soll reibungslos funktionieren. Das gelingt nur, wenn das Management von den Mitarbeitern unterstützt wird. Dazu müssen Mitarbeiter wissen, worauf es ankommt, an welchen Stellschrauben sie wirkungsvoll drehen können. Gegenseitiger Austausch ist wichtig und raubt der Gerüchteküche die Basis. Unsicherheiten dagegen führen zu Angst und Demotivation. Wohlbefinden, Qualität und Leistung sinken.

Wie bewerten Sie das Zusammenspiel von Unternehmensleitung und Belegschaft in den folgenden beiden Fallbeispielen? Ziehen Sie zur Beurteilung die erste Checkliste des psy.Risk®-10-Faktoren-Tests heran:

psy.Risk®-Beobachter-Checkliste 1: Unternehmensleitung

	A	B	C	D
Aussagen zum psy.Risk®-Faktor 1: Unternehmensleitung (MA = Mitarbeiter, FK = Führungskraft)	**ja**	**eher ja**	**eher nein**	**nein**
1. Das Management erläutert regelmäßig Lage und Pläne der Firma.				
2. Es wird alles getan, um die Arbeitsplätze zu sichern.				
3. Die Leitung interessiert sich für die Probleme an der Basis.				
4. Die Unternehmensleitung versteht es, die MA für die Firmenbelange aufzuschließen.				
5. Wichtiges, das die Leitung bespricht, erfahren die FK immer direkt.				
6. Die Leitung erklärt den MA, warum Veränderungen anstehen.				
7. Die MA werden bei wesentlichen Entscheidungen frühzeitig einbezogen.				
8. Was die Zukunft der Firma betrifft, herrscht Zuversicht.				
Spaltensumme der Kreuze	**... A**	**... B**	**... C**	**... D**

Ihr Ergebnis → Addieren Sie die Kreuze in Spalte C + D!		
C- und D-Antworten: 4-8 Mal ❑	Höchste Zeit zum Handeln! Barrieren behindern das Zusammenspiel von Leitung und Personal.	☹
C- und D-Antworten: 2-3 Mal ❑	Prüfen Sie, wo Probleme liegen! An einigen Stellen klappt die Kommunikation nicht!	😐
C- und D-Antworten: 0-1 Mal ❑	Sie sind auf dem richtigen Weg! Management und Belegschaft arbeiten Hand in Hand!	☺

Fallbeispiel Fabian O.: „Trübe Aussichten“

Fabian O.: „Trübe Aussichten“

Mit Sorge beobachtet Fabian O., was derzeit in seinem Unternehmen vorgeht. Er arbeitet als CNC-Dreher in einem Werk der Elektroindustrie, welches Teil eines großen Konzerns ist. Eine bekannte Unternehmensberatungsgesellschaft macht seit einigen Tagen Betriebsanalysen. Es wird gemunkelt, dem Betrieb ginge es schlecht.

Zwei Wochen später verkündet die Konzernleitung, dass es Veränderungen gäbe: „Flache Linien“ sollten in der Produktion eingeführt werden. Real bedeutet das: Mehrere Posten werden eingespart. Der Fertigungsleiter und die Betriebsingenieure werden wegrationalisiert, ebenso die Arbeitswirtschaft. Vorarbeiter werden zu Gruppensprechern ohne Personalverantwortung. Fabian O. hört seinen Meister stöhnen: „Das lastet doch jetzt alles auf meinen Schultern: Planung, Vorbereitung, Koordination, Problemlösung, Absprachen, Abrechnung, Kostenkontrolle.“

Ein Führungsentwicklungsprogramm soll den Meistern helfen, die gestiegene Verantwortung auszufüllen. Nach dem Kick-off fällt das Programm dem Rotstift des neuen kaufmännischen Direktors zum Opfer. Man muss so zurechtkommen. Ein neuer Betriebsleiter, der für mehrere Werke zuständig ist, macht den Eindruck, als solle er den Betrieb abwickeln. Niemand weiß Genaueres. Eine offizielle Mitteilung gibt es nicht.

Die Stimmung im Unternehmen sinkt langsam immer mehr in den Keller. „Uns gibt es hier sowieso nicht mehr lange!“, wird gemunkelt. Die einst so stolze Belegschaft verliert ihren Glanz. Zukunftsangst hat jeden bereits beschlichen. Der Meister will in der Fertigungslinie wieder etwas Optimismus verbreiten, aber die Werker winken müde ab. Es wird nicht mehr viel gesprochen, schon gar nicht mehr gelacht.

Fabian O. schläft seit Tagen schlecht, er fühlt sich wie zerschlagen. Letzte Woche hatte er sich einen Darminfekt eingefangen, die Woche zuvor eine Erkältung. Manchmal fasst er sich in die Herzgegend. Solche Stiche hatte er noch nie. Nichts geht ihm mehr von der Hand, und auch zu Hause ist er wortkarg. In seinem Anglerverein ist er seit 3 Wochen nicht gewesen: keine Energie. Er macht sich Sorgen, kann schlecht schlafen. Abends trinkt er immer öfter ein „Gläschen“, um abzuschalten. Was soll nur werden? Er hat vier Kinder, seine Frau ist arbeitslos. Wer kann ihm Hoffnung geben?

1. Wie verläuft die Kommunikation zwischen Unternehmensleitung, zwischengeschalteten Führungsebenen und der Belegschaft?
2. Welche gesundheitlichen Gefährdungen können für Fabian, seinen Meister und andere Mitarbeiter aus der Situation resultieren?
3. Wie kann sich ein Management in einem solchen Fall günstiger verhalten?

Fallbeispiel Wolfgang B.: „Eine Million Euro in bar"

Wolfgang B.: „Eine Million Euro in bar"

Folgende Geschichte wird in der Apoldaer Gegend heute noch gern erzählt: Wolfgang B., gleichermaßen ein angesehener Unternehmer als auch Fachmann, ist für seine Konsequenz und Stetigkeit bekannt. Er hat sein Fertigungs- und Montageunternehmen langsam, aber kontinuierlich wachsen lassen. Mit Investitionen war er vorsichtig. Als aber die Belegschaft innerhalb von 10 Jahren von 15 auf 238 Mitarbeiter angewachsen war, entschloss er sich zum Neubau einer Werkhalle. Drei Jahre später gab es Zahlungsausfälle bei Auftraggebern. Trotz hervorragender Auftragslage kam das mittelständische Unternehmen in finanzielle Schwierigkeiten.

Wolfgang B. bat seine Bank um kurzzeitige Verdopplung des Kontokorrentkredites. Dies wurde ihm verweigert. Im Gegenteil: Die Bank war nun ihrerseits verunsichert, da die Firma die Baukredite abzuzahlen hatte. Sie forderte den Unternehmer auf, die Kredite mit einer sofortigen Einlage von 1 Million Euro zu besichern.

Als B. merkte, dass es mit der Bank keinen weiteren Verhandlungsspielraum gab, berief er eine Krisensitzung ein und erklärte der gesamten Belegschaft offen die Lage. Er bedankte sich für die engagierte Mitarbeit aller und zeigte die Ursache der Krise auf. Auch skizzierte er die günstige Auftragslage für das Frühjahr. Er fragte die Mitarbeiter und Führungskräfte, was sie an seiner Stelle machen würden. Er hörte sich ihre Ideen an und griff jene auf, die seine Strategie für das nächste Jahr unterstützten. So zeichnete er vor aller Augen seine Vision. Dann trat er entschlossen vor die Mitarbeiter und bat um ihr Vertrauen: Wer von ihnen eine Privateinlage in die Firma investiere, bekomme sein Geld bis 30. Juni mit 10 % Zinsen zurück.

Viele Mitarbeiter waren dank der Offenheit, Klarheit und des jahrelangen Vertrauensbonus ihres Chefs schnell bereit, das Risiko einer Privateinlage zu tragen.

Innerhalb des nächsten Tages waren 1 Million Euro in bar zusammengekommen. Ein beträchtlicher Teil kam tatsächlich von den Mitarbeitern selbst.

Dieses Erlebnis hat Belegschaft und Arbeitgeber eng zusammengeschweißt. Die Krise wurde überwunden. Jeder Mitarbeiter erhielt sein Geld und die versprochenen Zinsen pünktlich zurück.

Gewonnen hatten alle – außer der Bank, die Wolfgang B. anschließend wechselte. Kaum bedarf es der Erwähnung: Der Krankenstand in Wolfgang B.s Firma ist der niedrigste, den man in vergleichbaren Unternehmen findet.

1. Wie verläuft die Kommunikation zwischen Leitung und Belegschaft?
2. Welche Gesundheitsressourcen können durch Führen mit offenen Karten aufgebaut werden?
3. Was können andere Unternehmensleitungen aus diesem Fall lernen?

Auflösung Fall Fabian O.: „Trübe Aussichten“

1. Wie verläuft die Kommunikation zwischen Unternehmensleitung, zwischengeschalteten Führungsebenen und der Belegschaft?

In einer dramatischen Lage versiegt die Kommunikation zwischen den Unternehmensebenen. Da offizielle Stellungnahmen ausbleiben, sind Ängsten und Gerüchten Tür und Tor geöffnet. Die Mitarbeiter kennen Lage und Strategien des Managements nicht und gewinnen den Eindruck, dass es das Unternehmen bereits aufgegeben hat. Sie fühlen sich mit ihren Sorgen allein gelassen. Ihre Motivation und Energie sinken.

Kommunikationsabbruch passiert in konfliktreichen, unternehmerisch schwierigen Situationen schnell. Das Management hat noch keine Lösung und weicht den Mitarbeiterfragen aus. Häufig sind zu frühe Äußerungen auch strategisch-taktisch unklug, ja sogar gefährlich: Welche Schlüsse ziehen Wettbewerber, Geldgeber, Verwaltungen?

Die Ampel steht mit mindestens 7 von 8 negativen Punkten auf Rot! (fraglich: 2.) (Fabian ist stark fehlbelastet wegen mangelnder Kommunikation zwischen Leitung und Belegschaft.)	☹

2. Welche gesundheitlichen Gefährdungen können für Fabian, seinen Meister und andere Mitarbeiter aus der Situation resultieren?

Fabian O. hat Angst, seine Arbeit zu verlieren und lebt mit Existenzängsten, weil er sich keine Arbeitsmarktchancen ausrechnet. Eine beginnende Depression geht mit vegetativen Anzeichen (Immunschwäche, Verdauungs- und Herzbeschwerden) einher. Ändert sich nichts, werden sich die Gesundheitsstörungen im Krankenstand manifestieren. Seine psychische Unausgeglichenheit kann sich auch zu Hause negativ auswirken, sodass häusliche Spannungen die Lage insgesamt weiter verschlechtern. Alkoholmissbrauch deutet sich an.

Der Meister in der Sandwichposition leidet an der Kommunikationslosigkeit am meisten. Er muss die Antworten (er)finden, die das Management nicht gibt. Er fühlt sich für Mitarbeiter und Produktion verantwortlich. Er ist so durch das äußere Geschehen vereinnahmt, dass er nicht auf sich achtet. Er könnte plötzlich zusammenbrechen.

3. Wie kann sich das Management in einem solchen Fall günstiger verhalten?

Mitarbeiter erwarten nicht immer sofort die Patentlösung von ihrer Unternehmensleitung. Sie wollen sich vergewissern, dass eine starke Unternehmensführung verlässlich für eine mitarbeiterfreundliche Lösung kämpft. Sie wollen vertrauen können. Auch wenn Vertrauen Offenheit und Kommunikation braucht, verstehen sie, dass das Management aus wettbewerbstaktischen Gründen nicht alle Pläne offenlegen kann. Mitarbeiter brauchen Gelegenheit, ihre Sorgen und Ängste anzusprechen. Dabei wird es emotional. Viele Manager sind unsicher im Umgang mit aufgewühlten Massen, fürchten Angriffe und verzweifelte Attacken. Es ist ein Trugschluss, anzunehmen, dass eine unangenehme Wahrheit schwerer zu verkraften sei als bohrende Ungewissheit.

Auflösung Fall Wolfgang B.: „Eine Million Euro in bar“

1. Wie verläuft die Kommunikation zwischen Leitung und Belegschaft?

Der Geschäftsführer Wolfgang B. vertraut auf die Verbundenheit, die Kraft und den freien Willen seiner Mitarbeiter. Ohne Aufschub legt er eine Krisensituation vor der Belegschaft offen und beteiligt die Mitarbeiter an der Lösung. Er ist dazu in der Lage, weil er einerseits die Entscheidungsgewalt besitzt und sich andererseits als integrer Geschäfts- und Fachmann das Vertrauen seiner Mitarbeiter über die Jahre erworben hat.

Die Ampel steht für die beschriebene Situation mit mindestens 7 von 8 positiven Punkten auf Grün! (evtl. 3. überprüfen) Zwischen Leitung und Belegschaft herrscht Vertrauen.	☺

2. Welche Gesundheitsressourcen können durch ein Führen mit offenen Karten aufgebaut werden?

Psychische Fehlbeanspruchungen wurden vermieden, obwohl Mitarbeiter ein finanzielles Risiko eingingen. Mitarbeiter, die sich freiwillig an unternehmerischen Entscheidungen mitbeteiligen können, fühlen sich ernst genommen und wertgeschätzt. Ihre Motivation wächst. Das Bedürfnis nach Verantwortung ist Menschen innewohnend. Menschen möchten Nutzen stiften und können, wenn sie ihre Nützlichkeit gespiegelt bekommen, weit über sich hinauswachsen – in ihrer Einstellung, in ihrem Durchhaltevermögen und in ihren Fähigkeiten. Geschenktes Vertrauen wandelt sich in Selbstvertrauen und Verantwortungsübernahme.

3. Was können andere Unternehmensleitungen aus diesem Fall lernen?

Sicher handelt es sich im Beispiel nicht um eine alltägliche Situation, dennoch sind Mitarbeiterbeteiligungen für immer mehr Unternehmen eine Alternative. Wichtig ist, dass nicht fehlerhaftes Management zu Lasten der Mitarbeiter ausgeglichen wird.

In Klein- und Mittelunternehmen hat die Unternehmensleitung oft die volle unternehmerische Entscheidungsgewalt. Das ist in Konzernstrukturen bei Weitem nicht der Fall: So ist das Beispiel auf diese Unternehmensformen nicht 1:1 übertragbar. Offenheit und Einbeziehung bauen aber auch bei Mitarbeitern in Großunternehmen psychische Ressourcen auf. Eine gute Unternehmensführung hat bezüglich der Führung seiner Belegschaft vier Aspekte zu erfüllen:

- Sie gibt den Mitarbeitern Orientierung, Sicherheit, Struktur und Ordnung.
- Sie lässt Mitarbeiter erleben, an etwas Wichtigem/Nützlichem beteiligt zu sein.
- Sie vermittelt Zusammengehörigkeitsgefühl und Gemeinschaft.
- Sie bietet Herausforderungen, an denen der Einzelne reift.

Selbsttest: Zusammenspiel von Unternehmensleitung und Belegschaft

Wie sieht es nun in Ihrem Unternehmen aus? Arbeiten Unternehmensleitung und Belegschaft vertrauensvoll Hand in Hand?

Bitte markieren Sie im psy.Risk®-Selbsttest Ihre Bewertungen und bilden Sie das Gesamturteil zu **Kooperation von Leitung und Belegschaft** in Ihrem Unternehmen anhand der Ampelfarben:

psy.Risk®-Selbsttest 1: Unternehmensleitung

	A	B	C	D
psy.Risk®-Faktor 1: Kooperation mit Unternehmensleitung	**ja**	**eher ja**	**eher nein**	**nein**
1. Das Management erläutert uns regelmäßig Lage und Pläne der Firma.				
2. Es wird alles getan, um den Erhalt unserer Arbeitsplätze zu sichern.				
3. Die Geschäftsführung interessiert sich für die Probleme an der Basis.				
4. Die Geschäftsführung versteht es, uns für die Firmenbelange aufzuschließen.				
5. Die Geschäftsleitung informiert uns direkt über wichtige Themen.				
6. Die Geschäftsführung erklärt uns, warum Veränderungen anstehen.				
7. Bei wesentlichen Firmenentscheidungen werden Mitarbeiter frühzeitig einbezogen.				
8. Unserer Firmenleitung vertraue ich.				
Spaltensumme der Kreuze	**... A**	**... B**	**... C**	**... D**

Ihr Ergebnis → Addieren Sie die Kreuze in Spalte C + D!		
C- und D-Antworten: 4-8 Mal ❑	Höchste Zeit zum Handeln! Sie fühlen große Distanz zu Ihrer Firmenleitung. Das hemmt Motivation und beeinträchtigt Gesundheit. Wie können Sie Kräfte bündeln, um Ihre Belange an die Unternehmensleitung heranzutragen? Führungskraft, Betriebsrat, andere Gremien können unterstützen. Werden Sie aktiv, stoßen Sie Veränderungen an.	☹
C- und D-Antworten: 2-3 Mal ❑	Sprechen Sie mit Ihrer Führungskraft! Worin liegen Ursachen? Wie kann sie für einen besseren Informationsfluss und Austausch sorgen?	😐
C- und D-Antworten: 0-1 Mal ❑	Prima! Management und Belegschaft arbeiten Hand in Hand. Das ist eine wichtige Ressource.	☺

Markieren Sie nun Ihre Ampelfarbe in Kapitel 5.3.6, Seite 52: Schritt 1 der Gesamtbilanz-Ermittlung!

Präventionsempfehlungen für ein kooperatives Miteinander von Unternehmensleitung und Mitarbeitern

Handlungsempfehlungen:

- **Information:** Informieren Sie Ihre Mitarbeiter über aktuelle Entwicklungen, auch über Probleme! So können Sie das Problemlösepotenzial der alten Hasen nutzen, aber auch auf frische ungewöhnliche Ideen junger Mitarbeiter zurückgreifen. Ein Textilladen, der keinen Gewinn mehr abwarf, wurde wieder profitabel, nachdem eine junge Mitarbeiterin ein Branding in Richtung Biokleidung für Kinder vorgeschlagen hatte. Eine moderne PR-Strategie, Werbung im Internet und auf Social Media taten das ihrige dazu.
- **Kommunikation:** Gehen Sie als Hauptabteilungsleiter einmal im Halbjahr und als Geschäftsführer mindestens einmal im Jahr zu einem regulären Meeting eines jeden Teams. Suchen Sie das Gespräch mit Ihren Mitarbeitern, so erfahren Sie, was der Belegschaft aktuell unter den Nägeln brennt, und können handeln, bevor sich Probleme zuspitzen. Ein Besuch einer hochrangigen Führungskraft signalisiert Wichtigkeit und Wertschätzung. Das löst bei Teammitgliedern Selbstbewusstsein und Selbstwertgefühl aus.

Weitere Umsetzungsmöglichkeiten:

- **Täglicher Handschlag:** Wenn es die Größe Ihres Unternehmens erlaubt, dann sagen Sie jedem Mitarbeiter täglich persönlich guten Morgen! So bleiben Sie kontinuierlich im Kontakt.
- **„Info-Pinnwand“**: Wenn die Inhalte regelmäßig wechseln, wird sie von Mitarbeitern auch beachtet. Man bleibt davor stehen und diskutiert. So informieren Sie einfach und praktisch und sorgen für Austausch. Sorgen Sie für ein Feld, in das Kollegen ihre Meinung posten können.
- **Betriebszeitung:** Nutzen Sie sie als wechselseitiges Sprachrohr von Leitung und Belegschaft.
- **Kurzmitteilung** der Unternehmensleitung: Highlights und Flops in diesem Monat – schriftlich, online oder im Rahmen eines ungezwungenen Foyer-Meetings helfen „up to date“ zu sein.
- **Mitarbeiter-Kurzmeetings**: Rufen Sie Mitarbeiter kurz zusammen, wenn es Wichtiges gibt. So vermeiden Sie Gerüchte.
- **Strategiegespräche**: Diskutieren Sie mit Ihren Führungskräften monatlich die Lage. Hören Sie auch ihre Ideen und ihren Rat.
- **Firmen-Großevents:** Die Belegschaft kommt in einem moderierten Setting zusammen (Methoden: Open Space, Zukunftskonferenzen, World Café, Appreciative Inquiry etc.). Man arbeitet gemeinsam an Visionen, Leitlinien, Regeln etc. Man fühlt die Kraft der Masse und den Stolz, dazuzugehören.
- **Am besten**: „Management by walking around“. Die Geschäftsleitung kommt häufig direkt vor Ort und spricht mit Mitarbeitern spontan am Arbeitsplatz. So erleben Sie, was in Ihrem Unternehmen gedacht, gefühlt und diskutiert wird.

6.2.2 Organisationskultur

Beobachter-Checkliste: Wie gesundheitsförderlich ist die Organisationskultur?

Die im Betrieb gelebten Normen und Werte haben einen entscheidenden Einfluss sowohl auf Engagement, Verantwortungsgefühl und Qualität der Arbeit als auch auf Wohlbefinden und Gesundheit. Welches Menschenbild wird gelebt? Steht der Mensch im Mittelpunkt oder ist er nur Mittel zum Zweck in einer „Hire-and-fire-Unkultur"? Wie setzt sich die Firma für die Gesundheit und Motivation der Mitarbeiter und Führungskräfte ein? Führt man eine offene Kommunikation und bringt Menschen in Kontakt? Oder sind Verbote und Überkontrolle an der Tagesordnung? Gibt es eine ausgeprägte „Hackordnung" oder Bürokratie, die alle Kreativität hemmt und unproduktives Absicherungs- oder Konkurrenzverhalten befördert? Werden statt Lösungen Schuldige gesucht oder dienen Fehler dem gemeinsamen Lernprozess der Organisation? Wenn Menschen unter der Angst leiden, Fehler zu machen, unterlaufen ihnen häufiger Missgeschicke, als wenn ihnen freie Hand gelassen wird. Wie geht man mit Mitarbeiterideen um? Oberflächlich? Oder belohnt man Mitarbeiter, die ihre Erfahrungen einbringen?

Wie bewerten Sie die Gesundheitsförderlichkeit der Organisationskultur in den beiden folgenden Fallbeispielen? Ziehen Sie zur Beurteilung folgende Checkliste heran!

✔ psyRisk®-Beobachter-Checkliste 2: Organisationskultur

	A	B	C	D
Aussagen zum psy.Risk®-Faktor 2: Organisationskultur (MA = Mitarbeiter)	**ja**	**eher ja**	**eher nein**	**nein**
1. Im Unternehmen herrscht ein angenehmes Klima.				
2. Kommunikation und Kontakt zwischen MA fördert man bewusst.				
3. Die MA werden als wichtigste Ressource angesehen.				
4. Leistung wird im Betrieb anerkannt.				
5. Der Ideenwettbewerb funktioniert.				
6. Bei Fehlern sucht man Lösungen, nicht Schuldige.				
7. Wer anderer Meinung ist, kann das hier offen sagen.				
8. Auf private Belange wird Rücksicht genommen.				
9. Die Mitarbeiterzufriedenheit hat in der Firma hohen Stellenwert.				
Spaltensumme der Kreuze	**… A**	**… B**	**… C**	**… D**

Ihr Ergebnis → Addieren Sie die Kreuze in Spalte C + D!		
C- und D-Antworten: 5-9 Mal ❑	Höchste Zeit zum Handeln! Die Kultur des Unternehmens braucht eine Erneuerung, ggfs. eine neue Leitversion mit positivem Mitarbeiterbild.	☹
C- und D-Antworten: 2-4 Mal ❑	Prüfen Sie, wo die Probleme liegen! Ein offenes produktives Miteinander sollte gefördert werden.	😐
C- und D-Antworten: 0-1 Mal ❑	Die Firma ist auf dem richtigen Weg! Hier herrscht ein leistungsförderliches Klima.	☺

Fallbeispiel Denise M.: „Mode kommt und geht!"

Denise M.: „Mode kommt und geht!"

Denise M. ist in die Großstadt gezogen und bekam ein Stellenangebot in der Modeindustrie. Was kann man sich als junge modebewusste Kauffrau Besseres erträumen?

Bereits beim Vorstellungsgespräch ist ihr eine gewisse Großzügigkeit, oder sollte sie es lieber „Lässigkeit" nennen, aufgefallen. Das war ganz anders als in dem Handwerksbetrieb in ihrem Dorf. Dort gab es strenge Regeln und sie war ständig unter der Beobachtung der „Meisterin", die die Büroleitung innehatte. Es galt als unredlich und unstet, jede Modewelle mitzumachen. So war der klassische Pullover zu ganz normalen Jeans die typische Bürobekleidung geblieben.

Zum ersten Arbeitstag hatte sich Denise M. richtig schick gemacht – natürlich mit einem Kostüm aus der hauseigenen Kollektion. Voller positiver Erwartung betrat sie das Firmengebäude. Hier gab es gar keinen Empfang?! Man konnte einfach durchlaufen. Das hatte so einen Hauch von Freiheit. Aber unpersönlich wirkte es auch. Auch die Flure sahen nicht einladend aus. Sie stellte sich vor, wie an den Wänden hier die Fotografien von den wunderschönen Kollektionen hängen könnten.

Der Personalchef, mit dem sie einen Termin hatte, war noch nicht da. Sie durfte in seinem Raum warten. Nach fast 20 Minuten begann sie sich zu langweilen. Kaffee oder Tee wurden auch nicht angeboten. Personalakten lagen auf dem Regal. „Ganz schön unvorsichtig!", dachte sie. Verunsichert klopfte Denise bei der Sekretärin. Diese bat um Verständnis, Herr S. sei gleichzeitig Chef und der einzige Mitarbeiter der Personalabteilung – und das für über 200 Mitarbeiter. Das sei ein echter Engpass. Denise solle sich inzwischen an ihren Arbeitsplatz im Aufgang B, 2. Etage, Zi. 215 begeben.

Etwas entmutigt lief Denise M. die Treppen hinauf. Jemand hastete, ohne zu grüßen, an ihr vorbei. Wo ist nur die 215? Eine entgegenkommende müde wirkende Blondine erriet Denises fragenden Blick: „Neu hier?" „Ja", sagte Denise, „ich fühle mich im Moment wie bestellt und nicht abgeholt." „Hah!", entschlüpfte es der Dame. „Wenn Sie damit nicht leben können, sind Sie hier fehl am Platz. Man hat hier viele Freiheiten, aber Kümmerer gibt es nicht. Hier dreht sich immer alles um die neueste Kollektion, nicht um Mitarbeiter. Hier hält es kaum jemand länger als eine Modesaison aus! Meine Freundin ist schon weg. Ich gehe zum Ende des Monats!" Denise M. war erschrocken und aufgewühlt. So hatte sie sich ihre neue Arbeit nicht vorgestellt.

1. Welche Merkmale hat die Organisationskultur im Fallbeispiel?
2. Welche gesundheitlichen Gefährdungen können aus der Kultur erwachsen?
3. Was können andere Unternehmen aus diesem Fall lernen?

Fallbeispiel Björn W.: „Wellness and Care“

Björn W.: „Wellness and Care“

Björn W. ist Marketing- und Vertriebschef eines 80 Mitarbeiter zählenden Unternehmens der Wellnessbranche. Die Abteilung gibt es erst seit 2 Jahren. Das Traditionsunternehmen hatte sich immer auf den guten Verkauf seiner Erfolgsmarken verlassen. Umsatzeinbrüche forderten einen Strategiewandel.

Björn W. hatte 8 Mitarbeiter ausgewählt, die im Außendienst den Vertrieb organisieren sollen. Gemeinsam erarbeitete man ein Konzept und verfeinerte es ständig weiter. Für die Gebiete wurden Vertriebsziele gemeinsam vereinbart. Auf welche Weise der Mitarbeiter sie erreicht, ist ihm weitgehend freigestellt. Jeder soll seine persönlichen Stärken ausspielen können. Anita ist eine rhetorische Meisterin. Sie ist besonders erfolgreich, wenn sie Verkaufsveranstaltungen durchführt und direkt auf die Endkäufer zugeht. Lars arbeitet sehr koordiniert und hat persönlichen vertrauensvollen Kontakt zu Apothekern aufgebaut. Sie empfehlen ihn weiter. Sven ist stark im Verhandeln. Mit drei Großmarktketten hat er sehr respektable Verträge ausgehandelt.

Heute ist das Vertriebsmitarbeiter-Meeting. Es beginnt immer mit einem Ritual, der „kulinarischen Kommunikation“. Beim gemeinsamen Essen kann man sich von der längeren Fahrt erholen und schon einmal über alles reden, was einen bewegt. Das stärkt die persönlichen Kontakte zwischen den Außendienstmitarbeitern. Sie sind Einzelkämpfer und brauchen die Integration umso mehr. Für Björn W. ist diese Smalltalk-Stunde keine vergeudete Zeit. Er weiß, dass die Mitarbeiter anschließend sehr effektiv zur Sache sprechen werden. Er hat ein Thema des Tages aus den Wünschen der Teilnehmer ausgewählt und möchte dazu eine Gruppenarbeit durchführen. In kleinen Runden gelingt es, die Kreativität eines jeden zu entfachen.

Das Unternehmen strahlt Farbenfreude aus. Getränke gibt es frei. Neue Mitarbeiter empfängt man bei einem

Begrüßungscocktail (mit frischen Säften!) für alle. Zwei Glocken sollen den Teamgedanken fördern. Sie künden von großen und kleinen Auftragserfolgen. Wer sie läutet, ruft damit automatisch die Anwesenden zusammen. Für ein paar Minuten „feiert“ man gemeinsam den Erfolg und geht dann motiviert zurück an seinen Platz. Das Miteinander wird gefördert, nicht verordnet. In den Unternehmensgrundsätzen heißt es dazu: „Zum Wachsen einer Kathedrale beizutragen ist motivierender, als nur Steine zusammenzufügen!“ In jedem Jahr wird eine Klimaanalyse durchgeführt. Im Team abgeleitete Verbesserungsvorschläge werden mit der Geschäftsleitung diskutiert. Die Kontrolle der Arbeitszeiten ist überflüssig. Bei Engpässen finden sich auf Anhieb genug Freiwillige. Entgegen dem Markttrend konnte die Firma ihr Ergebnis um je 25% verbessern. Björn W. ist von der Arbeit hier begeistert.

1. Welche Merkmale hat die Organisationskultur im Fallbeispiel?
2. Welche Gesundheitsressourcen werden durch die Organisationskultur aufgebaut?
3. Was können andere Unternehmen aus diesem Fall lernen?

Auflösung Fall Denise M.: „Mode kommt und geht!“

1. Welche Merkmale hat die Organisationskultur im Fallbeispiel?

Verschiedene Unternehmensgegenstände implizieren häufig unterschiedliche Unternehmenskulturen, die dann den Charakter der Organisation prägen.

Unternehmen der Modebranche leben von kreativen Köpfen. Lockerheit und Freizügigkeit können zu Merkmalen der beschriebenen Kultur werden. Lässigkeit tendiert zu Nachlässigkeit. Der Mitarbeiter, das Team rangieren nicht als wichtigste Ressource: Priorität hat der Virtuose, der Designer und seine Kollektion. Bereits die Tatsache, dass es gar keine Personalabteilung gibt, offenbart das. Die Atmosphäre ist unverbindlich, unpersönlich, kühl. Regeln haben Empfehlungscharakter. Mitarbeiter, die Nähe, Struktur und Sicherheit benötigen, werden eine solche Kultur als krank machend empfinden.

Die Ampel steht mit mindestens 5 von 9 negativen Punkten auf Rot! (1., 2., 3., 8., 9.) **Die Mitarbeiter in Hilfsprozessen erleben die Kultur als gesundheitsgefährdend.**	☹

2. Welche gesundheitlichen Gefährdungen können aus der Situation erwachsen?

Denise M. ist enge Führung gewöhnt. Sie erwartet ein Feedback und braucht Bestätigung. Das viele Neue verunsichert sie, lässt sie zweifeln, den Wechsel zu schaffen.

In der neuen Stadt gibt es für Denise M. noch kein soziales Umfeld. Sie möchte sich integrieren können, sozialen Anschluss finden. Die Isolation, die fehlenden Regeln, die ausbleibende Bestätigung, das Desinteresse ihrer Umgebung können depressive Verstimmungen hervorrufen, die mit Funktionsstörungen wie Appetitlosigkeit, Magenbeschwerden oder Schlafstörungen, aber auch Ängsten u.Ä. einhergehen können.

3. Was können andere Unternehmen aus diesem Fall lernen?

Einseitige Organisationskulturen (Stahl 2002) beeinträchtigen die Gesundheit von Mitarbeitern, die andere Bedürfnisse haben. Einseitiger Entwicklung sollte man vorbeugen:

a) **Der „kreative Haufen“:** Unternehmen der Kreativindustrie z.B. leben von genialen, innovativen Köpfen. Sie zeichnen sich aus durch Vision, Querdenken, Mut, Experimentierfreude, Individualität, Freiheit, Exklusivität, Sensation, Abenteuer etc. Manchmal wirken sie sogar ein bisschen „verrückt“. Durch ein Zusammentreffen von Menschen derartiger Charakterstrukturen entwickelt sich eine Organisationskultur, die dem Einzelnen viel Freiheit lässt, aber andererseits wenig Schutz bietet. Manager sagen von solchen Firmen, man fühle sich, als ob man einen Sack Flöhe hüte.

b) **Die „patriarchalische Gemeinschaft“**: Handwerksbetriebe bilden häufig solche Kulturen aus. Der Unternehmer gibt seine Regeln vor, andere lässt er nicht gelten. Die Mitarbeiter wissen, woran sie gemessen werden, erleben die Regeln aber häufig als erdrückendes Korsett. Spielraum für Kreativität fehlt. Für den, der sich den Regeln unterordnet, wird gesorgt, er gehört fest zur Gemeinschaft.

c) **Die „militärische Truppe“**: In Unternehmen, die betont wissenschaftlich arbeiten oder stark auf Technik ausgerichtet sind, entwickeln sich technokratische Kulturen. Mitarbeiter, die sich in ihnen wohlfühlen, sind eher Tüftler und Technikfreaks, weniger Teamplayer. Sie beschäftigen sich am liebsten mit Zahlen, Daten, Fakten, Funktionsweisen und Lösungsprinzipien. Zwischenmenschliches spielt eine untergeordnete Rolle. Beziehungen bilden sich über die Hingabe an die Sache. Man begeistert sich an demselben, weniger aneinander. Menschen mit Nähewunsch leiden an der kühlen Sachlichkeit dieser Kulturen und fühlen sich häufig nicht verstanden.

d) **Der „Freundinnenkreis“**: In Unternehmen, wo Menschen mit Näheorientierung gehäuft vorkommen, entwickelt sich eine Kultur des gegenseitigen Anteilnehmens. Häufig sind es Organisationen, in denen Frauen „netzwerken“, wo man gemeinsam Dienstleistungen erbringt, sich um soziale Belange kümmert. Im „Schutz“ der Privatsphäre erkennt man hier keinen Sinn. Der Kreis nimmt immerzu an allem Anteil. Man redet sich oft heiß, die Gerüchteküche brodelt. Auch in der Freizeit trifft man sich und bespricht alles Mögliche. Wer aus dieser Familie ausschert, sich abgrenzen will, wird als undankbar und kauzig empfunden. Er wird sich drangsaliert und genervt fühlen. Sein Einsatz für Diskretion, Präzision, Ordnung, Struktur, technisch hochwertige Lösungen etc. wird keine besondere Anerkennung finden. Das lässt ihn unbefriedigt.

Unternehmen müssen darauf achten, dass sie in ihren Leitlinien und ihrem Alltag allen **vier Richtungen menschlicher Grundbedürfnisse** gerecht werden: der Sehnsucht nach a) Dauer, b) Wechsel, c) Nähe und d) Distanz. Im Fall Björn W. ist das erfüllt.

Auflösung Fall Björn W.: „Wellness and Care"

1. Welche Merkmale hat die Organisationskultur im Fallbeispiel?

Im Fallbeispiel lernen wir eine offene Organisationskultur kennen, welche die vier Schwerpunkte einer ausgewogenen Kultur in sich vereinigt:

a) **Zugehörigkeit, Gemeinschaft, Entgegenkommen:** Es handelt sich um eine Kommunikationskultur, die den Teamgedanken und den mündlichen Austausch der Belegschaft fördert. Neue Mitarbeiter werden von der Belegschaft wie von einem Gastgeber begrüßt und aufgenommen. Erfolge kann derjenige verkünden, der sie erzielt hat; gleichzeitig lädt er alle ein, sich mitzufreuen.

b) **Mitbestimmung, Freiheitsgrade, Kreativität, Herausforderung:** Meetings behandeln Fragen der Mitarbeiter und aktivieren kreative Teilnahme durch Kleingruppenszenarien. Der Vertriebsmitarbeiter hat Freiheitsgrade und Entscheidungsspielräume, die er entsprechend seinen Stärken ausfüllen kann. Der Vertriebsleiter hilft, die Einzigartigkeit des Mitarbeiters zu entwickeln.

c) **Sicherheit, Struktur, Ordnung, Planung:** Wenn auch Freiheitsgrade in der Durchführung existieren, die Zielkriterien sind fixiert. Ihre Erreichung wird durch gut organisierten Erfahrungsaustausch fein justiert. Rituale geben Struktur. Maßnahmen wie die Klimaanalyse gehören zum alljährlichen Rhythmus. Vereinbarungen sind von allen signiert und gelten als einzulösende Urkunde.

d) **Expertentum, Qualitätsanspruch, Kritik:** Das Vertriebskonzept ist innovativ, trägt experimentelle Züge. Elemente wie Teamworkshops zur Auswertung von Klimaanalysen und Kleingruppenarbeit in Meetings helfen, Kritik konstruktiv zu äußern. Das Bild der Kathedrale sagt aus, dass man qualitativ Großes und Stabiles schaffen will und unterstreicht den korporativen Anspruch.

Die Ampel steht mit mindestens 8 von 9 positiven Punkten auf Grün! (keine Aussage zu 8.) Die Organisationskultur baut viele Gesundheitsressourcen auf! ☺

2. Welche Gesundheitsressourcen werden durch die Firmenkultur aufgebaut?

Drei Ressourcenkategorien: arbeitsbedingte, soziale und persönliche Ressourcen können unterschieden werden (siehe auch Kapitel 4).

a) **Arbeitsbedingte Ressourcen:** Entscheidungsspielraum, Freiheitsgrade, Anpassbarkeit an persönliche Stärken, individuelle Untersetzung von Zielen fördern die intrinsische Motivation und die Selbsterfüllung durch die Arbeit. Der Lerneffekt und die Experimentierfreudigkeit sind hoch.

b) **Soziale Ressourcen:** Die Arbeitsaufgabe wird als ein Gemeinschaftswerk vermittelt. Auf das Knüpfen eines stabilen sozialen Netzes legt das Unternehmen großen Wert. Dem Einzelnen ermöglicht das Akzeptanz und Anerkennung – in guten Zeiten wie in schlechten Zeiten. Leistung erfolgt ohne Angst. Im Teamgeist kann sich auch der Wettbewerbseifer entfalten.

c) **Persönliche Ressourcen:** Optimismus und Überzeugung eigener Wirksamkeit werden als Ressourcen befördert. Erfahrungsgelegenheiten, die gemeinsam wohlwollend reflektiert werden, verhelfen zu innerer Reife und Weisheit.

3. Was können andere Unternehmen aus diesem Fall lernen?

Organisationskulturen ändern sich mit dem gesellschaftlichen Wandel. Im industriellen Zeitalter waren Kulturen fokussiert auf Zentralisierung, Hierarchie, Standardisierung, Planung sowie Qualität, technische Präzision und Expertentum.

In der Informations- und Wissensgesellschaft verschieben sich die Schwerpunkte einer fortschrittlichen Organisationskultur in Richtung Kommunikation, Vermittlung, faire und offene Leistungsgemeinschaft, Mitbestimmung, Freiheitsgrade, Kreativität, Herausforderung etc. Der Qualitäts-, Präzisions- und Innovationsanspruch ist damit jedoch keinesfalls aufgehoben. Insbesondere in klassischen Fertigungs- und Montageunternehmen fällt es schwer, sich von den traditionellen Organisationskulturen zu lösen.

Selbsttest: Organisationskultur

Nun wenden Sie sich wieder Ihrer eigenen Arbeit zu. In welcher Kultur arbeiten Sie? Welchen Stellenwert als Mitarbeiter erleben Sie? Inwieweit dürfen Sie sich in Ihrem Unternehmen einbringen und kreativ, eventuell auch widersprechend sein? Gehört es zu den ausgesprochenen Zielen der Firma, Ihr Wohlbefinden und Ihre Motivation zu schützen? Testen Sie sich selbst!

Bitte markieren Sie im psy.Risk®-Selbsttest Ihre Bewertungen und bilden Sie das Gesamturteil zu Ihrer **Organisationskultur** anhand der Ampelfarben:

psy.Risk®-Selbsttest 2: Organisationskultur

	A	B	C	D
psy.Risk®-Faktor 2: Bewertung unserer Organisationskultur (MA = Mitarbeiter)	**ja**	**eher ja**	**eher nein**	**nein**
1. In unserer Firma herrscht ein angenehmes Klima.				
2. Unsere Firma fördert Kontakt und den Austausch untereinander.				
3. Mitarbeiter werden bei uns als wichtigste Ressource wertgeschätzt.				
4. Meine Ideen werden von der Firma ernst genommen.				
5. Ich fühle mich als MA gerecht bewertet: Meine Leistung zählt.				
6. Bei Fehlern sucht man nach Lösungen, nicht nach Schuldigen.				
7. Wer anderer Meinung oder im Zweifel ist, kann das offen sagen.				
8. Auf private Belange wird angemessen Rücksicht genommen.				
9. Die Firma sorgt dafür, dass ich als MA motiviert und gesund bleibe.				
Spaltensumme der Kreuze	... A	... B	... C	... D

Ihr Ergebnis → Addieren Sie die Kreuze in Spalte C + D!		
C- und D-Antworten: 5-9 Mal ❑	Höchste Zeit zum Handeln! Sie scheinen in einer ungünstigen Firmenkultur zu arbeiten. Wie lässt sich etwas verändern? Reden Sie mit anderen.	☹
C- und D-Antworten: 2-4 Mal ❑	Prüfen Sie, wo genau die Probleme liegen und sprechen Sie darüber mit Vertrauenspersonen! Bündeln Sie positive Kräfte in der Firma für einen konstruktiven Dialog mit der Leitung.	😐
C- und D-Antworten: 0-1 Mal ❑	Prima! Bei Ihnen herrscht ein leistungsförderliches Klima. Das ist eine Gesundheitsressource.	☺

Markieren Sie nun Ihre Ampelfarbe in Kapitel 5.3.6, Seite 52: Schritt 1 der Gesamtbilanz-Ermittlung!

Präventionsempfehlungen für eine gesundheitsförderliche Organisationskultur

Handlungsempfehlungen:

- **Menschenbild:** Finden Sie in moderierten Werte-Workshops heraus, welche Glaubenssätze dem Mitarbeiterbild in Ihrem Unternehmen zugrunde liegen. Passt das gelebte Menschenbild noch in die Zeit?
- **Regeln transparent machen**: Decken Sie verborgene Regeln auf. Wie wird in Ihrer Kultur „Hierarchie“ betrachtet und realisiert – als Ordnung oder als Machtmittel? Wann ist ein Mitarbeiter ein „guter“ Mitarbeiter?
- **Stellenwert von Leistung**: Fairness ist Voraussetzung für gesundheitsförderliche Kultur: Zählt bei Ihnen Leistung oder geht es „nach der Nase“? Wie macht man bei Ihnen Karriere? Durch Leistung oder „Vitamin B“ (Beziehung)?
- **Tabus aufbrechen**: Gehen Sie alten Glaubenssätzen auf den Grund. Wozu wird geschwiegen und warum?
- **Stolz aufbauen**: Fragen Sie, welches Ihr Firmen-Credo, Ihr wertebezogenes Alleinstellungsmerkmal, Ihr Ehrenkodex ist? Was eint Sie? Wofür stehen Sie?

Weitere Umsetzungsmöglichkeiten:

- **Entwicklung der Kultur in Firmenevents**: Führen Sie die Wertediskussion gemeinsam und über die ganze Firma hinweg (Methoden: Open Space, Zukunftskonferenzen, Appreciative Inquiry, World Café etc.)
- **Umgang mit Konflikten**: Klären Sie bestehende Auseinandersetzungen durch offene Gespräche/Gesprächsrunden. Bei zugespitzten Situationen kann ein Mediator helfen.
- **Am besten**: Sorgen Sie für Kommunikationsmöglichkeiten – großzügige Gestaltung der Arbeitsräume, Kaffeeecken, Werkskantine, Betriebsausflüge, Betriebssport, Theatergruppe u. Ä.

> Ein erfolgreiches schwäbisches Traditionsunternehmen z.B. litt plötzlich daran, dass Führungskräfte ausbrannten, die Besten kündigten und Azubis sich für andere Unternehmen entschieden. Die pietistische Haltung des lang verstorbenen Gründers hatte durch Werte wie eiserne Disziplin, Anstrengungs- und Leidensbereitschaft, Aufopferung für die Firma im 20. Jahrhundert den Erfolg des Unternehmens gebahnt. „Schaffe, schaffe, Häusle baue …“ ist heute nicht mehr so attraktiv wie für die Nachkriegsgeneration. Junge Menschen sind jetzt vielseitig interessiert. Freizeit steht zum Ausgleich hoher Leistungsanforderungen hoch im Kurs. Man will sich ausprobieren und entwickeln können, nicht nur dienen und „versauern“. Die Firma hat ihre Lektion gelernt. Dank der Workshops, in denen Glaubenssätze aller Mitarbeiter eruiert wurden, ließ sich ein neues Wertespektrum skizzieren. Gemeinsam wurden diese Werte in Erscheinungsbilder einer wünschenswerten Kultur übersetzt.

6.2.3 Führungsverhalten

Beobachter-Checkliste: Wie motivierend ist die Führung?

Die Art und Weise der Führung ist nachweislich ein entscheidender Faktor für Motivation, Leistung und Gesundheit. Fehlende Anerkennung, unscharfe Zielvorgaben, geringe Erreichbarkeit des Chefs lassen das Engagement schnell sinken.

Ein einbeziehender Führungsstil setzt hohe Energie in der Belegschaft frei. Gerade in turbulenten oder schwierigen Zeiten entscheidet sich die Qualität eines Teams über die ihres Führers. Da ständige Veränderung und Turbulenzen heute zum Geschäftsalltag gehören, wächst die präventive Bedeutung einer gesunden Führung.

Wie bewerten Sie die Gesundheitsförderlichkeit des Führungsverhaltens in den folgenden Fallbeispielen? Ziehen Sie zur Beurteilung die psy.Risk®-Checkliste 3 heran!

psy.Risk®-Beobachter-Checkliste 3: Führungsverhalten

	A	B	C	D
Aussagen zum psy.Risk®-Faktor 3: Führungsverhalten (MA = Mitarbeiter)	**ja**	**eher ja**	**eher nein**	**nein**
1. MA wissen, woran man sie misst.				
2. Kritisiert wird so, dass MA den Fehler verstehen und daraus lernen.				
3. MA bekommen zeitnah Feedback.				
4. Gute Arbeit wird hier gewürdigt.				
5. Die Ergebnisse der Teambesprechungen werden auch umgesetzt.				
6. Die Führungskraft gibt Freiraum in Planung und Ausführung der Arbeit.				
7. Die Führungskraft hört zu.				
8. Die Führungskraft interessiert sich für die MA als Mensch.				
9. Die Führungskraft lebt vor, was sie von den MA erwartet.				
10. Die Führungskraft steht hinter den MA.				
Spaltensumme der Kreuze	**... A**	**... B**	**... C**	**... D**

Ihr Ergebnis → Addieren Sie die Kreuze in Spalte C + D!

C- und D-Antworten: 6-10 Mal ❑	Höchste Zeit zum Handeln! Führungsdefizite scheinen Motivation, Effizienz und Leistung zu senken.	☹
C- und D-Antworten: 2-5 Mal ❑	Prüfen Sie, wo Probleme liegen! Die Führungsarbeit hat Verbesserungspotenzial!	😐
C- und D-Antworten: 0-1 Mal ❑	Sie sind auf dem richtigen Weg! Die Mitarbeiter sind motiviert.	☺

Fallbeispiel Bernd H.: „Beim besten Mann ist schnell ein Auge zugedrückt!"

Bernd H.: „Beim besten Mann ist schnell ein Auge zugedrückt!"

Bernd H. ist seit fast einem halben Jahr Schichtleiter in einem Betrieb der Mikroelektronik. Vorher hat er selbst als Mitarbeiter in derselben Schicht gearbeitet. Als Kollege war er immer sehr beliebt. Er setzt sich für alle ein und hilft aus, wo Not am Mann ist.

In seinem Team ist der Krankenstand in den letzten Monaten auffällig hoch. Es fällt auf, dass die meisten Kollegen immer nur kurze Zeit krank sind oder wegen Unpässlichkeiten (Magen verdorben, Hand verstaucht etc.) vorrangig an Montagen fehlen.

Schichtleiter Bernd H. weiß nicht mehr weiter. Er hatte bis vor Kurzem nur einen Fall, der ihm Sorgen bereitet hat: Hannes T. Er kam regelmäßig zu spät, war nach einem Urlaub oft noch eine Woche krankgeschrieben oder fehlte – wie er vermutete – manchmal auch unter vorgeschobenen Gründen an Brückentagen zwischen einem Feiertag und dem Wochenende. Angesprochen hat er ihn dazu nicht.

Hannes T. ist einer seiner besten Leute und außerdem ein alter Kumpel, der sich gerade mit familiären Problemen herumschlägt. Da drückte Schichtleiter Bernd H. ein Auge zu. Manchmal hatte er sich selbst mit an die Anlage gestellt, um die Produktion abzusichern. Man kann einen alten Freund doch in schwerer Situation nicht so hängen lassen! Nach einiger Zeit nimmt er die Tendenz, kurzfristig zu fehlen, auch bei anderen Teammitgliedern wahr. Sollte er vielleicht einmal eine Versammlung einberufen? Irgendwie muss das unangenehme Thema ja auf den Tisch.

Er ist enttäuscht, weil die Mitarbeiter anscheinend nicht schätzen können, wie gut sie es bei ihm haben. Und wenn er ehrlich zu sich ist, fühlt er sich auch gekränkt und merkt, wie der Ärger in ihm hochsteigt. Als er wegen der schlechten Kennzahlen eine Aufforderung zum Gespräch bei seinem Chef bekommt, platzt ihm der Kragen. Er streicht kurzerhand die Wochenprämie für das gesamte Team.

1. Welche Merkmale offenbart das Führungsverhalten von Bernd H.?
2. Welche gesundheitlichen Gefährdungen verursacht sein Führungsverhalten?
3. Was können andere Unternehmen aus diesem Fall lernen?

Fallbeispiel Max Z.: „Warum 20 Weinflaschen manchmal mehr als 30 sind!“

Max Z.: „Warum 20 Weinflaschen manchmal mehr als 30 sind!“

Max Z. ist Spezialist für strategische Vertriebsorganisation. Jetzt ist er das erste Mal in einer Führungsposition. In einem mittelständischen Unternehmen, das als komplexer Lieferant für Werkzeugmaschinen agiert, ist er als Vertriebsleiter für die Sparte Software eingestellt. Die Aufgabe erfordert, dass er führen, aber auch eigene Umsatzzahlen erfüllen muss.

Für das erste halbe Jahr stellte man ihm einen Führungscoach zur Seite. Die wichtigste Lektion für ihn war, dass er seinen persönlichen Ehrgeiz hinter den Erfolg der Mitarbeiter stellen muss. Das fiel ihm schwer, denn er war einer, der selbst gern auf dem Treppchen steht. Ihm wurde klar, dass er die Mitarbeiter kaum motivieren kann, wenn er sich vor ihnen mit eigenen grandiosen Verkaufserfolgen sonnt. „Die Führungskraft gewinnt nicht, wenn sie selbst siegt. Sie siegt, wenn sie dafür sorgt, dass die Mitarbeiter gewinnen“, war einer der wichtigsten Sprüche seines Coachs.

In den großen Vertriebsrunden mit der Geschäftsführung sorgte er dafür, dass erstrangig die Fälle seiner drei Mitarbeiter besprochen wurden. In den Teamrunden hatten sie zuvor erörtert, worauf die Leitung Schwerpunkt legen wird. Bei strittigen Fragen hielt er die Mitarbeiter an, ihre Strategie selbst vor dem Führungsgremium zu verteidigen. So konnten sie auch

Lob und Anerkennung vom Management direkt entgegennehmen.

Wenn er mit ihnen gemeinsam zum Kunden fuhr, um einen Auftrag endgültig „an Land zu ziehen“, schrieb er die Punkte dem Mitarbeiter zu. Durch die gemeinsamen Besuche, auf denen er die Verhandlung vorrangig von seinen Mitarbeitern führen ließ, erkannte er Fehler in ihrer Rhetorik und Verhalten. So hat er freitagnachmittags für jeweils 3 Stunden ein Verkaufstraining als Teamveranstaltung eingeführt. Jetzt freut er sich, um wie viel besser und erfolgreicher seine Mitarbeiter geworden sind. Das Team hat zwei wichtige Neukunden gewonnen. Ein Umsatz in Millionenhöhe winkt.

Als im Weihnachtsgeschäft von der Einkaufsabteilung Weinflaschen als Kundengeschenke an die Vertriebsmitarbeiter verteilt wurden, änderte er den Verteilerschlüssel ab. Statusgemäß sollte er 50 Flaschen bekommen, die Mitarbeiter jeweils nur 20. Er weiß mittlerweile, dass solche kleinen Attribute für das Selbstwerterleben von Mitarbeitern wichtig sind. Jeder seiner Mitarbeiter erhielt von ihm 10 Stück dazu. Sie konnten an ihre Kunden reichlich verteilen. Weniger ist unter dem Strich oftmals mehr!

1. Welche Merkmale offenbart das Führungsverhalten von Max Z.?
2. Welche Gesundheitsressourcen werden durch die Führung von Max Z. aufgebaut?
3. Was können andere Unternehmen aus diesem Fall lernen?

Auflösung Fall Bernd H.: „Beim besten Mann ist schnell ein Auge zugedrückt!"

1. Welche Merkmale offenbart das Führungsverhalten von Bernd H.?

Durch falsche Rücksichtnahme und mangelnde Kritik- und Durchsetzungsfähigkeit gelingt es Bernd H. nicht, das Fehlverhalten eines Kollegen anzusprechen und die Einhaltung der Regeln anzumahnen. Das Messen mit zweierlei Maß führte zum Motivationsverlust im Team und zur Veränderung der Gruppennorm. Jeder Mitarbeiter entscheidet nun nach eigener Motivationslage, ob er heute zur Arbeit kommt oder sich eine Auszeit gönnt. Konsequenzen werden nicht (mehr) befürchtet. Diese Erfahrung bestärkt das Fehlverhalten „Man nimmt das bei uns nicht so genau." Oder: „Mein Chef ist einer, der Verständnis hat." So oder ähnlich werden Mitarbeiter sich ausdrücken.

Bernd H. ist es noch nicht gelungen, seine Führungsposition wirklich anzunehmen. Er verhält sich auf die kumpelhafte Tour wie ein Gleichgestellter. Er verhindert die Anerkennung derjenigen, die sich für die Arbeit wirklich einsetzen. Damit untergräbt er seine eigene Autorität. Das Team hatte vom Schichtleiter eine klare Positionierung erwartet. In seiner Selbstunsicherheit traute er sich nicht, seinem Mitarbeiter deutliche Grenzen zu setzen. Stattdessen nimmt er Dinge selbst auf die eigene Schulter, delegiert nicht.

Die Ampel steht mit mindestens 5 von 10 negativen Punkten auf „Gelb"! (1.,2.,3.,9.10.)
Bernd H.s Führungsverhalten ist unbedingt zu verbessern. Er hat Potenziale!

2. Welche gesundheitlichen Gefährdungen verursacht sein Führungsverhalten?

Mitarbeiter Hannes T.: Fehlende Konsequenz durch den Schichtleiter animierte den Mitarbeiter Hannes T. förmlich zum Fehlverhalten. Es ist anzunehmen, dass der Mitarbeiter sich aufgrund eines schlechten Gewissens nicht wohlfühlt und seine Selbstzweifel nährt. Er mogelt sich durch diese Situation und wird nicht an souveränes Lösungsverhalten herangeführt. Die nicht gelösten Probleme drücken wie schwere Lasten auf den Schultern. Nacken-, Rücken-, Kreuz- und Kopfschmerzen können ausgelöst werden. Die Vogel-Strauß-Taktik kann Ängste hervorbringen, die wiederum auf den Magen schlagen oder innere Unruhe auslösen. Am schlimmsten ist, dass das Versagensgefühl eine depressive Entwicklung befördert. Energieverlust, Schlafstörungen, multiple Beschwerden, Kränkeln sind Folgen. Der Griff zur Flasche ist nah.

Teammitglieder: Die Kollegen reagieren zuerst verunsichert und verlieren dann deutlich an Motivation. Die gekürzte Prämie werden sie als Ungerechtigkeit erleben. Sie werden sauer sein – und das mit Recht: Denn Bernd H. hat die Maßstäbe, an denen er die Leistung seiner Mitarbeiter misst, nicht sauber vermitteln können. Ein kritisches Feedback blieb er ihnen schuldig. Die schlechte Stimmung stört die emotionale Balance im Team und bei jedem Einzelnen. „Ärger schlägt auf den Magen", weiß der Volksmund. Und er sagt auch, dass sich das auf den Blutdruck legt. Man regt sich auf und belastet seinen Kreislauf.

Schichtleiter Bernd H.: Das Versagenserlebnis ruft latente Ängste hervor. Selbstzweifel werden ausgelöst. Rückzug setzt ein. Er isoliert sich.

3. Was können andere Unternehmen aus diesem Fall lernen?

Führungsfähigkeit ist ein komplexes Gebilde verschiedenster sozialer, organisatorischer und strategischer Kompetenzen. Junge Führungskräfte brauchen Ausbildung dafür. Gerade wenn sie aufgrund fachlicher Leistungen aufgestiegen sind, sollten sie eine präzise Anleitung von erfahrenen Mentoren erhalten. Facharbeit und Führungsarbeit sind sehr verschiedene Dinge. Während man für das Fach jahrelang lernt oder gar studiert, wird man hinsichtlich Führung häufig einfach ins kalte Wasser geschmissen.

Nachwuchsführungskräfte wie Bernd H. sollten Hilfe z.B. durch einen Vorgesetzten und/oder einen externen Coach bekommen, damit sie nicht weiter in den Teufelskreis der Verunsicherung hineingleiten. Ein klares Feedback über ihr Verhalten, ein konstruktiver Austausch und eine gemeinsame Zielvereinbarung darüber, wie die Führung zu verbessern ist, erscheinen angebracht. Sie müssen aushalten lernen, dass sie für ihre Konsequenz nicht immer sofort gleich Anerkennung finden. Sie müssen sich darin üben, ein „langes Gesicht", die Enttäuschung eines Mitarbeiters hinzunehmen.

Auflösung Fallbeispiel Max Z.: „Warum 20 Weinflaschen manchmal mehr als 30 sind!"

1. Welche Merkmale offenbart das Führungsverhalten von Max Z.?

Max Z. stellt sich hinter seine Mitarbeiter und führt sie, indem er sie beobachtet, ihnen Feedback gibt und sein Wissen mit ihnen teilt. Ein weiser Spruch sagt: Wenn Führung besonders gut funktioniert, nimmt man sie nicht wahr. Das ist Max Z. nicht leichtgefallen, denn als Vollblutvertriebsmann steht er selbst gern an der Spitze der „Hitliste". Mithilfe eines Coach konnte er sein Ego überwinden.

Er beließ die Umsetzung der Vertriebsstrategie bei seinen Mitarbeitern. Und übertrug ihnen die Verantwortung dafür. In strittigen Fragen wurde konstruktiv diskutiert. Er ließ die Mitarbeiter die Früchte ihrer Arbeit selbst ernten und gab ihnen einen kleinen Vorsprung. Der Erfolg des Einzelnen wurde als Erfolg aller gefeiert. Dass Max ein Spitzenverkäufer ist, wurde dennoch von allen klar erkannt.

Die Ampel steht für die beschriebene Situation mit voller Punktzahl auf Grün. Es handelt sich um gesunde Führung. ☺

2. Welche Gesundheitsressourcen werden durch Max Z.s Führung aufgebaut?

Drei Ressourcenkategorien können unterschieden werden (siehe auch Kapitel 4):

a) **Arbeitsbedingte Ressourcen:** Teilnahme und Einbezogensein in die Führungsrunden stellen für die Mitarbeiter eine hervorragende Herausforderung dar. Entscheidungsspielraum, Freiheitsgrade im Verhandlungsprozess geben Raum, den individuell besten Verhandlungsstil zu finden. Durch eigenes Tun, Feedback und gezielte Ausbildung finden die Mitarbeiter die besten Lernmöglichkeiten vor. Der Erfolg als extrinsische Motivationsform verstärkt die Sinnerfüllung durch die Arbeit. Er wird den Spaß am Wettbewerb entzünden.

b) **Soziale Ressourcen:** Die Führungskraft gibt Rückhalt und schafft es, im Team ein „Wir-Gefühl" zu erzeugen. Wissen kann angstfrei weitergegeben werden und führt zur Stärkung der Gemeinschaft insgesamt. Der Erfolg des Einzelnen ist Teamerfolg! Team-Spirit setzt Energien frei.

c) **Persönliche Ressourcen:** Die Möglichkeit zum aktiven Handeln trägt zur Entwicklung einer engagierten Haltung und eines positiven Selbstbilds bei. Ein Misserfolg kann leichter verarbeitet werden. Die Überzeugung der Führungskraft von den Fähigkeiten der Mitarbeiter überträgt sich auf diese selbst. Sie können sich selbst positiv instruieren.

3. Was können andere Unternehmen aus diesem Fall lernen?

Überprüfen Sie, welches Führungsbild in Ihrem Unternehmen existiert. Ist es eher

- die Fachautorität,
- der Kümmerer,
- der Verwalter,
- der Motivator und Coach?

Nach welchen Maximen führen Sie?

Dem Zeitgeist entsprechend müssen Mitarbeiter heute immer schneller handlungs- und entscheidungsfähig sein. Lange hierarchische Entscheidungswege bedeuten Nachteile. Die Führungskraft als Coach ist darauf ausgerichtet, Mitarbeiter in ihrer Selbstständigkeit, Verantwortungsfähigkeit und fachlichen Meisterschaft zu entwickeln. Dieses Führungsbild passt am besten zu den Herausforderungen des ständigen Wandels. Häufig können Führungskräfte auch gar nicht mehr selbst eingreifen, da sie aus der Ferne führen und ihren Mitarbeitern voll vertrauen müssen.

Lieber hinter den Menschen gehen, als vorweg! So haben Sie Ihr Team im Blick, beobachten und hören zu. Sie können sekundieren, fördern, stützen, manchmal auch Tempo machen und – nur für kurze Anstiege – auch einmal das Zugpferd sein.

Selbsttest: Verhalten meiner Führungskraft

Schätzen Sie nun ein, wie gesundheitsförderlich die Art und Weise ist, in der Sie selbst geführt werden. Stellen Sie sich Ihre Führungskraft vor und erinnern Sie sich an verschiedenste Episoden aus dem Arbeitsalltag.

Falls Sie selbst Führungskraft sind, überlegen Sie, welche „Noten" Ihnen Ihre Mitarbeiter geben würden. Bringen Sie den Mut auf und lassen Sie den Test auch durch Ihre Mitarbeiter selbst ausfüllen. Was meinen Sie, wie genau werden die Urteile übereinstimmen?

psy.Risk®-Selbsttest 3: Führungsverhalten

	A	B	C	D
psy.Risk®-Faktor 3: Bewertung meiner Führungskraft (FK = Führungskraft)	**ja**	**eher ja**	**eher nein**	**nein**
1. Meine FK erklärt mir genau, was sie von mir erwartet.				
2. Meine FK gibt kritisches Feedback so, dass ich gut daraus lernen kann.				
3. Ich weiß genau, wie mich meine Führungskraft einschätzt.				
4. Gute Arbeit wird von meiner FK anerkannt und gelobt.				
5. Meine FK lässt ihren Worten auch Taten folgen.				
6. Meine FK lässt mich Aufgaben selbst planen und umsetzen.				
7. Wenn ich anderer Meinung bin, hört mich meine FK interessiert an.				
8. Meine FK gibt mir das Gefühl, dass ich als Mensch wichtig bin.				
9. Meine FK lebt vor, was sie verlangt.				
10. Meine Führungskraft steht zu mir.				
Spaltensumme der Kreuze	**... A**	**... B**	**... C**	**... D**

Ihr Ergebnis → Addieren Sie die Kreuze in Spalte C + D!		
C- und D-Antworten: 6-10 Mal ❑	Höchste Zeit zum Handeln! Ihre FK lässt Sie im Unklaren. Suchen Sie Unterstützung für den Dialog mit ihr bei Vertrauenspersonen in der Firma, die Sie dabei begleiten.	☹
C- und D-Antworten: 2-5 Mal ❑	Haben Sie Mut, bei Ihrer FK um einen Termin zu bitten. Bereiten Sie sich gut vor: z.B. im Austausch mit Vertrauten!	😐
C- und D-Antworten: 0-1 Mal ❑	Prima! Ihre Führungskraft kann Sie richtig gut motivieren.	☺

Markieren Sie nun Ihre Ampelfarbe in Kapitel 5.3.6, Seite 52: Schritt 1 der Gesamtbilanz-Ermittlung!

Präventionsempfehlungen für gesunde Führung

Handlungsempfehlungen:

- **Interesse für den Menschen und Aufbau von Vertrauen:** Das Wichtigste ist, dass Sie sich für Ihren Mitarbeiter als Mensch interessieren (Buckingham & Coffman 2005; Wagner & Harter 2006). Das klingt banal, ist aber nicht leicht. Es erfordert aufrichtige Hinwendung zu dem Menschen, der täglich seinen Willen, Geist, seine Emotion für Ihren Erfolg einbringt. Das verlangt Ihre persönliche Reife und zwingt Sie, die aus Zahlen, Fakten, Charts aufgetürmte Manager-Schutzburg zu verlassen. Schauen Sie dem Mitarbeiter in die Augen: Was bewegt ihn? Wussten Sie, dass seine Tochter heiratet, sein Sohn promoviert und er Silberhochzeit feiert? Es sind nicht die großen Dinge, die Incentives, teure Geschenke, die Mitarbeiter motivieren: Es ist das Gefühl, wichtig zu sein.
- **Anerkennung von Leistungen**: Wertschätzen Sie wirklich genug? Loben Sie auch richtig? Mitarbeiter wachsen über sich hinaus, wenn sie Bestätigung finden! Ein Schulterklopfen reicht nicht, sagen Sie, was genau Sie begeistert.
- **Gemeinsame Erlebnisse schaffen**: Beteiligen Sie Ihre Mitarbeiter. Lassen Sie Arbeitsbesprechungen rotierend von Mitarbeitern leiten.
- **Delegieren Sie**: Bilden Sie Arbeitsgruppen und übertragen Sie ihnen die Verantwortung. Nörgeln Sie nicht über Lösungen, die Geschmacksfrage sind!

> Ein Beispiel aus einem Kleinunternehmen: Die Sekretärin, die seit 20 Jahren die rechte und die linke Hand ihres Chefs ist, ertrug seine Launen geduldig. Jedoch wirkte sie deprimiert. Auf die Frage, wie zufrieden sie mit ihrer Arbeit sei, sprach sie sofort ein Ereignis an: Weil es bereits Spannungen gab, hatte sie dem Chef nicht wie üblich ihren eigenen Geburtstag angekündigt. Sie hoffte, er würde es von selbst wissen. Indirekt gab sie ihm damit die Chance, alten Ärger zu begraben. Können Sie sich das Ausmaß der Enttäuschung vorstellen, als er an diesem Tag ahnungslos und auch noch schlecht gelaunt das Büro betrat!
>
> In einem anderen Fall fiel eine Mitarbeiterin mehrere Wochen aus, nachdem ihr Chef, zu dem sie ein angespanntes Verhältnis hatte, ungefragt einen Keks vom Schreibtisch wegaß.

Weitere Umsetzungsmöglichkeiten:

- **Wechselseitiges Feedback**: Sprechen Sie offen über Leistung und Verhalten. Stellen auch Sie sich einer Einschätzung durch Ihr Team. Anfangs ist das ungewohnt. Jeder ist vorsichtig. Das macht es sogar konstruktiver. Die Offenheit ist reinigend. Meckern, Hinter-dem-Rücken-Reden versiegen automatisch.
- **Führungskräfte-Coaching**: Nutzen Sie Coaching! Es hilft Ihnen, Ihre Wirkung auf andere zu entdecken und besser zu werden. Bedenken Sie: Ein Mitarbeiter, der innerlich kündigt, kostet Sie letztendlich mehr als ein Coach-Honorar.
- **Am besten**: Sie gestehen auch eigene Fehler ein. Das baut Vertrauen auf.

6.2.4 Teamklima

Beobachter-Checkliste: Wie halten die Teams zusammen?

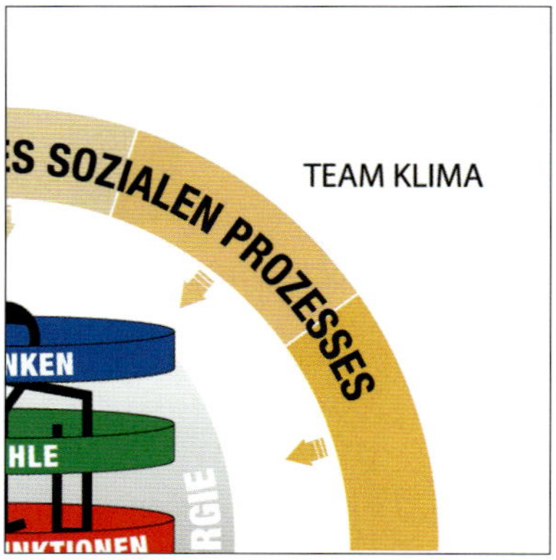

„Wer alleine arbeitet, addiert – wer miteinander arbeitet, der multipliziert" (Weisheit). Konflikte im Team und Missstimmungen zwischen Kollegen können Stress erzeugen, den die Mitarbeiter auch nach Feierabend nicht vollständig abbauen können.

Gute Stimmung im Team, eine Atmosphäre, die durch Vertrauen und gegenseitige Unterstützung geprägt ist, stellt nicht nur einen enormen Puffer in stressreichen Zeiten dar, sondern ist die Basis von Kreativität, Flexibilität und hoher Leistung.

Wie bewerten Sie die Gesundheitsförderlichkeit des Teamklimas in den folgenden beiden Fallbeispielen? Ziehen Sie zur Beurteilung die psy. Risk®-Checkliste 4 heran!

✔ psy.Risk®-Beobachter-Checkliste 4: Teamklima

	A	B	C	D
Aussagen zum psy.Risk®-Faktor 4: Teamklima (MA = Mitarbeiter)	**ja**	**eher ja**	**eher nein**	**nein**
1. Die Teammitglieder helfen sich freiwillig untereinander aus.				
2. Die MA begegnen sich mit Respekt.				
3. Die Teamkollegen vertrauen sich und verlassen sich aufeinander.				
4. Alle MA verfolgen das gleiche Ziel.				
5. Alle bringen sich in gleichem Maße in die Teamarbeit ein.				
6. Die Teams sprechen regelmäßig über ihre Zufriedenheit mit der Zusammenarbeit.				
7. Konflikte unter Teammitgliedern werden konstruktiv ausgetragen.				
8. In den Teams wird auch gelacht: Man hat Spaß in der Arbeit.				
9. Die Teams feiern ihre Erfolge.				
10. Die MA sprechen stolz über ihr Team.				
Spaltensumme der Kreuze	**... A**	**... B**	**... C**	**... D**

Ihr Ergebnis → Addieren Sie die Kreuze in Spalte C + D!		
C- und D-Antworten: 6-10 Mal ❑	Höchste Zeit zum Handeln! Im Team sind Spannungen erkennbar, Klärungen sind nötig.	☹
C- und D-Antworten: 2-5 Mal ❑	Prüfen Sie, wo Probleme liegen! Das Teamklima offenbart Frühwarnsignale.	😐
C- und D-Antworten: 0-1 Mal ❑	Sie sind auf dem richtigen Weg! Der Teamzusammenhalt ist sehr gut.	☺

Fallbeispiel Heinz B.: „Ohne mich liefe hier gar nichts mehr!"

Heinz B.: „Ohne mich liefe hier gar nichts mehr!"

Der Elektriker Heinz B. (42 Jahre) ist neu im Unternehmen. Er erscheint den anderen Mitarbeitern als Einzelgänger. Die Belegschaft stand ihm anfangs aufgeschlossen gegenüber. Das ist heute aber anders. Herr B. reißt alle Aufträge an sich, arbeitet viel mehr als gefordert. Andere Mitarbeiter schaffen täglich 3 Aufträge, Herr B. bearbeitet 4 bis 5. Überstunden sind für ihn selbstverständlich. Die Abrechnung der Baustellen macht er dann sogar noch am Wochenende zu Hause. Der Vorgesetzte, der sich vorwiegend an „Zahlen" orientiert, lobt Heinz B. über alle Maßen.

Das gibt Heinz B. Auftrieb. Er fühlt sich in seinem Erfolgsstreben bestätigt. Aus dieser Position heraus kritisiert er die Arbeitsweise seiner Kollegen immer häufiger – selbst kleinste Fehler lässt er nicht unkommentiert. Auf den gemeinsamen Baustellen arbeiten die Kollegen daher meist wortlos miteinander. Ein Wort zu viel landet beim „großen Chef". Sören T. ist sich nicht sicher, ob sich B. den einen oder anderen aufgrund von Angst bereits gefügig gemacht hat. Er wird immer misstrauischer.

Gegenüber seinem Vorgesetzten und privaten Bekannten betont Heinz B., dass ohne ihn hier gar nichts mehr liefe. Er verschweigt allerdings, dass er sich immer öfter ein Bier genehmigt, um mit der inneren Anspannung zurechtzukommen, und dass er auch viel zu viel Kaffee trinkt, um Müdigkeitsphasen zu bewältigen. Auch sein Zigarettenkonsum ist gestiegen.

Die Teammitglieder sind sauer, schweigen aber, da sie sich nicht mit dem Chef anlegen wollen. Der lässt auf Heinz B. nach wie vor nichts kommen. Man befürchtet, dass er für ihn bereits einen Teamleiterposten vorgesehen hat.

Der Chef erkennt nicht, wie Heinz B. dem Team die „Lebensenergie" entzieht. Die Stimmung ist gereizt. Auf die Kollegen wirkt B. pingelig, aggressiv und weltfremd. Was hat der schon von seinem Leben? Man möchte nicht mit seiner Familie tauschen. Alle atmen jedes Mal auf, wenn er den Bauhof verlässt, um zur Erledigung eines Sonderauftrages allein hinauszufahren.

Der stille Sören T. kam heute nicht zur Arbeit. Er kränkelte schon längere Zeit. Häufig kämpfte er mit Erkältungen, dann bekam er eine Kieferentzündung. Hat ihn die unleidliche Situation nun richtig umgehauen? Moritz U. würde sich nicht wundern. Er hat ein dickeres Fell, aber auch er bringt die schlechte Stimmung täglich mit nach Hause und ist froh, dass ihn seine Familie immer wieder aufbaut. Er hat schon einige Bewerbungen geschrieben. Sobald er etwas findet, ist er weg.

1. Welche Merkmale hat das Teamklima im Fallbeispiel Heinz B.?
2. Welche gesundheitlichen Gefährdungen resultieren aus dem Teamklima?
3. Was können andere Unternehmen aus diesem Fall lernen?

Fallbeispiel Ute P.: „Ein Team bewährt sich in Krisen!“

Ute P.: „Ein Team bewährt sich in Krisen!“

Im Zuschnitt hört man häufig Lachen. Nur heute ist dicke Luft! Ute P. hat durch einen Alleingang einen Auftrag verdorben. Das 6-köpfige, seit 5 Jahren zusammenarbeitende Team sitzt betreten in der Besprechungsecke. Keiner sagt ein Wort. Die Teamleiterin Anja D. dreht den Kuli aufgeregt in ihren Händen hin und her. Ute schluchzt.

Ute P. (57 Jahre) ist langjährige Mitarbeiterin eines Modeunternehmens. Sie hat sehr gute Fachkenntnisse, man kann stets 100%ig auf ihre Einsatzbereitschaft zählen. Gestern zu Beginn der Spätschicht fehlten immer noch die thailändischen Stoffe für die Weihnachtskollektion. Die Modeboutiquen brauchen die Ware für das Jahresendgeschäft. Sie fordern Regress. Ute ängstigt sich, dass das Arbeitsplätze kosten könnte.

Als gegen 17.30 Uhr die thailändische Ware eintrifft, will Ute alles daransetzen, den Liefertermin doch noch zu halten. Sie bespricht sich mit ihrer Teamkollegin Inka S. Beide kommen zum Schluss, dass sie heute Nacht mithilfe einer weiteren Person den Zuschnitt schaffen. Sie holen Silke Z. dazu. Als diese erfährt, dass die Aktion mit der Teamleiterin nicht abgesprochen ist, fühlt sie sich unwohl. Aber sie vertraut Ute.

Am nächsten Morgen werden Ute, Inka und Silke unsanft per Telefon geweckt. Das Werk steht Kopf: Sie hatten die falschen Schnitte angelegt. Der Auftrag ist nicht mehr zu retten. Schaden: ca. 35.000 Euro. Alle Folgen sind noch nicht zu abzusehen. Auf jeden Fall hat sich das Weihnachtsgeld für alle erledigt, die Jahresteamprämie als Gewinnbeteiligung ebenfalls. Ute P. soll darüber hinaus finanziell zur Verantwortung gezogen werden. Sie hat die betrieblichen Regeln wissentlich unterlaufen.

Die Teamleiterin sammelt sich und beginnt zu reden: „Kolleginnen, für jeden von uns ist das Ereignis in seinen Folgen ein großer Schlag. Ich weiß, z.B. Du, Inge, wolltest mit Deinem Mann nach 5 Jahren endlich einmal wieder auf eine Flugreise gehen. Den Traum kannst Du begraben. Andere hatten andere Wünsche. Aber dennoch, liebe Kolleginnen, das Wichtigste sollte für uns sein, dass wir als Team zueinander stehen. Einen Fehler kann jeder einmal machen. Ute machte ihn aus bester Absicht.“

Nach 20 Minuten hat das Team eine Lösung gefunden. Ute musste sich viel Kritik anhören, wurde aber letztlich in den Arm genommen. Man will gemeinsam bei der Geschäftsleitung für Ute vorsprechen. Anja geht zum Betriebsrat. Sollte die finanzielle Strafe nicht abzuwenden sein, wollen sich alle daran beteiligen. Ute ihrerseits bietet Inge für die Ferien kostenlos den Bungalow ihrer Cousine auf Rügen an. Und: An der Pinnwand hängt ein neuer Ablaufplan über die Schritte zur Freigabe eines Zuschnitts. Ute ist stolz auf ihr Team. Dankbar lädt sie alle zum Kaffee in der Kantine ein.

1. Welche Merkmale hat das Teamklima im Fallbeispiel Ute P.?
2. Welche Gesundheitsressourcen werden durch das Team aufgebaut?
3. Was können andere Unternehmen aus diesem Fall lernen?

Auflösung des Fallbeispiels Heinz B.: „Ohne mich liefe hier gar nichts mehr!"

1. Welche Merkmale hat das Teamklima im Fallbeispiel Heinz B.?

Das Teamklima ist stark unterkühlt. Ein selbstbezogener, ehrgeiziger Mitarbeiter verweigert seinen Teamkollegen Anerkennung, ohne die Auswirkungen seines Verhaltens zu erfassen. Er macht sich zum „Aufseher", überhöht sich über andere. Statt Wir-Gefühl, Vertrauen und Unterstützung entstehen Angst, Misstrauen und Ablehnung.

Die übergeordnete Führungskraft verschließt die Augen vor dem, was vorgeht. Der überfleißige Heinz B. treibt die Auftragserfüllung voran. Dafür erntet er bei der Geschäftsleitung Anerkennung. Er hält die Unterkühlung für vorteilhaft. Die Kollegen machen weniger Pausen, wenn sie sich nicht so gut verstehen. Es wird verkannt, dass Wohlbefinden im Team zur Leistung beiträgt.

Die Kommunikation ist auf ein Minimum eingefroren, insbesondere da man sich nicht frei zu äußern wagt. Institutionalisierte Kommunikationsformen, wie regelmäßige Besprechungen oder Mitarbeiterjahresgespräche, scheinen nicht installiert. Am Feiern der Erfolge ist allen schon die Lust vergangen. Man verdient hier noch sein Geld.

Die Ampel steht mit 10 von 10 negativen Punkten auf Rot! Das vergiftete Teamklima stellt eine Fehlbelastung dar, die gesundheitsschädliche Auswirkungen hat.	☹

2. Welche gesundheitlichen Gefährdungen resultieren aus dem Teamklima?

Teammitglieder: Das Verhalten von Heinz B. und das unterkühlte Klima sind direkte Fehlbelastungen für die Teammitglieder. Sie erleben eine Form der psychischen Gewalt. Psychische Fehlbeanspruchungsfolgen wie innerer Rückzug, Kommunikationsabbruch, Vertrauensverlust, Resignation, Unlustgefühle, Antriebsverlust, nicht abschalten können etc. sind typisch. Bei Sören T. zeichnen sich höchstwahrscheinlich bereits körperliche Folgen ab, die auf Dauerstress zurückzuführen sind: Das Immunsystem scheint Viren nicht mehr so gut abzuschirmen. Multiple Infekte und Entzündungen deuten darauf hin.

Heinz B.: Als Ehrgeizling hat er seine Work-Life-Balance schon lange verloren. Er definiert sich ganz über die Arbeit und Geschäftigkeit und kann aus zwischenmenschlichen Kontakten keine Energie und Freude ziehen. Es mangelt ihm an emotionaler Reife und Mitgefühl. Eine wahrscheinlich narzisstische Prägung lässt ihn egozentrisch wirken. Er neidet jedem anderen den Erfolg. Er wirkt süchtig: nach Arbeit, Erfolg und Selbstüberhöhung. Neuerdings ist er allerdings auch durch überhöhten Alkohol- und Tabakkonsum auffällig geworden. Ohne Stimulanz kann er abends seinen Kreislauf nicht mehr herunterfahren und abschalten bzw. die innere Leere ertragen.

In seiner psychischen und physischen Gesundheit ist Heinz B. stark gefährdet. Er kann auf andere kein Wohlwollen richten, aber sich auch selbst keine Schonung und Belohnung gönnen. Alkoholkrankheit, Lungenkrebs sind Risiken. Es ist zu befürchten, dass er eines Tages einen Zusammenbruch erleidet: Herzinfarkt oder Schlaganfall sind denkbar. Auf Baustellen bedeutet das eine Gefährdung auch anderer Mitmenschen.

Letztlich kann man auch nicht ausschließen, dass Heinz gewalttätig werden könnte. Wenn sich die Menschen um ihn herum immer stärker von ihm abwenden, kann das sein Misstrauen gegenüber der Umwelt ins Krankhafte steigern. Seinen Anteil leugnend, projiziert er die Schuld dafür auf seine Mitmenschen, auf die Gesellschaft. Man muss ins Kalkül ziehen, dass er andere für diese Ungerechtigkeit bestrafen will.

3. Was können andere Unternehmen aus diesem Fall lernen?

Die guten Erfolge, die Heinz B.s Chef heute noch abrechnen kann, werden bald der Vergangenheit angehören. Das Unternehmen verliert Fachleute durch Krankheit oder Weggang. Eine Führungskraft, auch ein Geschäftsführer, darf sich an der Auseinandersetzung mit den Freuden und Sorgen seiner Mitarbeiter nicht vorbeimogeln. Der Drücker verdirbt das Team, selbst wenn er anfangs als bequeme Lösung für den Chef erschien.

Auf die Dauer siegt nur ein Team, das ein eigenes „Wir“ – eine Art sozialen Organismus – entwickelt. Gute Zahlen und gutes Teamklima sind jeweils zwei Seiten derselben Medaille. Ein Geschäftsführer aus Gronau drückte diesen Zusammenhang einmal folgendermaßen aus: „Bei uns gibt es keine Leistung ohne den Menschen!“

Auflösung Fall Ute P.: „Ein Team bewährt sich in Krisen“

1. Welche Merkmale hat das Teamklima im Fallbeispiel Ute P.?

Ute P. hat Glück. Sie ist Mitglied eines gut funktionierenden Teams. In der Arbeit wie in der Krise halten die Mitglieder zusammen. Kritik wird nicht zurückgehalten und genauso wenig wird Kooperation verweigert. In schwierigen Zeiten bleibt das Team in konstruktiver Kommunikation. Als Erstes erarbeitet man sich im eigenen Kreis eine Meinung, ehe man an andere Stellen herantritt. Man arbeitet am gleichen Ziel.

Die Ampel steht mit 10 von 10 positiven Punkten auf Grün! Das Teamklima fördert die Gesundheit. ☺

2. Welche Gesundheitsressourcen werden durch das Team aufgebaut?

Durch gut funktionierende Teamarbeit werden vor allem die **sozialen und individuelle Ressourcen** entwickelt.

a) **Individuelle Ressourcen:** Aufgebaut werden: **Überzeugung** von der eigenen Handlungsfähigkeit und Wirksamkeit (wir schaffen es!), **Zuversicht und Optimismus** (die Krise ist überwindbar), **Vertrauen** (wir stemmen das gemeinsam), **Selbstwertgefühl** (ich bin den anderen etwas wert), **Gelassenheit** in schwierigen Situationen (nichts ist so schlimm, dass es nicht weitergeht) etc.

b) **Soziale Ressourcen**: Das soziale Netzwerk „Team“ ist hochwertig. Anhand der Bewertung einzelner **Gütekriterien sozialer Ressourcen** lässt sich das beurteilen.

- **Stabilität:** Das Team ist seit 5 Jahren in der Form existent und gefestigt.
- **Struktur:** Netzwerk – jeder ist mit jedem in Kontakt und Austausch, es gibt keine Barrieren durch Hierarchien
- **Führung:** Basierend auf natürlicher Autorität und den gemeinsam getragenen Werten, von Mitarbeiterinnen ungeteilt akzeptiert und anerkannt
- **Kontakt und Beziehung:** Enger Kontakt, große Nähe, kameradschaftliche und freundschaftliche Beziehungen
- **Kommunikation:** Offene, gleichrangige und wertschätzende Kommunikation
- **Werte:** Leistung, Qualität, Einsatzbereitschaft, Gemeinschaft, Gleichrangigkeit, Solidarität – von allen geteilt
- **Regeln und Abläufe:** Im Konflikt offener Austausch in Gruppensitzung, keine Vorverurteilungen, gemeinsame Lösungssuche, demokratische Abstimmung, gemeinsames Tragen der Ergebnisse
- **Vollständigkeit der Architektur** (ausgewogene Zusammensetzung entsprechend der zur erbringenden Leistung): wurde nicht weiter beschrieben, scheint gut ausgewogen
- **Synergieeffekt:** Ausgleich von Schwächen und Potenzierung von Stärken → Stützung des Einzelnen. Synergien zu erzeugen ist eine der hervorstechendsten Eigenschaften dieses Teams. Den Liefertermin zu halten wurde durch freiwillige Kooperation einer versierten Kollegin überhaupt erst möglich. Der entstandene Schaden wird gemeinsam ausgeglichen (Urlaubsdomizil, Teilen in den finanziellen Schaden, Vorsprechen bei Entscheidern etc.).
- **Verquickung mit anderen Netzwerken**: Das Team ist in die Gesamtfirma gut integriert. Es scheint tragfähige Kontakte zu anderen Teams, Führungsebenen und zum Betriebsrat zu geben.

3. Was können andere Unternehmen aus diesem Fall lernen?

Das Team ist die kleinste soziale Netzwerkeinheit im Unternehmen. Ein System ist immer so stark wie sein schwächstes Glied. Funktioniert es nicht, blockiert es Energie.

Am Teamklima muss man arbeiten, genauso wie an einer guten Ehe. Prophylaktische Maßnahmen sollten fest institutionalisiert werden. Es wird empfohlen, sich einmal monatlich in den regulären Meetings über die Qualität der Zusammenarbeit und die Zufriedenheit damit auseinanderzusetzen. Jährlich sollte eine anonyme Klimaanalyse durchgeführt und im Team ausgewertet werden. Maßnahmen beschließt das Team gemeinsam.

Selbsttest: Teamklima

Bei der Beurteilung des Teamklimas in den Fallbeispielen werden Sie sicher auch auf Ihr eigenes Team geschaut haben. Wie ist der Kontakt zwischen Ihren Teamkolleg(inn)en? Respektieren und wertschätzen Sie einander? Vertrauen Sie sich? Geht es fair bei Ihnen zu? Welche Regeln existieren? Haben Sie eine lösungsorientierte Konfliktkultur? Fühlen Sie so etwas wie Teamgeist? Wirkt er bis in die Freizeit hinein?

Bitte markieren Sie im psy.Risk®-Selbsttest Ihre Bewertungen und bilden Sie das Gesamturteil zu Ihrem **Teamklima** anhand der Ampelfarben:

psy.Risk®-Selbsttest 4: Teamklima

	A	B	C	D
Aussagen zum psy.Risk®-Faktor 4: Mein Teamklima	**ja**	**eher ja**	**eher nein**	**nein**
1. Meine Kollegen stehen zu mir.				
2. Ich fühle mich in meinem Team als Person anerkannt.				
3. Ich kann mich auf meine Kolleg(inn)en verlassen.				
4. In unserem Team verfolgen wir alle das gleiche Ziel.				
5. Bei uns bringt sich jeder in gleichem Maße ein.				
6. Wir sprechen offen über das Klima in unserer Zusammenarbeit.				
7. Konflikte im Team werden konstruktiv ausgetragen.				
8. In meinem Team zu arbeiten macht Spaß.				
9. Im Team feiern wir unsere Erfolge.				
10. Ich bin stolz auf mein Team.				
Spaltensumme der Kreuze	**... A**	**... B**	**... C**	**... D**

Ihr Ergebnis → Addieren Sie die Kreuze in Spalte C + D!		
C- und D-Antworten: 6-10 Mal ❑	Höchste Zeit zum Handeln! In Ihrem Team drohen Konflikte zu eskalieren. Suchen Sie sich Unterstützung – z.B. bei einem Mediator!	☹
C- und D-Antworten: 2-5 Mal ❑	Erörtern Sie die Probleme mit Vertrauenspersonen: Führungskräfte, Betriebsrat, Sozialbetreuer, Personalreferenten, auch Betriebsarzt!	😐
C- und D-Antworten: 0-1 Mal ❑	Prima! Der Teamzusammenhalt ist sehr gut.	☺

Markieren Sie nun Ihre Ampelfarbe in Kapitel 5.3.6, Seite 52: Schritt 1 der Gesamtbilanz-Ermittlung!

Präventionsempfehlungen für ein gesundes Teamklima

Handlungsempfehlungen:

- **Zielgerichtete Teambildung**: Überlassen Sie die Entwicklung Ihres Teams nicht dem Zufall! Zwar kommt jeder aus einem sozialen Verbund: Familie, Schulklasse, Sportmannschaft etc., hat dabei aber unterschiedliche Erfahrungen gemacht. Lassen Sie diese nicht unreflektiert. Jedes Team ist ein eigener sozialer Organismus. Ein „fauler Apfel" kann den ganzen Korb verderben.

Charaktere ausgleichen und regulieren:

In einer Firma vermutete man Mobbing. Es stellte sich heraus, dass zwei Mitarbeiter mit unvereinbaren Charakterzügen nicht mehr übereinkamen. Beide waren wertvoll:

Er, ein Herzensmensch, der niemandem auf die Füße tritt und gern genießt, hatte seine liebe Not mit strukturierter, disziplinierter Arbeitsweise. Für Kontaktaufbau ist er ideal.

Sie, eine wissenschaftlich orientierte Frau, die ausgesprochen präzise und termintreu arbeitet, wittert überall Widersacher und verteidigt konsequent ihr Terrain. Für Verhandlungen ist sie ideal. Beide könnten sich ergänzen, scheiterten aber an fehlenden Gemeinsamkeiten.

Die Lösung war: neue Teamstruktur, Zuordnung zu getrennten Projekten und Einführung von Regelkommunikation.

- **Feedback**: Bei Teambildung sollte jeder jedem einmal Feedback geben.
- **Teamentwicklungsworkshops** helfen, die Gesetze der Teamarbeit zu verdeutlichen. Mitarbeiter lernen ihre Stärken und Schwächen und ihre Bedeutung für das Ganze kennen und auch schätzen. Sie verstehen, wie Charaktere aufeinander wirken und dass das Bedürfnis des einen die Angst des anderen hervorruft: Der eine braucht enge Regeln, um sich sicher zu orientieren, den anderen treiben diese zur Rebellion, weil er Spielräume und Freiheitsgrade bevorzugt.

Weitere Umsetzungsmöglichkeiten:

- **Regelkommunikation:** Konflikte, miese Stimmung, Mobbing schaukeln sich auf, wenn es keine festgelegten Formen des Austausches gibt: Jour fixe, Mitarbeiterjahresgespräch, Teamleitersprechstunde, Präventionsrunden etc.
- **Konfliktmoderation**: Sorgen Sie sich nicht wegen Meinungsverschiedenheiten. Die gehören dazu. Ein Moderator/Mediator hilft, Konflikte zu klären. Handeln Sie! Konflikte haben die Eigenschaft, unter dem Teppich weiter zu brodeln und anschließend zu eskalieren. Vorschnelle Kompromisse sind nachteilig.
- **Der Beitrag des Einzelnen**: Stellen Sie den Beitrag jedes Mitarbeiters für die Gruppe dar. Das Bewusstsein, einen wichtigen Anteil beizusteuern, spornt an und lässt die Kollegen zusammenrücken.
- Am besten: Sie fördern die Gemeinschaft im Team. Gemeinsame Einsatz- und Projektplanung, Ausflüge, regelmäßige Treffen und Etablierung von Traditionen stärken das Teamgefühl. Ein verlängertes Frühstück, z.B. freitags, dient dem Zusammenhalt. Und nicht vergessen: Feiern Sie Ihre Erfolge!

6.2.5 Identifikationsbedingungen

Beobachter-Checkliste: Wie gut ist jeder eingesetzt und eingebunden?

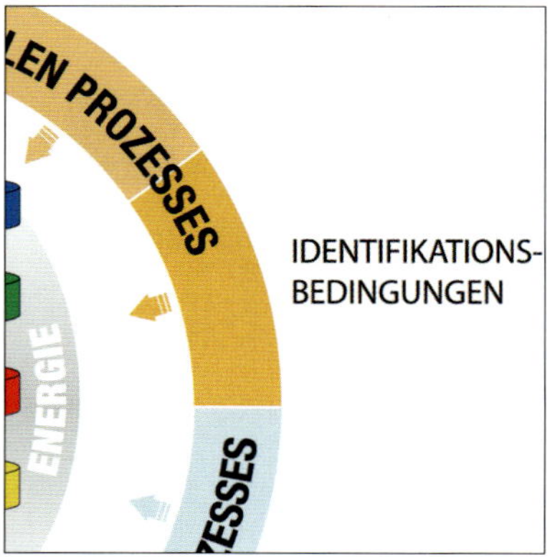

Lebenslanges Lernen ist heute nicht mehr nur der Freizeitspaß für Bildungshungrige: Es ist zur notwendigen Anforderung geworden. Aufgrund fehlender Fähigkeiten und Fertigkeiten geraten die Mitarbeiter immer wieder unter Druck. Die Freude an der Arbeit sinkt. Der Verlust an Selbstüberzeugung drückt auch auf Qualität und Arbeitsleistung. Die Mitarbeiter wirken erschöpft, verbissen, entmutigt, nervös. Sie werden selbst zur Quelle von Belastungen anderer.

Wie bewerten Sie die Qualität der Identifikationsbedingungen in den folgenden beiden Fallbeispielen? Ziehen Sie zur Beurteilung die psy.Risk®-Checkliste 5 heran!

psy.Risk®-Beobachter-Checkliste 5: Identifikationsbedingungen

	A	B	C	D
Aussagen zum psy.Risk®-Faktor 5: Identifikationsbedingungen (MA = Mitarbeiter)	**ja**	**eher ja**	**eher nein**	**nein**
1. Jeder bekommt regelmäßig die Chance zur Weiterbildung.				
2. Das Weiterbildungsangebot ist an den individuellen Bedarf angepasst.				
3. Die MA sind für ihre Tätigkeit gut vorbereitet und eingearbeitet.				
4. Die Bezahlung im Unternehmen ist attraktiv.				
5. Die Gehalt bestimmende Leistungsmessung ist gerecht.				
6. Die MA finden leicht ihren Platz bzw. ihre Rolle im Unternehmen.				
7. Der Beitrag des Einzelnen wird vermittelt und gewürdigt.				
8. Gute MA haben im Unternehmen gute Entwicklungschancen.				
9. Die MA sind stolz auf den Beitrag, den sie durch ihre Arbeit leisten.				
10. Die MA identifizieren sich mit dem Unternehmen.				
Spaltensumme der Kreuze	**... A**	**... B**	**... C**	**... D**

Ihr Ergebnis → Addieren Sie die Kreuze in Spalte C + D!		
C- und D-Antworten: 6-10 Mal ❑	Höchste Zeit zum Handeln! Ihre Mitarbeiter sind emotional nicht an die Firma gebunden.	☹
C- und D-Antworten: 2-5 Mal ❑	Prüfen Sie, wo Probleme liegen! Trauen Sie Ihren Mitarbeitern mehr zu. Organisieren Sie Weiterbildungen.	😐
C- und D-Antworten: 0-1 Mal ❑	Sie sind auf dem richtigen Weg! Ihre Mitarbeiter können sich selbst verwirklichen.	☺

Fallbeispiel Janette E.: „Telefonieren kann ja jeder!“

Janette E.: „Telefonieren kann ja jeder!“

„Bitte, hier ist Ihr Arbeitsplatz! Sie werden sich schon zurechtfinden.“ Wie oft hat sie das bereits gehört? Janette E. ist verzweifelt. Es ist das vierte Call Center, in dem sie ihr Glück versucht. Früher war sie Bauzeichnerin. CAD-Programme haben heute ihre Arbeit automatisiert. Ihre Firma damals hatte ihr deswegen einen Platz im „Customer Care Center“ angeboten: Telefonieren kann ja jeder! Was blieb Janette übrig? Ja, „care“ – wie das Wort sagt, sie kümmerte sich um ihre Kunden, aber umgedreht: Wer kümmerte sich eigentlich wirklich um sie?

Das Kundencenter wurde bald „outgesourct“ und war gezwungen, Geld zu erwirtschaften: Während sie vorher Beschwerden oder Anfragen von Kunden entgegennahm, musste sie jetzt Verkaufsabschlüsse tätigen. Das war eine Tortur: „Kunden beschweren sich und du verkaufst ihnen mal ganz locker nebenher noch ein Neuprodukt." Mit der Umstellung auf den Verkauf begannen bei Janette gesundheitliche Probleme: Sie konnte nicht mehr durchschlafen, gegen 2.00 – 4.00 Uhr nachts wälzte sie sich im Bett, früh wachte sie zerschlagen auf. Nachdem sie mit der Beschwerdehotline eigentlich ganz gut zurechtgekommen war, empfand sie jetzt eine Art Hemmung zu telefonieren: Ihre Stimme klang dünn und zitterte. Sie spürte einen Kloß im Hals, der nicht hinunterzuschlucken ging. Schweiß trat auf die Stirn. Sie hatte abgenommen, manchmal bekam sie keinen Bissen mehr hinunter. Mehrfach war ihr bereits so schwindelig, dass sie Angst hatte, die Straße zu überqueren.

Der Arzt meinte, dass Janette E. von ihrer Arbeit überfordert sei. Als er erfuhr, dass sie keinerlei Ausbildung für diese Verkäufertätigkeit bekommen hatte, riet er ihr dringend, diese bei ihrem Arbeitgeber einzufordern. „Kein Geld!", bekam sie zur Antwort. Sechs Monate später meldete die Firma Konkurs an.

Seither hat sie es schon in drei weiteren Call Centern versucht. Einmal gab es sogar eine Weiterbildung im „aggressiven Verkauf", eine Art „Gehirnwäsche". Falls sie nicht einverstanden sei, könne sie gleich ihre Kündigung unterschreiben! Der Schock saß tief.

Sie kommt sich vor wie ein Tagelöhner. Ein früherer Kollege meinte kürzlich, sie sähe mitgenommen und traurig aus. Ist es ein Wunder? Hier mal ein Job, da mal ein Job, nirgends gehört sie dazu! Und: „Telefonieren kann doch jeder!"

1. Welche Identifikationsbedingungen findet Janette E. vor?
2. Welche gesundheitlichen Gefährdungen resultieren aus der Jobsituation?
3. Was können andere Unternehmen aus diesem Fall lernen?

Fallbeispiel Karsten M.: „Energie von heute für Leistungen von morgen"

Karsten M.: „Energie von heute für Leistungen von morgen"

Karsten M. (32 Jahre) ist ein begabter, sozialkompetenter Elektrotechnik-Facharbeiter. Er lernte und arbeitet bei den hiesigen Stadtwerken. Durch technische Veränderungen wurden Arbeitsplätze wegrationalisiert – auch seiner.

Sein Arbeitsvertrag besteht weiter: Die Firma ist an seinem Potenzial interessiert. Im Moment aber langweilt er sich bei der Arbeit und informiert sich insgeheim über andere Jobangebote. Schade wäre es schon: Klima und Geld stimmen hier! Wird er auf seine Arbeit hin angesprochen, winkt er müde ab. Er war voller Motivation und Karriereerwartung – und nun?

Silvia F. weiß als Leiterin der Personalabteilung, dass es immer schwieriger wird, gutes Fachpersonal zu finden. Einige Spitzenkräfte aus dem „eigenen Stall", wie Karsten M., fühlen sich im Moment nicht wohl im Unternehmen. Sie sind stark unterfordert. In zwei, drei Jahren will man den gesamten Unternehmensablauf auf eine neue innovative Technologie umgestellt haben, dann sind Experten wie er stark gefragt. Wie kann man diese engagierten Facharbeiter über so lange Zeit halten und gleichzeitig für die zukünftigen Aufgaben fit machen?

Silvia F. hat dazu mit der Geschäftsleitung die Projektidee eines „Fitness-Centers für Beruf und Karriere" entwickelt. Sie hat Karsten M. als Projektmanager vorgesehen. Wenn er einverstanden ist, wird er als „High Potential" in den Rang einer Nachwuchsführungskraft erhoben und bekommt einen großen Spielraum bei der Leitung des Projekts, mit dem sich die Firma wissensseitig auf die Technologieumstellung vorbereiten will. Fertige Weiterbildungskonzepte dafür gibt es noch nicht. Man betritt Neuland.

Karsten M. horcht auf, als er das Angebot erhält. Ziel des Projektes ist es, in zwei Jahren ein Expertenteam für die neue Technologie aufgebaut und ausgebildet zu haben. Außerdem sollen dann auch alle Partner an internen Schnittstellen weitergebildet sein. Dazu sind Bedarfe zu ermitteln, Kontakte zu Experten aufzubauen etc. Was ihn weiterhin anspornt: Halbjährlich winkt ein Bonus, wenn er die vereinbarten Ziele erfüllt. Ein bisschen mulmig ist ihm schon: Er hat ja noch nie geführt! Aber was macht das schon: Mario und Heiko werden auch sofort Feuer und Flamme sein. Und vor allem: Er hat das Vertrauen des Managements und der Personalabteilung!

Heute ist es das erste Mal seit Langem, dass Karsten M. pfeifend und zwei Treppenstufen auf einmal nehmend das Gebäude verlässt ...

1. Welche Identifikationsbedingungen findet Karsten M. vor?
2. Welche Gesundheitsressourcen werden im Fallbeispiel aufgebaut?
3. Was können andere Unternehmen aus diesem Fall lernen?

Auflösung des Fallbeispiels Janette E.: „Telefonieren kann ja jeder!“

1. Welche Identifikationsbedingungen findet Janette E. vor?

Janette fühlt sich entwurzelt, ausgestoßen, nirgends zugehörig. Sie bezeichnet sich als „Tagelöhnerin“, die etwas anbietet, das anscheinend jeder kann und doch so hart ist: Telefonieren. Einst integriert in einen Großkonzern, fällt sie aus dem sicheren Netz.

Ihre Berufserfahrungen sind nicht mehr gefragt. Sie müht sich auf einem Gebiet ab, das nicht ihren Fähigkeiten entspricht. Eine Weiterbildung erachtet man als zu teuer. Sie fühlt, es nicht wert zu sein, dass in sie investiert wird. Man kauft ihre „Arbeitskraft“ als Ware ein, aber eröffnet ihr keine Entwicklungschancen.

Die Ampel steht mit 10 von 10 negativen Punkten auf Rot! Janette E. ist stark fehlbelastet wegen ungenügender Identifikationsbedingungen. ☹

2. Welche gesundheitlichen Gefährdungen resultieren aus der Jobsituation?

Die psychische Fehlbelastung besteht darin, dass Janette Aufgaben lösen muss, für die sie nicht vorbereitet ist und bei denen sie keinen Erfolg hat. Auch das Training erweist sich – wegen ethisch fragwürdiger Ziele – als Fehlbelastung.

Die Fehlbelastungen haben negative Folgen: Janette hat Durchschlafstörungen und kann sich nicht mehr richtig erholen. Ihr Antrieb ist gebremst. Ihre Stimme klingt dünn und zittert, sie hat ein Kloßgefühl im Hals. Angstschweiß bildet sich auf der Stirn. Sie hat Essstörungen, nimmt an Gewicht ab. Schwindelgefühle treten auf.

Auch das Erscheinungsbild ist verändert. Janette sieht krank aus und wirkt depressiv. Die schwindende Hoffnung auf Besserung sowie die anhaltende Frustration ihres Bindungsbedürfnisses könnten die Entwicklung einer Depression begünstigen.

3. Was können andere Unternehmen aus diesem Fall lernen?

Es gibt Tätigkeiten, die man in ihrer Komplexität leicht unterschätzt. Das Telefonieren in Customer Care Centern gehört dazu. Anfangs glaubte man, Mitarbeiter von der Straße holen zu können: den Studenten, die Hausfrau etc. Das erwies sich als Trugschluss. Dennoch ist in dieser Branche eine „Hire and fire“-Mentalität (anheuern und feuern) nicht ganz verschwunden.

Was in der Call-Center-Branche vorgemacht wurde, ist heute in der Dienstleistungsbranche, in der Industrie und auf dem Bau alltäglich geworden: Mitarbeiter sind in Zeitarbeitsfirmen angestellt und werden zeitlich begrenzt an Unternehmen ausgeliehen. Die Ware „Arbeitskraft“ wird vermietet. Solche „Flexikräfte“ arbeiten Seite an Seite mit fest angestellten Mitarbeitern und müssen sich häufig mit geringerem Lohn für gleiche Arbeit begnügen. „Ich erlebe mich als eine Art Zaungast, als eine Verliererin in einer Zwei-Klassen-Gesellschaft“, sagte eine von ihnen. Mit der einhergehenden Verschlechterung der Fachkräftesituation haben Leiharbeiter jedoch gestiegene Chancen auf Festanstellung in den Kundenunternehmen.

Auch Leiharbeitsfirmen unternehmen heute immer mehr, um Mitarbeitern eine Heimat zu geben. Einige von ihnen betreiben sogar eine besonders vorbildliche Personalpolitik. Dennoch bleibt die Konstruktion schwierig. Jeder hat Bedürfnisse nach Integration, sozialer Einbindung, Wissensteilung und Förderung. Ihre Erfüllung entfaltet Motivations- und Leistungspotenziale.

Auflösung Fall Karsten M.: „Energie von heute für Leistungen von morgen“

1. Welche Identifikationsbedingungen findet Karsten M. vor?

Mitarbeiter werden bei diesem Energieversorger sowohl als wichtige Unternehmensressource betrachtet, als auch als Persönlichkeiten mit ganz eigenen Bedürfnissen. Sie wollen sich an Herausforderungen messen und ihren Weg gehen – wie Karsten M.

Die Personalleiterin weiß, dass sie ihre Mitarbeiter am besten fördert, wenn sie deren persönliche Ziele mit den Unternehmenszielen in Übereinstimmung bringt. Das gelingt durch diese sehr spezielle Projektidee.

Das Bildungsprojekt zielt auf Gewinn für alle Beteiligten ab: Wissen wird durch organisierten Austausch geteilt und vermehrt. Führung wird trainiert, ohne dass die entsprechenden Planstellen bereits existieren. Das Unternehmen macht sich für den Nachwuchs attraktiv. Es wirkt modern, Spielraum gebend und signalisiert: Wir brauchen dich und bauen mit dir gemeinsam die Zukunft auf! Das bindet.

Die Ampel steht mit 10 von 10 positiven Punkten auf Grün! Die Identifikationsbedingungen fördern die Gesundheit. ☺

2. Welche Gesundheitsressourcen werden im Fallbeispiel aufgebaut?

a) **Arbeitsbedingte Ressourcen:**

- **Spielräume, Herausforderung und Partizipation:** Durch die Projektform wird den Mitarbeitern nichts „vorgesetzt“, sondern sie können im Rahmen des Kostenbudgets ein Weiterbildungsprogramm nach Maß schneidern. Der Zugang zu Experten wird ihnen dafür eröffnet.
- **Freiheitsgrade, Herausforderung und Lernmöglichkeiten:** Fachkräfte wie Karsten, Mario und Heiko können sich entsprechend ihren Präferenzen und Fähigkeiten unterschiedlich einbringen. Während des Projektes kann die Personalleiterin die Entwicklungsfähigkeit des Einzelnen beobachten und positiv beeinflussen. Karsten und seine Kollegen prüfen für sich, wie sie mit Verantwortung umgehen können. Sie lernen, Freiräume sinnvoll auszugestalten. Sie handeln eigenständig und übernehmen Verantwortung.
- **Aufgabenvielfalt:** Karsten kann auf ganz neuen Gebieten Erfahrung sammeln, entwickelt sich aber auch als Fachspezialist weiter. Er übt sich in Führung und Projektmanagement. Als Persönlichkeit kann er reifen.
- **Sinnerfüllung**: Pfeifend springt er die Treppe hinunter. Die neue Aufgabe gibt ihm Sinn. Das motiviert ihn. Stolz und Identifikation wachsen.

b) **Soziale Ressourcen:**

- **Vernetzung:** Bereits heute vor der Umstellung wird eine Netzwerk zwischen den Leistungsträgern von morgen aufgebaut. Ihre Verbundenheit wird helfen, zukünftig effizient und innovativ zusammenzuarbeiten.
- **Generationendialog und Wissensmanagement:** Durch das Mentorenprinzip wird Wissen auf den Nachwuchs übertragen.

c) **Individuelle Ressourcen:**
Das Projekt bietet die Grundlage zur Ausprägung der verschiedensten individuellen Gesundheitsressourcen und ist daher sehr hoch zu bewerten:

- Sinnerfüllung, Interesse, Motivation, Begeisterung, Spaß

- Erfahrung, Wissen, Methodenkenntnis
- Selbstreflexionsfähigkeit
- Selbstständigkeit, Durchhaltefähigkeit, Problemlösefähigkeit
- Planungsneigung und Disziplin
- Sicherheit, Routine, Gelassenheit
- Selbstwert, Selbstsicherheit, Selbstüberzeugung
- Zuversicht, Optimismus
- Beziehungs-, Team- und Kommunikationsfähigkeit
- soziales Engagement
- Vertrauen

3. Was können andere Unternehmen aus diesem Fall lernen?

Das Projekt ist eine Art Trainee-Programm, in dem alle Beteiligten angeregt werden, über den „Tellerrand" ihres Teams/ihrer Abteilung hinauszuschauen. Sie treten aktiv mit Vertretern anderer Bereiche in Kontakt und teilen ihr Wissen. Sie werden Schnittstellenprobleme aufdecken und ihre Organisation vorantreiben.

Personalabteilungen gehören häufig zu den konservativsten Einheiten im Unternehmen. Sie wirken oft eher verwaltend als entwickelnd. Noch seltener zielen sie tatsächlich auf ganzheitliche Organisationsentwicklung ab. Anders im diskutierten Fall: Das Mitarbeiterförderungsprojekt ist ein Aushängeschild für ganzheitliche Personal- bzw. Unternehmenspolitik. Moderne Personalentwicklung sollte interaktiv gestaltet werden, als Prozess zwischen Unternehmensleitung, Personalentwicklung und Mitarbeitern.

Selbsttest: Identifikationsbedingungen

Und nun wieder zu Ihnen: Finden die Mitarbeiter in Ihrem Unternehmen geeignete Bedingungen für Entwicklung, Karriere und Selbstverwirklichung? Wie ist das für Sie konkret? Bietet Ihnen das Unternehmen Zukunftsperspektiven, Entwicklungschancen? Können Sie sich weiterbilden? Würden Sie in diesem Unternehmen gern „alt" werden oder planen Sie bereits eine Veränderung?

Wie gut können Sie sich mit Ihrem Unternehmen identifizieren?

Bitte markieren Sie im psy.Risk®-Selbsttest Ihre Bewertungen und bilden Sie das Gesamturteil zu Ihren Identifikationsbedingungen anhand der Ampelfarben:

psy.Risk®-Selbsttest 5: Identifikationsbedingungen

	A	B	C	D
Aussagen zum psy.Risk®-Faktor 5: Die Identifikationsbedingungen meiner Arbeit	**ja**	**eher ja**	**eher nein**	**nein**
1. Ich habe regelmäßig die Chance, mich weiterzubilden.				
2. Ich bekomme genau die Fortbildung, die ich brauche.				
3. Ich bin für meine Arbeit gut vorbereitet und eingearbeitet.				
4. Ich finde die Bezahlung in der Firma attraktiv.				
5. Die Gehalt bestimmende Leistungsmessung finde ich gerecht.				
6. Die Rolle, die ich in der Firma spiele, bindet mich ans Unternehmen.				
7. Der Beitrag, den ich zum Gesamtergebnis leisten kann, erfüllt mich.				

	A	B	C	D
8. Ich bin mit meinen Entwicklungschancen, so wie sie sind, zufrieden.				
9. Der Nutzen, den meine Arbeit anderen bringt, gibt mir Sinn.				
10. Ich bin stolz, in diesem Unternehmen Mitarbeiter(in) zu sein.				
Spaltensumme der Kreuze	… A	… B	… C	… D

Ihr Ergebnis → Addieren Sie die Kreuze in Spalte C + D!		
C- und D-Antworten: 6-10 Mal ❑	Höchste Zeit zum Handeln! Sehen andere die gleichen Probleme? Wie können Sie einen Dialog mit der Firmenleitung beginnen? Suchen Sie Mitstreiter für Verbesserungen.	☹
C- und D-Antworten: 2-5 Mal ❑	Prüfen Sie, wo genau die Probleme liegen und sprechen Sie darüber mit Ihrer Führungskraft!	😐
C- und D-Antworten: 0-1 Mal ❑	Prima! In Ihrer Firma kann man sich als Mitarbeiter selbst verwirklichen.	☺

Markieren Sie nun Ihre Ampelfarbe in Kapitel 5.3.6, Seite 52: Schritt 1 der Gesamtbilanz-Ermittlung!

Präventionsempfehlungen für förderliche Identifikationsbedingungen

Handlungsempfehlungen:

- **Bedarfsorientiertes Weiterbildungssystem**: Wohin will sich Ihr Unternehmen entwickeln und welche Befähigungen brauchen Mitarbeiter dafür? Prüfen Sie vorhandene Qualifikationen und gleichen Sie diese mit den benötigten ab!
- **Personenorientiertes Weiterbildungssystem**: Analysieren Sie, wo die Interessen Ihrer Mitarbeiter liegen. Wie können Sie diese besser nutzen? Potenzialanalysen geben Aufschluss für mögliche Entwicklungspfade.
- **Personalmanagement-Software**: Wer ist wie qualifiziert und eignet sich wofür? Aktivitäten der Personalentwicklung lassen sich so planen, steuern, überwachen.
- **Nachwuchsförderkreis**: Dort versammeln sich jene, die später die Geschicke lenken sollen. Führen Sie offen, partnerschaftlich, konsequent fordernd und fair. Das zieht Leistungsträger an und Sie riskieren keinen eitlen „Goldfischteich".
- **Regelmäßige Feedbackgespräche:** Was können Sie Mitarbeitern Größeres vermitteln als das Wissen über ihre Fähigkeiten und Talente? Installieren Sie Feedbacksysteme. Sorgen Sie für qualitativ hochwertige Rückmeldegespräche!
- **Karrieremöglichkeiten**: Gestalten Sie transparente Aufstiegsmöglichkeiten, Fachlaufbahnen und sinnvolle Wettbewerbe, die Spaß machen.
- **Bildungsgutscheine:** Mitarbeiter stellen sich ihr Bildungsprogramm selbst zusammen. Das Unternehmen gibt nur den Rahmen vor. Die Neigungen und Talente zeigen sich.
- **Teilnahme an Tagungen:** Schicken Sie Ihre Mitarbeiter zum Erfahrungsaustausch zu Kooperationspartnern und Wettbewerbern. Viele schnuppern gern einmal fremde Luft und danken es Ihnen. Erfahren kommt übrigens von „fahren"!
- **Bonus- und Prämiensysteme**: Geld ist kein Hauptmotivator, aber kleine Geschenke kommen oft Statussymbolen gleich! Eine Firma hatte in guten Zeiten verschiedene Boni eingeführt: Gutscheine für Tanken, Fitnessstudie, Massagen etc. In der Krise strich sie diese. Mitarbeiter bewerteten das als Undankbarkeit.
- **Attraktives Firmenmarketing:** Eine Firma sorgte im Inneren für die Mitarbeiter, vergaß aber, das Image auch nach außen hin aufzubauen. Ein schlechter Internetauftritt, fehlende Widerspieglung in Presse und Region verhinderten den Stolz.

Weitere Umsetzungsmöglichkeiten:

- **Gut informiert ist halb gewonnen**: Legen Sie regelmäßig neue Schulungsangebote aus bzw. signalisieren diese online oder sprechen Sie Mitarbeiter direkt an.
- **Generationendialog und Werte:** Unternehmen, in denen alle Generationen integriert sind, ziehen Menschen wegen ihrer „Erdung" an. Defizite einer Generation werden von anderen ausgeglichen, man lernt ständig voneinander. Start-ups sind „cool", oft vermissen junge Menschen jedoch schon bald Führung und gefestigte Werte.
- **Am besten**: Neue lernen von „alten Hasen" **durch Patenschaften, Mentorenprogramme, „Tandems"**. Einen besseren Wissenstransfer gibt es nicht.

6.2.6 Betriebsorganisation

Beobachter-Checkliste: Wie gut funktioniert die Gesamtorganisation?

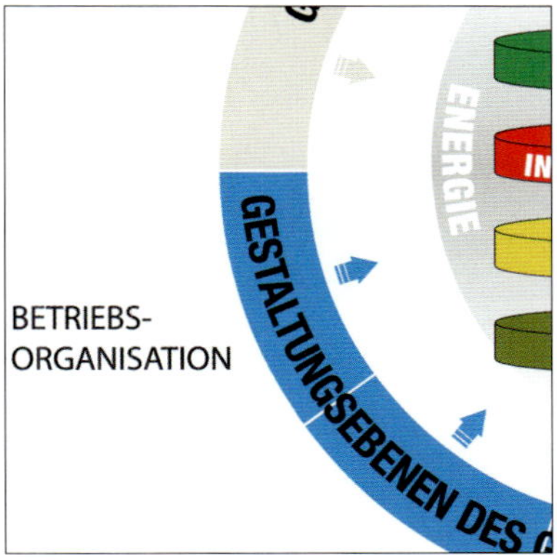

Von einer durchdachten, stabilen Aufbaustruktur und Ablauforganisation hängen der Unternehmenserfolg wie auch die Zufriedenheit entscheidend ab. Gibt es Reibungen an Schnittstellen zwischen Unternehmenseinheiten, lösen sie Frustrationen, Unsicherheit und Konflikte aus. Das wiederum erzeugt Stress.

Wie bewerten Sie die Gesundheitsförderlichkeit der Betriebsorganisation in den folgenden Fallbeispielen? Ziehen Sie zur Beurteilung die psy.Risk®-Checkliste 6 heran!

psy.Risk®-Beobachter-Checkliste 6: Betriebsorganisation

	A	B	C	D
Aussagen zum psy.Risk®-Faktor 6: Betriebsorganisation (MA = Mitarbeiter)	ja	eher ja	eher nein	nein
1. Trotz Wandel sind die Strukturen überschaubar und verständlich.				
2. Die MA kennen das Organigramm der Firma und ihren Platz darin.				
3. Andere Firmen arbeiten gern mit dem Unternehmen zusammen.				
4. Die MA empfinden die geforderte Mobilität und Reisebereitschaft als angemessen und angenehm.				
5. Die betriebliche Aufbaustruktur ermöglicht effektive Abläufe.				
6. Die Integration von Leiharbeitern, Praktikanten etc. funktioniert gut.				
7. Die Teamstrukturen lassen ausreichend Nähe zur Führungskraft zu.				
8. Die Zusammenarbeit zwischen den Abteilungen verläuft reibungslos.				
9. Bereichsübergreifend werden Verbesserungen regelmäßig diskutiert.				
Spaltensumme der Kreuze	… A	… B	… C	… D

Ihr Ergebnis → Addieren Sie die Kreuze in Spalte C + D!		
C- und D-Antworten: 5-9 Mal ❑	Höchste Zeit zum Handeln! Ihr Unternehmen braucht anscheinend eine Neuorganisation.	☹
C- und D-Antworten: 2-4 Mal ❑	Prüfen Sie, wo Probleme liegen! Die Organisation Ihrer Firma ist verbesserungswürdig.	😐
C- und D-Antworten: 0-1 Mal ❑	Sie sind auf dem richtigen Weg! Die Organisation in Ihrem Unternehmen klappt.	☺

Fallbeispiel Gundula H.: „Uns reißt niemand auseinander!“

Gundula H.: „Uns reißt niemand auseinander!“

Gundula H. arbeitet seit 27 Jahren im Einkauf einer mittelständigen Firma, die drei Produktsäulen vereint. Vor einem Jahr war es sehr turbulent: Im Zuge des konjunkturellen Aufschwungs kam die Einkaufsabteilung mit dem Teileeinkauf nicht mehr hinterher. Es verging kaum ein Tag ohne Beschwerden aus den Abteilungen. Das nervte!

Einkauf und Endmontage waren dadurch ca. 500 m voneinander entfernt. Als Kommunikationswege benutzten sie E-Mails oder die Hauspost. Auf ihre Anfragen zur Auftragspräzisierung erhielt Gundula oft tagelang keine Antwort. Wenn sie dann telefonisch nachhakte, entgegnete man ihr gereizt, dass man gerade in anderen Arbeiten stecke.

Der Geschäftsführer sorgte sich. Ein gut agierender Einkauf beeinflusst Auslastung und Gewinnspanne direkt. Ein Großauftrag war ihnen wegen nicht beschaffbarer Zulieferteile durch die Lappen gegangen. Der Geschäftsführer änderte darauf hin die Betriebsorganisation: Die beiden jungen Einkäufer Mirko und Silvio setzte er direkt zu den Arbeitsvorbereitern in die neue Montagehalle. Die klassische Einkaufsabteilung löste er auf. Die Trennung des Einkaufs von seinen internen Kunden hatte zusätzliche Schnittstellen und verkomplizierte Informationswege verursacht. Einkäufer müssen sich als interne Dienstleister verstehen und mit ihren internen Kunden eng kooperieren.

Während Einkäuferinnen wie Gundula früher Teile einfach nur bestellt hatten, sollten sie nun mit Zulieferern um frühere Liefertage und jeden Cent feilschen. Der Chef nannte das „strategischen Einkauf“. Das lag ihr überhaupt nicht. Der Wandel war schwer. Die älteren Mitarbeiterinnen, allen voran Gundula H., reagierten mit stillem Protest: Sie hielten für Silvio und Mirko Arbeitsplätze frei, damit sie jederzeit zurückkommen können: „Uns reißt niemand auseinander!“ war eine Zeit lang die Kampfdevise. Der Geschäftsführer blieb ruhig. Er weiß: Das Verlassen von Routinen und Gewohnheiten ruft Ängste hervor. Er erklärte den Nutzen immer wieder von Neuem.

Der Krankenstand im Team stieg auf das Doppelte. Rücken-, Nacken-, Schulterbeschwerden und Kopfschmerzen verursachten bei Gundula 18 Fehltage. Eine Verbesserung der ergonomischen Bedingungen änderte daran nichts.

Heute, ein Jahr später, ist der Wandel vollzogen. Gundula ist den Softwareentwicklern zugeordnet, Karla ist Einkäuferin für die Systemtechnik. Sie haben sich arrangiert, eingearbeitet und auch Vorteile erkannt! Die Durchlaufzeiten wurden verkürzt, die Gewinne sind gestiegen. Gundulas Rücken- und Kopfschmerzen sind verschwunden!

Übrigens ist heute Weihnachtsfeier mit Adventstombola. Dort werden die alljährlich zum Jahresende eingehenden Kundenpräsente verlost. Gundula kann überhaupt nicht mehr verstehen, dass der Einkauf früher solche Gaben als persönliche Geschenke betrachtete und nichts an andere Abteilungen abgab... Aber zum Glück ist das alles Geschichte!

1. Welche Merkmale hat die Betriebsorganisation im Fallbeispiel?
2. Welche gesundheitlichen Gefährdungen resultieren aus der Situation?
3. Was können andere Unternehmen aus diesem Fall lernen?

Fallbeispiel Werner G.: „Die Energie fließt wieder!“

Werner G.: „Die Energie fließt wieder!“

Werner G. (47) ist ein exakter, freundlicher, sensibler Mensch. Er arbeitet als Abteilungsleiter in einem Unternehmen, das Software für die Steuerung und Überwachung komplexer Anlagen herstellt. Vor einem Jahr war er wegen einer Nervenentzündung für fast 5 Wochen ausgefallen. Der Umsatz in seinem Bereich lag in tiefroten Zahlen. Man bangte um die Arbeitsplätze. Er erinnert sich nur ungern zurück. Zum Glück ist das Vergangenheit. Sein Zusammenbruch hatte dazu geführt, dass die Vertriebsorganisation im Unternehmen gründlich überdacht wurde.

Was war passiert? Vor 4 Jahren hatte man als „Garagenfirma“ begonnen – ohne Strukturen. Nun wollte man im Vertrieb professioneller werden und warb aus einem Großbetrieb einen Manager ab. Kundenbesuche oblagen jetzt nur noch ihm. Werner und die anderen sollten sich auf die Entwicklung konzentrieren. Da ihm der Direktkontakt mit Kunden wichtig war, fühlte er sich „degradiert“ und im Spielraum beschnitten.

Trotz Marketingmaßnahmen im großen Stil ging die Auftragslage für Werner G.s Sparte eher zurück. Da er sich in den Vertrieb nicht mehr proaktiv einmischen durfte, waren ihm die Hände gebunden. Er sah seine stolze Flotte langsam untergehen. Die Kollegen warfen ihm vor, dass er bei der Geschäftsleitung nicht für sie kämpfte. Als der Druck zu groß wurde, brach er zusammen und kam mit Blaulicht ins Krankenhaus.

Die Geschäftsführer untersuchten den Vorfall: Sie sahen ein, dass der Verkauf hoch spezialisierter Software nicht ohne die Entwickler funktioniert. Zu den Verhandlungen schickten auch die Kunden nicht ihre Einkäufer, sondern immer ihre Fachleute. So ist das Prinzip: Die Experten der Anbieterseite überzeugen die Experten der Käuferseite.

Heute hat die Vertriebsorganisation zwar ihr gemeinsames Dach behalten, darunter aber gibt es drei dezentrale Einheiten. Werner G. ist gemeinsam mit dem

zentralen Vertriebsleiter für den Vertrieb „Steuerungssoftware“ verantwortlich. Eben ist er mit ihm gemeinsam zu einem Top-A-Kunden unterwegs. Werner G. hat sich mit seinem Team eine innovative Lösung ausgedacht und brennt förmlich darauf, die Begeisterung der Anwender zu erleben. Die beiden sprechen die Strategie nochmals ab. Der Vertriebschef wird die Einkaufsleiterin mit seinem Charme umgarnen. Werner konzentriert sich auf den Hauptingenieur. Sie schmunzeln: Das wird bestimmt klappen!

Die Stimmung in Werners Abteilung ist wieder optimistisch. So hat er auch keine Nachwuchssorgen: Sein letzter Praktikant hat sich bei ihm um eine Stelle beworben.

1. Welche Merkmale hat die Betriebsorganisation heute?
2. Welche Gesundheitsressourcen werden durch die neue Organisation aufgebaut?
3. Was können andere Unternehmen aus diesem Fall lernen?

Auflösung des Fallbeispiels Gundula H.: „Uns reißt niemand auseinander!“

1. Welche Merkmale hat die Betriebsorganisation im Fallbeispiel?

Die Einkaufsabteilung als klassische Stabsabteilung genügt nicht den Anforderungen einer „Just-in-time“-Produktion. Die Wege zwischen Einkauf und Produktion waren zu lang – ca. 15 Minuten Wegezeit. Gundula H. war das häufig viel zu beschwerlich. Informationsverlust, Kontaktbarrieren waren die Folge und hinderten alle Seiten am Erfolg. Innerhalb der Abteilung fand wenig Spezialisierung statt. Das war uneffektiv. Man hatte es sich fernab der Produktion auch recht gemütlich gemacht, fühlte sich als etwas „Besseres“. Die Einordnung des Einkaufs und die räumliche Zuordnung in der Führungsetage bekräftigten diese hierarchische Auffassung. Einkäufer betrachteten z.B. Weihnachtspräsente von Partnern als Würdigung für sie persönlich und nicht für alle.

Bewertung vor der Restrukturierung der Einkaufsabteilung:

Die Ampel stand mit mindestens 4 von 9 negativen Punkten auf Gelb! (3.,5.,8.,9.) Die Organisation des Einkaufs zeigt Frühwarnsignale hinsichtlich Fehlbelastungen.	😐

Heute wird der Gesamtzusammenhang deutlich: Durch eine Matrixorganisation entstand Direktkontakt zur Produktion. Die Einkäufer sitzen in unterschiedlichen Abschnitten des Fertigungsprozesses (die drei Säulen der Firma) und sprechen die gleiche Sprache wie die Arbeitsvorbereiter. Und: Präsente verlost man in einer Tombola.

Die Aussagen 3, 5, 8 und 9 in der Checkliste können jetzt mit „Ja“ beantwortet werden. Die Ampel tendiert klar in Richtung Grün. Zu „6.: Integration von Leiharbeitern, Praktikanten“ sind keine Aussagen gemacht. Man kann aber davon ausgehen, dass dies durch die Überschaubarkeit der Verantwortungsgebiete auch viel besser gelingt. Problematisch könnte durch die Umstrukturierung die Nähe zur Führungskraft werden (Item7). Der Leiter Einkauf muss sich gut überlegen, wie er Information und Kommunikation im verteilten Team organisiert. Das braucht Konsequenz und Disziplin.

Bewertung nach der Restrukturierung der Einkaufsabteilung:

Die Ampel steht mit mindestens 8 von 9 positiven Punkten auf Grün! (7. überprüfen!) Die Organisation des Einkaufs hilft, Gesundheitsressourcen aufzubauen.	☺

2. Welche gesundheitlichen Gefährdungen resultieren aus der Situation?

Hohes Arbeitspensum, Misserfolge, permanente Konflikte mit Kollegen an Schnittstellen sowie der Veränderungsdruck, das geforderte neue Rollenverhalten – verhandeln statt einfach nur bestellen, die Einordnung in ein neues Team – stellen **psychische Fehlbelastungen** für Gundula dar.

Als Folge leidet Gundula H. an muskulären Verspannungen. „Durchhalten“, „sich zusammenreißen“, „unbeugsam sein“, „Rückgrat bewahren“ sind Ausdrücke des Volksmundes, die besagen, dass Menschen, die weniger flexibel sind und sich gegen Änderungen innerlich und äußerlich auflehnen, zu Verspannungen der Haltemuskulatur neigen. Zusätzlich „lastete“ der wachsende Aufgabenberg auf „ihren Schultern“ und rief Schulter-Nacken-Verspannungen und Kopfschmerzen hervor. Neues löst auch Angst aus. Angst wirkt sich im Körper oft als Lendenschmerz aus.

3. Was können andere Unternehmen aus diesem Fall lernen?

Betriebsorganisation ist nichts Starres. Unternehmen sollten sich immer fragen: Stimmen unsere Prozesse noch mit unserem Geschäft überein? Dazu nutzen sie am besten das Prinzip des „Kontinuierlichen Verbesserungsprozesses“ (KVP), eine westliche Adaptation des japanischen „Kaizen“ (Kai = Veränderung, Wandel; Zen = zum Besseren). Es geht um schrittweise Optimierung des bewährten Weges. In monatlichen Mini-Teamworkshops (1-2 Stunden) stellen die Mitarbeiter in Form eines lebendigen „betriebliches Vorschlagswesens“ die Sinnhaftigkeit der Prozesse fortlaufend infrage.

Auflösung des Fallbeispiels Werner G.: „Die Energie fließt wieder!“

1. Welche Merkmale hat die Betriebsorganisation im Fallbeispiel?

Da „wild“ gewachsen, war dem Start-up-Unternehmen eine seiner Stärken überhaupt nicht bewusst: die Nähe der Tüftler zum Kunden. Der zentralisierte Vertrieb blockierte Kanäle, in denen Information, Kommunikation und Energie zwischen Auftraggeber und Auftragnehmer bisher ungebremst fließen konnten. Der Kundenkontakt war gestört.

Bewertung vor der Restrukturierung des Vertriebs:

Die Ampel stand mit mindestens 7 von 9 negativen Punkten auf Rot! (außer 2., keine Aussage zu: 6.) Die Organisation des Einkaufs offenbart deutliche Fehlbelastungen. ☹

Durch die neue Organisation werden die alten Kommunikationskanäle wieder genutzt. Darüber hinaus entstehen Synergien aus der Zusammenarbeit von Fach- und Vertriebsexperten. Der Verkaufserfolg wird gemeinsam gesteigert. Die Zusammenarbeit verläuft entspannt.

Bewertung nach der Restrukturierung des Vertriebs:

Die Ampel steht mit 9 von 9 positiven Punkten auf Grün! Die Vertriebsorganisation nutzt die Mitarbeiterpotenziale und führt zum Aufbau von Gesundheitsressourcen. ☺

2. Welche Gesundheitsressourcen werden durch die neue Organisation aufgebaut?

Die neue Betriebsorganisation baut vielfältige Ressourcen auf:

a) **Arbeitsbedingte Ressourcen:**

- **Partizipation, Freiheitsgrade und Entscheidungsspielraum:** Werner G. wirkt mit, er kann gestalten. Er entwickelt Strategien aus seinen Erkenntnissen heraus und setzt sie gemeinsam mit anderen um.
- **Herausforderung und Lernmöglichkeiten:** Durch den Direktkontakt mit Kundenproblemen bekommt Werner G. viele Anregungen, die er in Herausforderungen für sein Team verwandeln kann. Beim Kunden lernt man am meisten und in der Diskussion am schnellsten.
- **Sinnerfüllung:** Seine Arbeit ist von Erfolg gekrönt. Er erlebt die Begeisterung des Kunden als Nutzen seiner Arbeit. Er baut eine leistungsfähige Abteilung auf. Die Menschen, für die er verantwortlich ist, haben eine Zukunft.
- **Aufgabenvielfalt, Herausforderung, Erfahrung:** Werner G. kann sich vielseitig entwickeln: in Fach- und Sozialkompetenz.

b) **Soziale Ressourcen:**

- **Synergien:** Vertriebs- und Fachexperten potenzieren ihre Stärken und bauen eine starke Organisation auf, die vital ist.

c) **Individuelle Ressourcen:**

- **Situationskontrolle durch Engagement und aktives Handeln:** Werner G. sind nicht mehr die Hände gebunden. Er muss nicht untätig zusehen, wie sein Bereich untergeht. Er hat Handlungsfreiheit.
- **Optimismus und Selbstüberzeugung:** Sein Handeln führt zum Erfolg. Er selbst schafft es! Er weiß, wie es geht. Er schaut zuversichtlich in die Zukunft.

3. Was können andere Unternehmen aus diesem Fall lernen?

Die Optimierung von Unternehmensabläufen pendelt im Spannungsfeld von Zentralisierung und Dezentralisierung. Das Pendel schlägt einmal mehr hierhin, dann wieder dahin.

Zentralisierung kann dazu führen, dass Mitarbeiter wichtige Ressourcen nicht entfalten können, da ihnen Erfahrungsgelegenheiten genommen werden. Das bringt das System zum Erlahmen und ruft Unzufriedenheit hervor. Ressourcen werden abgebaut.

Dezentralisierung kann bewirken, dass Struktur und Arbeitsaufgaben unüberschaubar werden und der Einzelne „viele Pferde reiten" muss. Statt Bereicherung entstehen Überforderung und Versagenserlebnisse. Auch hierbei werden Ressourcen abgebaut. Das Ziel liegt wie so oft im Ausgleichen. Wie sorgt Ihr Unternehmen für die Balance zwischen Zentralisierung und Dezentralisierung seiner Unternehmensprozesse?

Selbsttest: Betriebsorganisation

Kehren Sie in Gedanken nun in Ihre Firma zurück. Entspricht Ihr Organigramm noch den Anforderungen Ihres Geschäfts? Wie oft hat sich im letzten Jahr die Struktur oder die Teambezeichnung gewandelt? Weiß bei Ihnen die rechte Hand was die linke macht oder ist Doppelarbeit Zeichen für Organisationsdefizit? Wünscht man sich Ihre Firma als Partner in der Kooperation?

Wie belastungsoptimierend ist die Aufbauorganisation in Ihrer Firma?

Bitte markieren Sie im psy.Risk®-Selbsttest Ihre Bewertungen und bilden Sie das Gesamturteil zu Ihrer **Betriebsorganisation** anhand der Ampelfarben:

psy.Risk®-Selbsttest 6: Betriebsorganisation

	A	B	C	D
Aussagen zum psy.Risk®-Faktor 6: Die Gesamtorganisation in meinem Betrieb	**ja**	**eher ja**	**eher nein**	**nein**
1. Unsere Strukturen sind trotz Wandel überschaubar und verständlich.				
2. Ich kenne das Organigramm meiner Firma und kenne meinen Platz darin.				
3. Andere Firmen/Anbieter arbeiten gern mit unserer Firma zusammen.				
4. Die geforderte Mobilität (Anfahrt, Umzugs- und Reisebereitschaft) ist angemessen.				
5. Unsere betriebliche Aufbaustruktur ermöglicht effektive Abläufe.				
6. Die Integration von Leiharbeitern, Praktikanten etc. funktioniert gut.				
7. Wir sind so aufgestellt, dass ich ausreichend Nähe zur Führungskraft habe.				
8. Die Zusammenarbeit zwischen den Abteilungen verläuft reibungslos.				
9. Bereichsübergreifend werden Verbesserungen regelmäßig diskutiert.				
Spaltensumme der Kreuze	**... A**	**... B**	**... C**	**... D**

Ihr Ergebnis → Addieren Sie die Kreuze in Spalte C + D!		
C- und D-Antworten: 5-9 Mal ❑	Höchste Zeit zum Handeln! Ihre Abläufe sind anscheinend schlecht organisiert. Sie reiben sich an Schnittstellen auf. Ein Verbesserungsworkshop über die Bereiche hinweg könnte helfen.	☹ (rot)
C- und D-Antworten: 2-4 Mal ❑	Prüfen Sie, wo genau die Probleme liegen, und sprechen Sie darüber mit dem Team und Ihrer Führungskraft! Wer ist noch einzubeziehen?	😐 (gelb)
C- und D-Antworten: 0-1 Mal ❑	Prima! Die Organisation in Ihrer Firma funktioniert gut.	☺ (grün)

Markieren Sie nun Ihre Ampelfarbe in Kapitel 5.3.6, Seite 52: Schritt 1 der Gesamtbilanz-Ermittlung!

Präventionsempfehlungen für eine tragfähige Betriebsorganisation

Handlungsempfehlungen:

- **Wandel von Strukturen und Ablauforganisation:** Ein Organigramm ist nichts Statisches. Es sollte sich infolge interner und äußerer Veränderungen stets mitwandeln. Die Arbeit daran ist nie abgeschlossen. Da kleinere Firmen sich gern aufs Hauptgeschäft konzentrieren, betrachten sie Strukturen oft als etwas Randständiges, so auch ein Automotive-Zulieferer: Als fünf Mitarbeiter wegen psychischer Probleme erkrankten, suchte man den Rat der Berufsgenossenschaft. Man vermutete Ursachen in belastenden Auslandsdienstreisen. Bei einer psy.Risk®-Analyse fiel der Blick auf die Betriebsorganisation. Die Firma wuchs durch Produktionsverlagerung ins Ausland von ca. 2.000 auf 25.000 Mitarbeiter weltweit. Einzelnen Führungsbereichen wurden immer mehr Aufgaben zugeschlagen. Bald entstand Verwirrung darüber, wer wofür zuständig war. Ein vollständiges aktuelles Organigramm existierte nicht. Umständliches Suchen von Ansprechpartnern, Doppelarbeit, „unbestellte Felder" belasteten den Alltag. Die Multifunktionalität in der „wild" gewachsenen Struktur führte zu Überstunden und Überforderung.
- **Schnittstellen, Kompetenzgrenzen und Verantwortungsfelder**: Strukturen allein auf dem Papier nützen nichts: Sie müssen gelebt werden. Daher erarbeiten Sie Ihre Struktur immer mit denjenigen zusammen, die sie im Alltag bedienen müssen.
- **Matrixorganisation und Projektarbeit**: Feste funktionale Strukturen verlieren an Bedeutung, da Firmen mit ihnen kaum flexibel auf spezielle Anforderungen reagieren können. Integration der Prozesse, Erfahrungstransfer, organisationales Lernen gelingen schwer (siehe Fall Gundula H.). Nutzen Sie Matrixorganisation bzw. wenigstens Projektarbeit, um Ihre Fachleute in den Austausch zu bringen.
- **Auftragsbezogene Organisation:** Funktionale Abteilungen, in denen die gleichen Fachspezialisten im eigenen Saft schmoren, können Sie auch so auflösen: Sie bilden Teams, die in sich den gesamten Herstellungsprozess abbilden. Diese bearbeiten einen Kundenauftrag von A bis Z und ergänzen sich in ihren Ideen.

Weitere Umsetzungsmöglichkeiten:

- **Wandel des Organisationsprinzips**: Überprüfen Sie, ob **flachere Strukturen** mehr Verantwortung an die Basis bringen. Der neue Spielraum fordert Ihre Mitarbeiter. So helfen Sie ihnen, zu wachsen, Erfüllung zu finden. Häufig beobachtet man in Firmen jedoch das Gegenteil: Führungskräfte sind überfordert durch ein zu breites Verantwortungsspektrum und eine zu große Führungsspanne. Das **Einziehen einer Führungsebene** ist hier die geeignete Prävention.
- **Regelmäßige Treffen mit Kunden und Lieferanten**: Passen Sie Ihre Strukturen den Bedürfnissen Ihrer Kunden an!
- **Am besten**: Sie nehmen Beschwerden und Verbesserungsvorschläge Ihrer Mitarbeiter ernst. Sie kennen die Probleme des Organisationssystems am besten und haben immer Ideen, wie man es besser machen kann!

6.2.7 Arbeitsprozesse

Beobachter-Checkliste: Wie reibungslos laufen die Arbeitsprozesse?

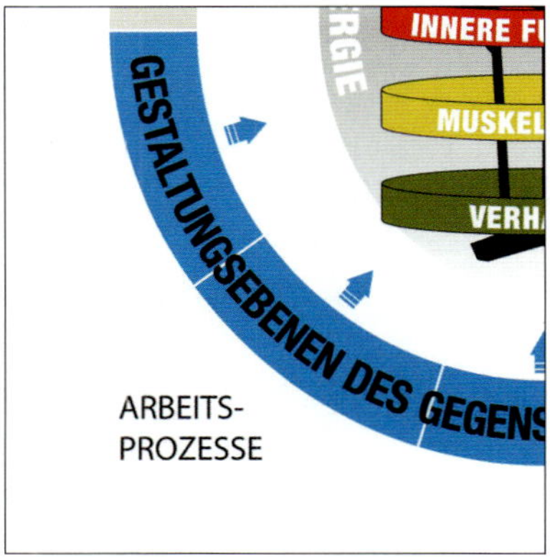

Der Arbeitsprozess im Team läuft oft nicht reibungslos. Häufen sich neben der Arbeit an einigen Arbeitsplätzen auch die Schuldzuweisungen, wird die Zusammenarbeit immer mehr erschwert. Die Mitarbeiter wirken unzufrieden und gereizt. Fehlhandlungen, Beinaheunfälle und Unfälle werden wahrscheinlicher.

Wie bewerten Sie die Qualität der Arbeitsprozesse in den folgenden Fallbeispielen? Ziehen Sie zur Beurteilung die psy.Risk®-Checkliste 7 heran!

psy.Risk®-Beobachter-Checkliste 7: Arbeitsprozesse

	A	B	C	D
Aussagen zum psy.Risk®-Faktor 7: Arbeitsprozesse (MA = Mitarbeiter)	**ja**	**eher ja**	**eher nein**	**nein**
1. Verantwortung und Kompetenzen in und zwischen den Teams sind klar abgegrenzt.				
2. Der Arbeitstag ist gut vorausgeplant.				
3. Die Prioritäten sind durchschaubar.				
4. Alle Informationen, die MA benötigen, stehen ihnen rechtzeitig und in vollem Umfang zur Verfügung.				
5. Engstellen/Störgrößen haben die MA im Griff.				
6. Arbeitsprozessverbesserungen werden regelmäßig besprochen.				
7. Arbeitsschutz und Arbeitssicherheit werden eingehalten.				
8. Die MA können trotz Termindruck ihren Qualitätsanspruch verwirklichen.				
9. Die Zusammenarbeit mit vor- und nachgelagerten Teams klappt gut.				
10. Die Übergabe von Aufträgen und Schichten läuft reibungslos.				
Spaltensumme der Kreuze	**... A**	**... B**	**... C**	**... D**

Ihr Ergebnis → Addieren Sie die Kreuze in Spalte C + D!

C- und D-Antworten: 6-10 Mal ❑	Höchste Zeit zum Handeln! Die bewertete Einheit ist anscheinend uneffektiv organisiert.	☹
C- und D-Antworten: 2-5 Mal ❑	Prüfen Sie, wo Probleme liegen! Die Arbeitsorganisation sollte optimiert werden.	😐
C- und D-Antworten: 0-1 Mal ❑	Sie sind auf dem richtigen Weg! Die Arbeitsabläufe im Team sind gut organisiert!	☺

Fallbeispiel Lydia N.: „Ich habe diesen ewigen Knatsch satt!“

Lydia N.: „Ich habe diesen ewigen Knatsch satt!“

Lydia N. arbeitet als Teamleiterin im Kundenservice-Center eines Herstellers für Telekommunikationsanlagen. Das Center besteht aus einem Frontoffice und einem Backoffice, die räumlich weit voneinander entfernt sind.

Im Frontoffice, wo Lydia sitzt, gehen alle Anrufe ein und sollen weitgehend fertig bearbeitet werden. Sie darf sich nicht einfach vom Arbeitsplatz entfernen, da die Erreichbarkeit des Call-Centers gewährleistet sein muss. Ein Anruf im Frontoffice soll durchschnittlich nicht länger als 3 Minuten dauern. Wenn es sich um eine Bestellung von Endgeräten geht, kann Lydia den Auftrag selbst fertigstellen. Handelt es sich um Schwierigeres, wie z.B. die Installation einer komplexen Anlage, gibt sie den Anruf in das Backoffice weiter. Bei Beschwerden läuft das nach demselben Prinzip.

Im Backoffice sitzen die Sachbearbeiter. Ein Sachbearbeiter verwaltet die Kunden von A – C, der nächste die von D – G usw. Sie sind wesentlich höher eingestuft. Sie kalkulieren, bearbeiten Fälle und Rechnungen und nehmen auch direkt zum Kunden wieder Kontakt auf. Das darf Lydia nicht. Bei ihr geht es wie am Fließband: Anruf um Anruf.

Front- und Backoffice verstehen sich nicht. Wenn etwas nicht klappt, gibt es immer wieder wechselseitige Anfeindungen. Gerade eskaliert es wieder. Lydia wird zur Center-Managerin bestellt. Als sie eintritt, sitzt dort mit zornigem Gesicht bereits Katrin H., eine Teamleiterin des Backoffice. Noch weiß Lydia nicht, was passiert ist. Sie hat weiche Knie. Im Oberbauch stellen sich Krämpfe ein, die Farbe weicht aus ihrem Gesicht, kalter Schweiß perlt auf der Stirn. Sie muss sich festhalten und denkt resigniert: „Ich habe diesen ewigen Knatsch satt! Morgen komme ich einfach nicht mehr – wie Ella und Martina. Die haben den Stress auch einfach nicht mehr ausgehalten!"

„Wie konnte das passieren, dass kein Techniker zur Firma Elitär geschickt wurde?", forscht die Center-Chefin nach. Lydia verteidigt sich: „Wir haben den Vorgang ordnungsgemäß weitergegeben!." „Das kann überhaupt nicht sein!", kontert Katrin H., „bei mir ist nur eine lapidare Information angekommen, dass es dort Probleme gäbe. Keine Information darüber: welche Probleme, wo genau, wer reklamiert, bis wann reagiert werden soll etc. Mit einem solchen Frontoffice kann man nicht arbeiten!"

Lydia erinnert sich sofort. Sie selbst hatte versucht, den Kunden durchzustellen. Über Mittag konnte sie niemand im Backoffice erreichen. Das ärgert sie schon lange. Im Frontoffice gibt es strickt einzuhaltende Pausen: früh 15 Minuten, mittags 30 Minuten, nachmittags 12 Minuten. Im Backoffice nimmt man es nicht so genau. Der Kunde ist weit weg.

1. Welche Merkmale hat die Arbeitsorganisation im Fallbeispiel?
2. Welche psychischen Folgen resultieren für Lydia und ihre Kolleginnen?
3. Was können andere Unternehmen aus diesem Fall lernen?

Fallbeispiel Adrian S.: „Alles gerettet: Kai ist der richtige Mann!"

Adrian S.: „Alles gerettet: Kai ist der richtige Mann!"

Adrian S. ist Leiter Endmontage in einer Anlagenbaufirma (180 Mitarbeiter). Es ist Samstag, 5.30 Uhr: Der Wecker schrillt. Adrian S. stöhnt! Seine Frau zetert, wenigstens am Wochenende wolle sie ausschlafen! Er brummt und springt aus dem warmen Bett. Von 46 Samstagen ist das jetzt bereits der 35., den er in der Firma verbringen wird. An die alltäglichen Überstunden, oft bis nachts, will er gar nicht erst denken.

Der Aufschwung resultiert aus dem neuen internationalen Engagement: Indien, China, Nordafrika. Vor drei Jahren stand man kurz vor dem Konkurs. Adrian ist froh, dass alles wieder so gut läuft. Arbeit gibt es auf dem Land kaum, und er ist hier verwurzelt.

Seine Leute sind vom hohen Arbeitspensum gezeichnet. Mathias sieht um Jahre gealtert aus, Walter hat oft schlechte Laune. Knut fehlt heute. Seine Frau hat mit Scheidung gedroht, wenn er sich nicht endlich wieder mehr um die Familie kümmerte. Adrian kennt diese Drohung nur zu gut. Er merkt an sich, dass er immer zynischer wird und innerlich abstumpft. Nach der Arbeit will er am liebsten nur seine Ruhe haben.

Am Montag findet ein Workshop mit der Geschäftsleitung statt. Das Thema ist: Wo hemmen ungenutzte

Potenziale die Effektivität unserer Prozesse? Adrian hat dazu einige Ideen. Ihm war aufgefallen, dass anfangs der Woche oftmals Leerzeiten in der Montage anfallen. Gegen Ende der Woche überschlägt sich dann alles. Da fehlt Kontinuität. Oft fragt er sich, welcher Auftrag Vorrang hat. Er könnte dann ganz anders planen. Die es wüssten, sind die Geschäftsführer. An sie kommt er aber kaum heran.

Heute, eine Woche später ist Adrian S. zuversichtlich: Der Workshop hat etwas bewegt. Projektierungsleiter Kai sprach die Defizite offen an! Das war mutig. Die wöchentlichen Auftragsbesprechungen fanden wegen vieler Auslandsreisen der Geschäftsführer faktisch nicht mehr statt. Informationsdefizite, mangelnder Austausch führten zu Chaos in allen Abteilungen.

So ist Kais Plan: Kai wird der Sprecher des Führungsteams auf der zweiten Ebene und hält den Kontakt zum Technischen Direktor. Dessen Abwesenheit bedeutet ab jetzt nicht mehr, dass die Meetings ausfallen. Die drei Leiter Projektierung, Auftragsabwicklung und Montage treffen sich jetzt täglich um 8.30 Uhr. Um 9.00 Uhr frühstückt jeder mit seinem Team und bespricht dabei die aktuelle Lage und Aufgaben. Freitags gibt es das wöchentliche Auftragsmeeting, bei der alle Abteilungen vertreten sind. Die akquirierten Aufträge sollen frühzeitig auf die Tagesordnung kommen, damit man nicht immer nur Brände löscht. Adrian stimmt zu. Er atmet auf: „Kai ist der richtige Mann!“

1. Welche Merkmale hat die neue Arbeitsorganisation im Fallbeispiel?
2. Welche Gesundheitsressourcen werden durch die neue Arbeitsprozessorganisation aufgebaut?
3. Was können andere Unternehmen aus diesem Fall lernen?

Auflösung des Fallbeispiels Lydia N.: „Ich habe diesen ewigen Knatsch satt!“

1. Welche Merkmale hat die Arbeitsorganisation im Fallbeispiel?

Die Arbeitsorganisation zerlegt einen ganzheitlichen Prozess in zwei getrennte Abschnitte und erzeugt dadurch Reibungsflächen. Die Trennung befördert den Aufbau einer Rangordnung. Während im Frontoffice ein starkes Reglement herrscht, besitzen Mitarbeiter im Backoffice viele Freiheitsgrade. Die große räumliche Trennung verhindert zusätzlich einen persönlichen Kontakt. Das „wir hier“ und „die dort“ führt zum Aufbau eines Feindbildes. Der Center-Chefin gelingt es nicht, das auszugleichen.

Der eigentliche Sinn, das gemeinsame Streben nach Kundenzufriedenheit, kommt abhanden. Auch können die Mitarbeiter ihren Qualitätsanspruch nicht verwirklichen. Durch Informationsverlust bei Auftragsübergabe an die nächste Einheit entstehen Fehler. Das häuft sich in Zeiten reduzierter Personalbesetzung (z.B. Engstelle Mittagszeit). Dadurch entwickeln sich Konflikte, die sich auf die Kommunikation behindernd auswirken. Der Austausch über Prozessverbesserungen versiegt. Feindliches Verhalten wird befördert. Der Gesundheitsschutz kann somit nicht als eingehalten gelten.

Die Ampel steht mit mindestens 7 von 10 negativen Punkten auf Rot! (außer 1., Bewertung schwierig bei 2. u. 3.). Der Arbeitsprozess offenbart hohe Fehlbelastungen. ☹

2. Welche psychischen Folgen resultieren für Lydia und ihre Kolleginnen?

Misserfolg und Ärger mit Kunden, dem Back-Office und der Chefin führen bei Lydia zu Fehlbeanspruchungen. Sie zeigt typische vegetative Stresssignale (Bauchkrämpfe, Blässe, Schweißausbrüche). Gedanklich resigniert sie und ist auf dem Weg in die innere Kündigung. Sie hat Angst vor den ständigen Auseinandersetzungen. Sie sehnt sich nach einer Auszeit und möchte am liebsten ins „Kranksein“ flüchten. Auch anderen Mitarbeitern geht es ähnlich.

3. Was können andere Unternehmen aus diesem Fall lernen?

Die richtige Arbeitsorganisationsform entscheidet wesentlich über Wohlbefinden und Leistung der Mitarbeiter. Wie es innen funktioniert, beeinflusst auch die Visitenkarte, die Sie dem Kunden und Ihrem Umfeld präsentieren.

Als Alternative zur Teilung des Kundenservices in Front und Hinterland ist eine teamorientierte Organisation zu empfehlen. Vier bis fünf Frontoffice-Agenten bilden gemeinsam mit zwei Sachbearbeitern ein Team. Die Anfragen, die die Front-Agenten sozusagen „vorn" in das Team „hineinschaufeln", werden „hinten" von den Backoffice-Agenten fertig bearbeitet. Das Gesamtteam wird als Einheit bewertet hinsichtlich Servicelevel, Durchlaufzeiten und Kundenzufriedenheit. Bei Kundenbefragungen kann die Bewertung klar zugeordnet werden. Schuldzuweisungen zwischen Front- und Backoffice sind gegenstandslos. Teamprämien können gleichmäßig auf alle verteilt werden – unabhängig von der Grundeinstufung.

Auflösung des Fallbeispiels Adrian S.: „Alles gerettet: Kai ist der richtige Mann!"

1. Welche Merkmale hat die Arbeitsorganisation im Fallbeispiel?

Um die Firma auf Erfolgskurs zu bringen, wollen die Manager des Unternehmens ihr Geschäftsfeld auch auf Übersee ausdehnen. Nun reisen sie viel. Früher besprach der Produktmanager seine Erkenntnisse aus Kundenbesuchen zuerst mit dem Produktentwickler direkt, danach mit der Projektierung und zum Schluss mit der Produktion. Heute schafft er das nicht mehr. Die koordinierende Person fehlt. Die Mitarbeiter hängen in der Luft. Ihnen fehlen Informationen und Befugnisse. Es mangelt an Führung.

Es fällt auf, dass die Verantwortung für die Prozessgestaltung nicht in die Hand derer gegeben wurde, die die Prozesse täglich auszuführen hatten. Die Manager halten weiter ihre Hand darauf, obwohl sie sich wegen Reisetätigkeit räumlich und gedanklich immer weiter von den Produktionsprozessen entfernen müssen. Entscheidungen können nicht getroffen werden. Engstellen hat man nicht im Griff. Die Verantwortlichen fühlen sich ausgebremst.

Bewertung vor der Prozessoptimierung:

Die Ampel steht mit 10 von 10 negativen Punkten auf Rot! Die Organisation der Arbeitsprozesse birgt hohe Fehlbelastungen in sich.	☹

Durch die neue Arbeitsorganisation wird Verantwortung nach unten delegiert. Aufgaben und Kompetenzen sind anders verteilt und die Abläufe sind für alle klar definiert. Die Organisationsweise sichert Flexibilität und Schnelligkeit, da vielbeschäftigte Manager nicht der Dreh- und Angelpunkt bei der Koordination der internen Prozesse sind. Der Informationsfluss wurde geregelt, was bei der Bewertung der Prioritäten hilft. Die Arbeitsprozesse werden planvoller ablaufen. Linien- und Projektorganisation sind gut miteinander abgestimmt. Die Voraussetzungen für Qualitätsarbeit und Erfolg in der Arbeit sind geschaffen. Arbeits- und Gesundheitsschutz werden eingehalten.

Bewertung nach der Prozessoptimierung:

Die Ampel steht mit 10 von 10 positiven Punkten auf Grün! Der Arbeitsprozess fördert den Erfolg der Arbeit und hilft beim Aufbau von Gesundheitsressourcen.	☺

2. Welche Gesundheitsressourcen werden durch die neue Arbeitsprozessorganisation aufgebaut?

a) **Arbeitsbedingte Ressourcen:**

- **Information:** Die Informationskette wurde neu definiert. Kai ist Knotenpunkt zur Hauptinformationsstelle (Geschäftsführer) und dient als Informationsdrehscheibe. Er organisiert und regelt den Informationsfluss nach innen und außen.
- **Planbarkeit:** Nur wer Ziele, Strategien und Prioritäten der Firma kennt, kann planvoll seine Ressourcen einsetzen.
- **Partizipation, Aktivität, Freiheitsgrade und Entscheidungsspielraum**: Kai, Adrian und andere bringen sich jetzt unmittelbar ein. Sie haben weitreichenden Überblick und größere Befugnis für Entscheidungen.
- **Herausforderung und Lernmöglichkeiten:** Sie übernehmen zusätzliche Verantwortung und testen sich in ihren Fähigkeiten zur Projektkoordination, selbstständigen Zusammenarbeit und Führung (Kai).

- **Sinnerfüllung:** Nicht mehr wie ein gehetzter Hamster im Laufrad Feuerwehr zu spielen, sondern Stein auf Stein zu setzen, gibt Sinn und Erfüllung.
- **Aufgabenvielfalt und Herausforderung:** Neben fachlichen Aufgaben sammeln die Mitarbeiter Erfahrung in der Koordination betrieblicher Projekte.

b) **Soziale Ressourcen:**

- **Führung**: Kai füllt in der Zukunft das frühere Führungsvakuum aus.
- **Kommunikation/Abstimmung:** Die Abteilungen finden gemeinsame Lösungen.
- **Synergien:** Experten in einem arbeitsteiligen Prozess potenzieren ihre Stärken und bauen eine flexible Arbeitsprozesskette auf. Man optimiert fortlaufend.

c) **Individuelle Ressourcen:**

- **Situationskontrolle durch Engagement und aktives Handeln:** Kai und Adrian sind nicht mehr die Hände gebunden. Sie müssen nicht untätig zusehen, wie sie und ihre Leute leiden. Sie haben Handlungsfreiheit.
- **Erfahrung und Gewinn an Widerstandsfähigkeit, Optimismus und Selbstüberzeugung:** Sich einbringen und wehren führte zum Erfolg. Sie freuen sich auf die Aufgabe und sind überzeugt, dass sie es gut machen.
- **Erholung/Work-Life-Balance:** Freie Wochenenden werden der Lohn des Bemühens sein. Sowohl in der Firma wie zu Hause bringt höhere Planungssicherheit allseits Entspannung.

3. Was können andere Unternehmen aus diesem Fall lernen?

Geschäftsführer müssen angesichts der Globalisierung den Fokus zunehmend mehr nach außen richten. Es ist nicht gut, wenn das Unternehmen von ihrer Anwesenheit allzu abhängig ist. Die Arbeitsprozesse sollten so organisiert sein, dass sie von den internen Akteuren selbst getragen werden können. Chefs müssen klären, wer sie in ihrer Führung vertreten kann! Das baut Mitarbeiterressourcen auf und macht die Firma flexibel.

Selbsttest: Arbeitsprozesse

Nachdem Sie die Situation von Lydia und Adrian beurteilt haben, wenden Sie sich nun wieder Ihrer eigenen Arbeitssituation zu. Haben Sie Ihre Bedingungen an der einen oder anderen Stelle wiedererkannt? Wie werden bei Ihnen Informations- und Kommunikationsflüsse abgesichert? Kennen Sie die Prioritäten der Geschäftsleitung? Ärgern Sie sich häufig über Störungen? Wüssten Sie Abhilfe und erhalten Sie eine Chance, Ihre Verbesserungsideen vorzutragen? Ist die Güte Ihrer Arbeitsorganisation der Ausgangspunkt für Qualität, Kundenzufriedenheit und persönlichem Erfolg? Wird Arbeits- und Gesundheitsschutz bei der Organisation ausreichend berücksichtigt?

Wie gut ist Ihre Arbeit organisiert? Bitte markieren Sie im psy.Risk®-Selbsttest Ihre Bewertungen und bilden Sie das Gesamturteil zur Ihrer **Arbeitsprozessorganisation** anhand der Ampelfarben:

psy.Risk®-Selbsttest 7: Arbeitsprozesse

	A	B	C	D
Aussagen zum psy.Risk®-Faktor 7: Die Organisation meiner Arbeit	**ja**	**eher ja**	**eher nein**	**nein**
1. Bei uns weiß jeder, wofür er im Team zuständig ist.				
2. Mein Arbeitstag ist in der Regel gut vorausgeplant.				
3. Ich weiß zu jeder Zeit, welche Aufgaben Vorrang haben.				
4. Ich erhalte alle Informationen über aktuelle Veränderungen im Prozess.				
5. Engstellen/Störgrößen in unseren Abläufen haben wir im Griff.				
6. Im Team besprechen wir regelmäßig Arbeitsprozessverbesserungen.				

7. Wir halten Arbeitsschutz und Arbeitssicherheit trotz Zeitdruck ein.				
8. Trotz Termindruck kann ich meinen Qualitätsanspruch realisieren.				
9. Die Zusammenarbeit mit vor- und nachgelagerten Teams klappt gut.				
10. Die Übergabe von Aufträgen und Schichten läuft reibungslos.				
Spaltensumme der Kreuze	… A	… B	… C	… D

Ihr Ergebnis → Addieren Sie die Kreuze in Spalte C + D!		
C- und D-Antworten: 6-10 Mal ❑	Höchste Zeit zum Handeln! Ihr Team handelt wenig koordiniert. Ärger ist die Folge. Regen Sie Verbesserungsworkshops an. Ihre Führungskraft hat dabei eine Schlüsselfunktion. Transparente Regeln helfen!	☹
C- und D-Antworten: 2-5 Mal ❑	Prüfen Sie, wo genau die Probleme liegen, und sprechen Sie darüber mit dem Team und Ihrer Führungskraft! Sehen das alle so?	😐
C- und D-Antworten: 0-1 Mal ❑	Prima! Die Arbeitsabläufe in Ihrem Team sind gut organisiert.	☺

Markieren Sie nun Ihre Ampelfarbe in Kapitel 5.3.6, Seite 52: Schritt 1 der Gesamtbilanz-Ermittlung!

Präventionsempfehlungen für reibungslose Arbeitsprozesse

Handlungsempfehlungen:

- **Arbeitsprozessanalyse und -gestaltung**: Decken Sie im Austausch mit Organisationsberatern Schwachstellen auf. Machen Sie sich Ihre Stärken bewusst und lagern Sie das aus, wo Sie nur mittelmäßig sind.
- **Prozesscontrolling:** Wissen Sie genau, welches Produkt, welche Dienstleistung Ihnen wie viel Gewinn einbringt? Ein Ingenieur und Firmenchef hing sehr an einem Gerät, das er entwickelt hatte. Er hatte es mit ingenieurtechnischen „Spielereien" versehen, die aufwendig herzustellen, aber eigentlich von untergeordnetem Kundennutzen waren. Er konnte sich von dem unrentablen Produkt nicht lösen, obwohl es sein Geld verbrannte und Mitarbeiter zusätzlich strapazierte. Erst durch einen rigorosen Berater gelang ihm die Einsicht. Anschließend etablierte er ein internes Controlling und ließ sich weiterhin beraten.
- **Auftragsbewertung**: Eine Projektgruppe „Auftragsbewertung" ist zuständig für klare Absprachen mit dem Vertrieb. Sie legt den Spielraum für Zusagen beim Kunden fest und prüft, welcher Auftrag Nutzen bringt. Ärger wird vorgebeugt.
- **Vertreterregelung und Ausbildung von „Springern"**: Beheben Sie personelle Engpässe, sorgen Sie für Ansprechpartner und Führung, wenn Sie nicht anwesend sein können. Sie geben Mitarbeitern gleichzeitig eine Entwicklungschance!
- **KVP-Arbeitsgruppe:** Motivieren Sie Freiwillige, einen unternehmensübergreifenden Zirkel zu bilden, der sich mit dem **k**ontinuierlichen **V**erbesserungs**p**rozess beschäftigt. Nutzen Sie die Gruppe als Vordenker für die Optimierung von Abläufen. Sie werden erstaunt sein, wie viele gute Ideen Sie ernten. Vergessen Sie die Honorierung nicht: Sie besteht nicht in Geld, sondern in Umsetzung der Ideen!

Weitere Umsetzungsmöglichkeiten:

- **Planung** am Abend zuvor: Achten Sie auf reibungslose Schichtübergaben und eine abgestimmte Tagesplanung vor Arbeitsbeginn.
- **Software gestützte Kapazitätsplanung und Auftragsdisposition**: Vermeiden Sie Organisationschaos durch Nutzung von digitalen Planungshilfen.
- **Management by Smartphone**: Jeder kann seine Planung heute prima über Handys organisieren und auch steuern. Es ist nicht teuer und relativ leicht zu erlernen.

- **Aufgabenmanagement** für „kreative Chaoten": Die Getting Things Done GTD®-Methode nach David Allen ist eine einfache Listentechnik, die vielfältig interessierten, spontanen Menschen hilft, den Überblick zu bewahren und ihre Prioritäten im Auge zu behalten.
- **Methodentraining**: Führen Sie Trainings in Projekt- und Zeitmanagementtechniken bzw. rationellem Arbeiten im Team durch.
- **Am besten**: Sie organisieren regelmäßige Arbeitsbesprechungen, die der Verbesserung von Abläufen dienen – auch über die Team- und Abteilungsgrenzen hinaus. Mindestens halbjährlich richten Sie einen Abteilungsworkshop dazu ein.

6.2.8 Arbeitstätigkeit

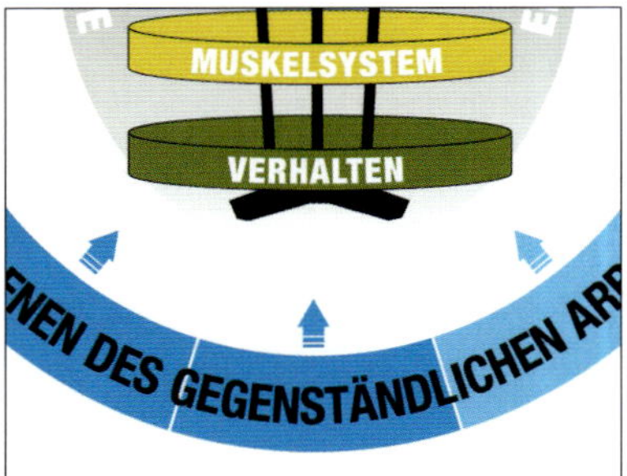

ARBEITSTÄTIGKEIT

Beobachter-Checkliste: Wie gut gestaltet ist die Arbeitstätigkeit?

Selbstbestimmte Arbeit ist eine unserer größten Ressourcen! Diskrepanzen zwischen Fähigkeiten und Arbeitsrealität frustrieren und machen krank. Unterforderung mündet kurzfristig in psychische Sättigung, Monotonie und schnelle Ermüdung. Bei Überforderung drohen langfristig Stress, Burnout, innere Kündigung und Sucht. Bewerten Sie die Tätigkeiten in den Fallbeispielen!

psy.Risk®-Beobachter-Checkliste 8: Arbeitstätigkeit

	A	B	C	D
Aussagen zum psy.Risk®-Faktor 8: Arbeitstätigkeit	**ja**	**eher ja**	**eher nein**	**nein**
A) Spielraum und Freiheitsgrade in der Tätigkeit				
Sind folgende Merkmale der Tätigkeit angemessen?				
1. Mitgestaltung/Mitsprache bei Zielen				
2. Selbstständige Planung u. Einteilung				
3. Abstimmungserfordernisse (Partner)				
4. Herausfordernde/interessante Inhalte				
5. Maß an Verantwortung				
6. Abwechslung in Tätigkeiten				
7. Kontrolle über Arbeitsergebnis				
8. Direktes Erleben des Arbeitserfolgs				
9. Direktes Erleben des Kundennutzens				
10. Übertragung von Befugnissen				
Spaltensumme Kreuze „Spielraum und Freiheitsgrade"	**… A**	**… B**	**… C**	**… D**

Addieren Sie die Punkte:	6-10 x C/D	☹	3-5 x C/D	😐	0-2 x C/D	☺

B) Grad der Intensität und Belastung				
Sind folgende Merkmale der Tätigkeit angemessen?				
11. Fülle an Entscheidungserfordernissen				
12. Erlangbarkeit wichtiger Information				
13. Arbeitstempo/Zeitdruck				
14. Maß an Überstunden				
15. Möglichkeit von Erholungspausen				
16. Häufigkeit von Störungen				
17. Komplexität der Aufgabe				
18. Maß an Kommunikation über Medien (Tel., E-Mail, Videokonferenz)				
19. Menge aufzunehmender Information				
20. Körperliche Belastung				
21. Geistige Belastung				
22. Emotionale Belastung				
Spaltensumme Kreuze „Intensität und Belastung“	… A	… B	… C	… D

Addieren Sie die Punkte:	6-12 x C/D	☹	3-5 x C/D	😐	0-2 x C/D	☺
Insgesamt	mind. 1 Ampel rot	☹	1 o. 2 Ampeln gelb	😐	beide Ampeln grün	☺

Bedeutung der Ampeln:

Höchste Zeit zum Handeln! Die Tätigkeiten verlangen Optimierung. Holen Sie sich Hilfe!	☹
Prüfen Sie, wo genau die Probleme liegen. Sprechen Sie mit Sicherheitsfachkraft oder Arbeitspsychologen.	😐
Die Arbeitstätigkeit scheint gesundheitsförderlich gestaltet. Bei C- oder D-Punkten: Was bedeuten sie?	☺

Fallbeispiel „Dagmar R.: Manchmal arbeite ich heimlich vor.“

Dagmar R.: „Manchmal arbeite ich heimlich vor.“

Die Zeit will heute wieder nicht vergehen. Dagmar R. gähnt. 14.37 Uhr: Noch eine knappe Stunde muss sie am Arbeitsplatz verbringen. Das für heute zugewiesene Pensum hatte sie bereits vor einer Stunde bewältigt. In der Zwischenzeit hat sie begonnen, „heimlich“ vorzuarbeiten. Der Teamleiter Kevin K. hatte die Teile für morgen bereits an ihren Platz gestellt. Sie ist schon acht Jahre Montiererin in der Kleinteilefertigung und weiß, was sich hinter einzelnen Aufträgen verbirgt.

Übernächste Woche sollen 50 Schaltschränke der Serie S ausgeliefert werden. Das hat sie von Cordula, der Arbeitsvorbereiterin aus der Leiterplattenmontage, erfahren.

Ihre Arbeit teilt sie sich mit Dorothea G. Insgesamt sind sie 17 Montiererinnen. Dorothea ging es heute nicht gut, sie hat sich wieder einmal über den Teamleiter geärgert. Der lässt den Frauen keinen Spielraum, behandelt sie wie Kinder. Er spielt sie auch gegen einander aus. Manche petzten, um sich bei ihm lieb Kind zu machen. Dagmar glaubt nicht, dass Dorothea morgen zur Arbeit kommen kann. Erfahrungsgemäß bekommt sie nach solchen Aufregungen immer Mig-

räne. Das heißt im Klartext, dass Dagmar morgen die Arbeit für zwei alleine schaffen muss. Es erscheint ihr sinnvoll und wichtig, so bald wie möglich mit den Aufträgen zu beginnen.

Früher hatte die Kleinteilefertigung einen anderen Chef. Das war Hannes. Mit ihm konnte man Späßchen machen und, wenn nötig, sich an seiner Schulter ausheulen. Er war ein liebenswerter Chaot, leider überhaupt kein Planungs- und Koordinationsgenie. Die Frauen organisierten ihre Arbeit vorwiegend selbst. Dagmar hatte Spaß daran. Das Disponieren forderte sie viel mehr. Als sich jedoch die Terminprobleme in der Kleinteilefertigung häuften und Hannes Alkoholmissbrauch nachgewiesen wurde, ersetzte man ihn durch den jungen Kevin K.

Kevin ist das Gegenteil von seinem Vorgänger. Er ist überexakt, ja penibel. Alles wird von ihm genau vorgedacht und vorgeplant. Er gibt nichts aus der Hand. Die Montiererinnen bekommen Teile und Aufträge einzeln zugeordnet. Die Montagearbeiten sind einfach: Sie erfordern feinmotorisches Geschick, mit ca. 3-5 Handgriffen hat man ein Teil fertig. Dagmar fühlt sich unterfordert. Einige Teile muss sie mithilfe einer Lupe montieren. Früher hatte sie sich das günstig eingeteilt: Augen be- und entlastende Aufträge arbeitete sie im Wechsel ab. Das funktionierte. Heute brennen ihr die Augen oft. Übrigens hatte Dorothea heute die Reihenfolge ihrer Aufträge von sich aus verändert. Jemand hat es dem Chef gesteckt. Deshalb gab es Theater...

1. Welche Merkmale hat die Arbeitstätigkeit im Beispiel von Dagmar R.?
2. Welche psychischen Folgen hat die Gestaltung der Arbeitstätigkeit?
3. Was können andere Unternehmen aus diesem Fall lernen?

Fallbeispiel Grit V.: „Kein Problem, ich werde das sofort für Sie ändern!"

Grit V.: „Kein Problem, ich werde das sofort für Sie ändern!"

„Guten Tag! Die Stadtwerke in Neustadt. Sie sprechen mit Grit Vogler von der Rechnungsprüfung. Wie kann ich Ihnen helfen?" Bei Grit V. klingt die telefonische Visitenkarte überzeugend. Sie betont jeden Satz. Da spürt man, dass Sie hinter ihrer Arbeit steht. Eine strenge Stimme am anderen Ende der Leitung behauptet, dass der Ablesedienst einen falschen Stromverbrauch notiert hätte. Umgerechnet in Entgelt beträgt die Differenz ca. 7 Euro. Diese Angelegenheit ist kein Problem für Grit. Sie darf bei Streitigkeiten, die eine Summe von 50 Euro/Jahr unterschreiten, Kulanz walten lassen.

„Trr!" Grit hebt ab und begrüßt die Anruferin. „Sie haben meinen Namen bereits zum zweiten Mal falsch geschrieben! Ich heiße Meyer mit ey und nicht mit ai." „Frau Meyer, das tut mir sehr leid und ich werde das sofort für Sie ändern!". Noch während sie redet, ruft sie die Maske auf und hat den Kundenauftrag in 30 Sekunden erledigt.

Eine weitere Anruferin ist sehr aufgeregt. Sie habe das Geld für die Nachzahlung im Moment nicht, da es Probleme mit der Rentenauszahlung gäbe. „Frau Küster, ich biete Ihnen eine Stundung der Beiträge an. Sie können die Summe von 100 € in vier Raten zu je 25 € bezahlen. Sie beginnen zum Ersten des nächsten Monats. Würde Ihnen das helfen?" Die verunsicherte Dame nimmt den Vorschlag sofort an. „Ich mache Ihren Stundungsvertrag gleich fertig. Sie können direkt zu mir kommen und ihn hier unterschreiben oder ich schicke Ihnen den Vertrag per Post. Was wäre Ihnen lieber?", fragt Grit. Die Kundin will gleich heute Nachmittag zur Unterschrift vorbeikommen.

So macht das Arbeiten Spaß. Früher hat Grit am Inbound-Telefon nur „abgefragt", d.h., sie wartete auf Anrufe und leitete die Anliegen an die verschiedenen Abteilungen weiter. Reagierten diese nicht schnell genug, landeten die verärgerten Anrufer wieder bei ihr. Sie wurde beschimpft für Dinge, die sie nicht beeinflussen konnte.

Jetzt kann sie Systemdaten und Rechnungen ändern, Stundungen und Vertragsänderungen schreiben, Stromsperrungen veranlassen und aufheben. Wenn Kunden angemeldet zu ihr kommen, kann sie diese persönlich unten im Kundencenter empfangen. Einmal in der Woche hat sie dort sogar den ganzen Tag Dienst. Diese Aufgabe rotiert im Team. Das sind oft ihre schönsten Tage, auch wenn die Beruhigung ärgerlicher Menschen ohne Zweifel eine große Herausforderung ist. Sie kommuniziert gern mit Menschen freut sich, wenn sie mit frohem Gesicht das Center wieder verlassen.

Grit wird im Herbst ein Fernstudium beginnen. Sie hat Lust bekommen, noch ein bisschen mehr aus ihrer beruflichen Karriere zu machen.

sem Fall lernen?

Auflösung des Fallbeispiels Dagmar R.: „Manchmal arbeite ich heimlich vor."

1. Welche Merkmale hat die Arbeitstätigkeit im Beispiel von Dagmar R.?

A) Spielraum und Freiheitsgrade in der Arbeitstätigkeit:

Vorbereitende und planende Tätigkeiten: Solche werden kaum abverlangt. Die Mitarbeiterinnen halten lediglich ihren Arbeitstisch sauber. Teile und Auftragszettel werden an den Arbeitsplatz geliefert. Die Disposition der Aufträge ist bereits erfolgt.

Ausführende Tätigkeiten: Die Arbeitstätigkeit besteht in kurzzyklisch wiederkehrenden, einfachen feinmotorischen Montagehandlungen, die keiner besonderen Ausbildung bedürfen. Teilweise erfordern sie eine Auge-Hand-Koordination unter dem Mikroskop. Motorische Fertigkeiten sind gefragt. Die Auge-Hand-Koordination wird geschult. Kognitive und intellektuelle Anforderungen werden kaum gestellt. Das trifft auch für kommunikative Anforderungen zu.

Spielräume: Es gibt wenige. Da es sich um eine ungetaktete Tätigkeit handelt (kein Fließband), dürfen die Arbeiterinnen nach eigenen Bedürfnissen Pausen einlegen.

Nachbereitende Tätigkeiten: Eine Qualitätskontrolle im Sinne einer komplexeren Funktionsprüfung etc. erfolgt nicht. Die Kontrolle des gefertigten Teils erfolgt durch Blickkontrolle – ohne Zuhilfenahme eines Messinstrumentes oder einer Lehre.

Lernmöglichkeiten: Sie sind ebenfalls gering. Lernerfahrungen, z.B. hinsichtlich günstiger Auftragsabfolge, werden nicht abgefragt bzw. sogar ignoriert.

Die Ampel steht mit 9 von 10 negativen Punkten auf Rot! (Ausnahme 7.) Die Tätigkeit hat fast gar keine Freiheitsgrade und birgt somit hohe Fehlbelastungen in sich. ☹

B) Intensität und Grad der Belastung in der Arbeitstätigkeit:

Intensität: Sie ist eigentlich moderat. Arbeitstempo und Zeitdruck sind bei Vollbesetzung in Ordnung. Überstunden gibt es nicht. Sie kann Pausen machen. Bei Ausfall der Kollegin jedoch – was jetzt gehäuft vorkommt – liegt das Doppelte auf ihrem Platz. **Dann wird es intensiv.**

Grad der Belastung: Es besteht Unterforderung in etlichen Kategorien: Entscheidungserfordernisse, Informationsmenge, Komplexität, geistige Belastung. Warnsignale in Richtung zu hoher Belastung gibt es im körperlichen Bereich durch die sehr einseitige physische Belastung (Körperhaltung, sitzende Tätigkeit, Augen) und im emotionalen Bereich (Verärgerung infolge der ihr nicht eröffneten Freiheitsgrade und Gestaltungsspielräume).

Die Ampel steht mit 7 von 12 negativen Punkten auf Rot! (1.,2.,4.,7.,10.,11.,12.) Die Tätigkeit birgt verschiedenste Fehlbelastungen in sich.	☹

Gesamtergebnis Bewertung Arbeitstätigkeit:

Zwei rote Ampeln ergeben insgesamt eine rote Ampel die für Gestaltung der Arbeitstätigkeit. Durch Fehlbelastungen werden Ressourcen abgebaut.	☹

2. Welche psychischen Folgen hat die Gestaltung der Arbeitstätigkeit?

Psychische Fehlbelastungen:

Die Arbeitsaufgabe stellt für Dagmar R. eine geistige Unterforderung dar. Sie kann viele ihrer Fähigkeiten nicht einsetzen. Morgen, wenn ihre Kollegin tatsächlich erkrankt sein sollte, kann es bei ihr zu einer mengenmäßigen Überbelastung kommen. Wegen der geistigen Anspruchsarmut kann sie solche Ressourcen wie Herausforderung, Erfüllung und Begeisterung nicht ausbalancierend dagegensetzen. Sie weiß: Man kann nur dann Bäume „spielend" herausreißen, wenn die Sache einen kreativ fordert und man für sie brennt! Das fehlende Verständnis und die Überkontrolle ihres Chefs belasten beide Frauen darüber hinaus.

Folgen psychischer Fehlbeanspruchungen:

- **Dagmar R.** erlebt Monotonie und psychische Sättigung. Die Zeit vergeht nicht. Sie langweilt sich und kämpft mit der Müdigkeit. Lieber würde sie sofort nach Hause gehen. Um wach und motiviert zu bleiben, bringt Dagmar R. durch „positive" Regelverletzung auf kreative Weise Spannung in ihren Arbeitstag. Sie holt sich heimlich Informationen und beginnt für morgen vorzumontieren.
- **Dorothea G.** ärgert sich. Sie fühlt sich übergangen und ihrem Teamleiter Kevin K. hilflos ausgesetzt. Dass er so an seinen Regeln festhält, „will in ihren Kopf nicht hinein". Solche psychische Anspannung wirkt sich dann bei ihr auch immer im Kopf aus. Sie leidet an Migräne.

3. Was können andere Unternehmen aus diesem Fall lernen?

Mitarbeiterpotenzial wird hier nicht nur verschenkt, sondern infolge der psychischen Fehlbelastungen sogar abgebaut. Es könnte mehr geleistet werden, wenn die Leerläufe wegfielen und Freiheitsgrade lockten. Die Stimmung und Motivation wären dann auch besser. Arbeitsausfalltage könnten verringert werden.

Dazu ist eine neue Arbeitsteilung zwischen Teamleiter und Mitarbeiterinnen notwendig. Kevin K. sollte den Gesamtprozess steuern und kleine, sich selbst organisierende Teams gründen. Ihnen übergibt er die Aufträge und Termine der Fertigstellung so früh wie möglich. Er sorgt dafür, dass die Teile rechtzeitig da sind. Die Aufteilung machen die Frauen selbst. Sie können planen, disponieren und die Qualität selbst prüfen. Die Konkurrenz zwischen den Frauen wird dann in einen Leistungswettbewerb münden anstatt in Streit und Auseinandersetzungen.

Kevin K. wird sich auch besser fühlen. Er vergeudet durch Überkontrolle der Frauen nutzlos, ja schädigend, seine Energie, die er effektiver anderswo einsetzen könnte.

Auflösung des Fallbeispiels Grit V.: „Kein Problem, ich werde das sofort für Sie ändern!"

1. Welche Merkmale hat die Arbeitstätigkeit im Beispiel?

A) Spielraum und Freiheitsgrade in der Arbeitstätigkeit:

Die Tätigkeit von Grit V. ist abwechslungsreich, vielseitig und erfordert ein hohes kommunikatives Geschick. Sie kann eine Großzahl von Aufträgen von der Auftragsannahme bis zur Lösung selbstständig ausführen. Dabei muss sie selbst entscheiden. So bekommt sie einen komplexen Überblick über Zusammenhänge und lernt effektiv.

Ihr Arbeitsmittel, das Kundenmanagementsystem, ist in seiner leichten Bedienbarkeit eine gute Unterstützung. Dabei hat sie Freiheitsgrade: Sie kann z.B. mit einer Kundin vereinbaren, ob sie sie im Kundencenter empfängt oder ob sie alles auf dem Postweg erledigt. Auch ist ihr ein inspirierender Entscheidungsspielraum gegeben: Sie kann in abgesprochenen finanziellen Grenzen selbstständig über Kulanzen entscheiden und Stundungsvereinbarungen abschließen. Grit kann im System Kundendaten selbst verändern. Sie hat also Partizipationsmöglichkeiten.

Der direkte Kundenkontakt gewährt ihr permanentes Feedback. Sie fühlt Herausforderung und Erfüllung in der Arbeit. Sie stellt sich zum Ziel, den Kunden zufriedenzustellen, daran misst sie selbst ihren Handlungserfolg. Sie kann fachlich und menschlich wachsen und ist daher motiviert, sich beruflich noch weiterzuentwickeln.

Die Ampel steht mit 9 von 10 positiven Punkten auf Grün! (Ausnahme 1.) Die Freiheitsgrade in der Tätigkeit helfen beim Aufbau von Gesundheitsressourcen. ☺

B) Intensität und Grad der Belastung in der Arbeitstätigkeit:

Die Ampel steht mit 10 von 12 positiven Punkten auf Grün! (Ausnahme 16. und 18.) Intensität und Belastungsgrad der Tätigkeit sind so gestaltet, dass sie als gesundheitsförderlich gelten. ☺

Gesamtergebnis Bewertung Arbeitstätigkeit:

Zwei grüne Ampeln ergeben insgesamt eine grüne Ampel für die Gestaltung der Arbeitstätigkeit. Die Tätigkeit hilft beim Aufbau von Gesundheitsressourcen. ☺

2. Welche Gesundheitsressourcen werden durch die Tätigkeit aufgebaut?

a) Arbeitsbedingte Ressourcen:

Die arbeitsbedingten Ressourcen sind in Frage 1 bereits beschrieben. Es handelt sich um:

- Aufgabenvielfalt und Abwechslung
- Bedienbarkeit von Arbeitsmitteln/Unterstützung durch Regelabläufe
- Kommunikation
- Freiheitsgrade und Entscheidungsspielraum
- Feedback über Handlungserfolg
- Partizipation am Ganzen
- Herausforderung und Lernmöglichkeiten
- Zielstellung und Sinnerfüllung

b) **Soziale Ressourcen:**

- **Enge Bindung zum Kunden durch partnerschaftliche Werte:** Kulant behandelte Kunden binden sich enger an das Unternehmen und sind im Problemfall kompromissbereiter. Das wirkt sich auch stärkend auf die Dienstleistungsorganisation selbst aus.
- **Teamorientierung und Wir-Gefühl:** Grits Kontakt zu ihren Kollegen ist im Fall nicht geschildert. Man kann schlussfolgern, dass frei agierende und zufriedene Mitarbeiter ein Netzwerk aufbauen, das durch die positive Energie eine hohe Tragfähigkeit ausbildet.

c) **Individuelle Ressourcen:**

- **Aktives Handeln und Engagement:** Die stark erweiterte Fülle von Handlungserfordernissen und Spielräumen löst Grits Aktivität und Engagement aus.
- **Widerstandsfähigkeit und positive Selbstinstruktionen:** Selbst schwierige Kontakte von stark verärgerten Kunden scheut sie nicht mehr. Sie nimmt das nicht persönlich und bleibt freundlich aber konsequent. In solchen Situationen kann sie sich positiv instruieren: „Auch dieser Kunde wird das Center mit einem frohen Gesicht verlassen!"
- **Positives Selbstkonzept, Motivation und Optimismus:** Die Meisterung der vielfältigen Situationen hat Grits Selbstbewusstsein gestärkt. Ihre Motivation für eine weitere Karriere ist gereift.

3. Was können andere Unternehmen aus diesem Fall lernen?

In der förderlichen Gestaltung der Arbeitstätigkeit liegen enorme Gesundheitsressourcen. Menschen finden ihren Sinn über den Erfolg in ihrer Arbeit. Krankenkassenstatistiken sagen z.B. aus, dass Arbeitslose doppelt so häufig psychisch krank sind.

Was tatsächlich „angemessene" Forderungen sind, ist selbstverständlich verschieden. Freiheitsgrade und Entscheidungsspielräume, die die einen inspirieren, verunsichern die anderen, die sich gern an engeren Vorgaben orientieren. Moderne Arbeitsgestaltung sollte beides einbeziehen und individuelle Anpassung ermöglichen.

Die Arbeitspsychologie betrachtet bis zu **vier Ebenen der Tätigkeitsgestaltung** (Hacker 2005). Die Tätigkeit soll folgendermaßen gestaltet sein (hierarchische Stufung):

1. ausführbar
2. schädigungsfrei
3. beanspruchungsoptimierend (Intensität und Belastungsgrad)
4. persönlichkeitsförderlich (Spielräume und Freiheitsgrade)

Spielräume und Freiheitsgrade: Auf der **Ebene 4: Persönlichkeitsförderlichkeit** sucht man gezielt nach Gestaltungsmöglichkeiten, die die allseitige Entfaltung der Potenziale des Mitarbeiters ermöglichen. Insbesondere emotio-sozio-mentale Ressourcen, die ihrerseits das persönliche Reifen und Wachsen anregen, werden durch Tätigkeitsgestaltung bewusst gefördert. Gestaltungselemente sind z.B. Freiheitsgrade in Zielstellung und Ausführung, Entscheidungsspielräume, Partizipation, Feedback etc. (siehe Antworten zu Komplex A Spielraum und Freiheitsgrade).

Intensität und Belastungsgrad: Auf der **Ebene 3: Beanspruchungsoptimierung** geht es vor allem darum, dass die Mitarbeiter durch ihre Arbeit körperlich, geistig und emotional nicht über- oder unterfordert werden. Die Einführung von mechanischen Hebehilfen, elektronischen Verwaltungsprogrammen oder kontinuierlichem Verhaltens-Coaching am Arbeitsplatz sind drei von Hunderten von Beispielen dafür. Auch die Überwachung und Senkung von Zeitdruck, Häufung von Störungen und Überstunden etc. helfen (siehe Antworten zu Komplex B) Intensität und Grad der Belastung).

Die umfangreichsten Studien darüber, wie das **Zusammenwirken von Freiheitsgraden und Arbeitsintensität** die Gesundheit beeinflusst, lieferten der englische Soziologe Robert A. Karasek und der schwedische Kardiologe und Sozialepidemiologe Töres Theorell mit ihrem *Demand-Control-Modell* (Karasek 1979; Karasek & Theorell 1990). Sie wiesen nach, dass Aufgaben mit einer hohen Aufgabenintensität (demand) durchaus gesundheits-, lern- und persönlichkeitsförderlich sein können, vorausgesetzt, der Tätige verfügt über eine *hohe Situationskontrolle* (Eingriffsmöglichkeiten) (control). Aufgaben derselben Intensität bei *geringer Kontrolle* lösten Herz-Kreislauf-Erkrankungen aus, die insbesondere im Alter um die 40 und dann ab 50 zu signifikant höheren Sterberaten führen (im Alter von 60 war sie mit 10% bereits um das 1,5-Fache erhöht!).

Die Forscher haben auch nachgewiesen, dass **soziale Unterstützung** als Super-Ressource wirkt und Arbeitsintensität abfedern kann. Anerkennung, Würdigung, Erfolg fallen unter „soziale Unterstützung". Friedman und Martin (2012) weisen anhand der Terman-Studie (Laufzeit: 80 Jahre) nach, dass nicht harte Arbeit *allein*, sondern nur *in Kombination mit Misserfolg* Gesundheit beeinträchtigt und Leben verkürzt. Dies geschieht i.A. durch die Entwicklung von Depressionen.

Durch **positive Führung** und **Teamarbeit** (Kommunikation, Wertschätzung, Feedback, Entwicklungschancen etc.) werten Sie, auch gesundheitlich betrachtet, jede Arbeit auf!

Selbsttest: Arbeitstätigkeit

Wie ist Ihre Tätigkeit gestaltet? Bitte ermitteln Sie das Ergebnis für Ihre **Arbeitstätigkeit**:

✔ psy.Risk®-Selbsttest 8: Arbeitstätigkeit

	A	B	C	D
Aussagen zum psy.Risk®-Faktor 8: Arbeitstätigkeit	**ja**	**eher ja**	**eher nein**	**nein**
A) Spielraum und Freiheitsgrade in der Tätigkeit				
Sind folgende Merkmale der Tätigkeit angemessen?				
1. Mitgestaltung/Mitsprache bei Zielen				
2. Selbstständige Planung u. Einteilung				
3. Abstimmungserfordernisse (Partner)				
4. Herausfordernde/interessante Inhalte				
5. Maß an Verantwortung				
6. Abwechslung in Tätigkeiten				
7. Kontrolle über Arbeitsergebnis				
8. Direktes Erleben des Arbeitserfolgs				
9. Direktes Erleben des Kundennutzens				
10. Übertragung von Befugnissen				
Spaltensumme Kreuze „Spielraum und Freiheitsgrade"	**... A**	**... B**	**... C**	**... D**

Addieren Sie die Punkte:	6-10 x C/D	☹	3-5 x C/D	😐	0-2 x C/D	☺

B) Grad der Intensität und Belastung				
Sind folgende Merkmale der Tätigkeit angemessen?				
11. Fülle an Entscheidungserfordernissen				
12. Erlangbarkeit wichtiger Information				
13. Arbeitstempo/Zeitdruck				

	A	B	C	D
14. Maß an Überstunden				
15. Möglichkeit von Erholungspausen				
16. Häufigkeit von Störungen				
17. Komplexität der Aufgabe				
18. Maß an Kommunikation über Medien (Tel., E-Mail, Videokonferenz)				
19. Menge aufzunehmender Information				
20. Körperliche Belastung				
21. Geistige Belastung				
22. Emotionale Belastung				
Spaltensumme Kreuze „Intensität und Belastung“	... A	... B	... C	... D

Addieren Sie die Punkte:	6-12 x C/D	☹	3-5 x C/D	😐	0-2 x C/D	☺

Insgesamt	mind. 1 Ampel rot	☹	1 o. 2 Ampeln gelb	😐	Alle Ampeln grün	☺

Bedeutung der Ampeln:

Höchste Zeit zum Handeln! Die Tätigkeiten verlangen Optimierung. Holen Sie sich Hilfe!	☹
Prüfen Sie, wo genau die Probleme liegen. Sprechen Sie mit Sicherheitsfachkraft oder Arbeitspsychologen.	😐
Die Arbeitstätigkeit scheint gesundheitsförderlich gestaltet. Bei C- oder D-Punkten: Was bedeuten sie?	☺

Markieren Sie nun Ihre Ampelfarbe im Kapitel 5.3.6, Seite 53: Schritt 1 der Gesamtbilanz-Ermittlung!

Präventionsempfehlungen für eine gesundheitsförderliche Tätigkeitsgestaltung

Erhöhung von Spielräumen und Freiheitsgraden

- **Tätigkeitsgestaltung**: Bauen Sie Freiheitsgrade ein! Das geht bei allen Tätigkeiten. Es beginnt beim Spielraum in der Ausführung (Renate R. – Fallbeispiel Monotonie – war froh, entscheiden zu können, ob sie beim Montieren der Solarzellen links oder rechts um den Tisch geht) und endet bei kreativen Herausforderungen wie im Fall Karsten M., der unter einer zentralen Zielstellung seines Energiebetriebes freie Hand bei der Gestaltung eines Projekts zur Zukunftssicherung hat.
- **Tätigkeitsbereicherung**: Kombinieren Sie ausführende mit planenden, vorbereitenden und kontrollierenden Tätigkeiten. Bei einfachen Montagetätigkeiten z.B. können Vorbereitungs-, Dispositions- und Logistikaufgaben sowie Qualitätskontrolle etc., aber auch Lehrlingsbetreuung zugeordnet werden.
- **Tätigkeitserweiterung**: Bündeln Sie einfache Arbeiten zu Aufgabenkomplexen. Beispiel: Front-Office-Telefonisten beantworten jetzt auch E-Mails, führen einfache Rückrufaktionen durch, prüfen Rechnungen, stellen Dokumente zusammen.
- **Nestmontage** ist eine Form der Tätigkeitserweiterung – z.B. bekannt in der Automobilindustrie: Statt immer nur ein- und dasselbe Teil anzuschrauben, ist ein Mitarbeiter jetzt mit seinem Team z.B. für die Befestigung aller Türen verantwortlich. Man kann sich in den Arbeitshandlungen ablösen, Seiten und Körperhaltungen wechseln, schlechte Tage einzelner Kollegen ausgleichen (soziale Stütze) etc.
- **Jobrotation** im Team: Lassen Sie Mitarbeiter einfache Tätigkeiten wöchentlich wechseln. So erhalten Sie ihre Fähigkeiten und ihre Flexibilität. Steuern Sie aber den Wechsel bewusst, da sonst Einzelne auf „Lieblingsplätzen“ hängen bleiben.

Verringerung der Intensität und des Belastungsgrades

- **Direktkontakt:** E-Mails führen zu Missverständnissen, zu wachsendem Arbeitsberg. Ein Telefonat oder Besuch klären vieles sofort. Falls aufgetreten, werden atmosphärische Störungen gleich beseitigt. Man lacht zusammen, festigt Beziehungen.
- **Videokonferenzen** sind kein Allheilmittel. Fachleute in Großkonzernen klagen zunehmend über diese fehlbelastende Meetingform. Nur vernünftig eingesetzt, verhelfen sie zu verbesserter Information/Kommunikation, Entscheidung, Effizienz.
- **Planung und Organisation der Prozesse** vorantreiben, damit Störungen, Feuerwehreinsätze, Überstunden die Tätigkeitsausführung nicht zur Qual werden lassen und den Erfolg (Lohn der Mühe) stehlen:
  Hohe Intensität + Misserfolg = Burnout
- **Supervision oder Sorgenhotline**: Unterstützen Sie Entlastung bei emotional hoch beanspruchender Tätigkeit durch die Beauftragung von Supervision durch Psychologen.
- **Soziale Unterstützung**: Installieren Sie Teamarbeit, Fachpatenschaft etc. Das reduziert Komplexität, Isolation, Info- und Wissenslücken und auch Entscheidungsangst.
- **Körperliche Belastungen senken**: Ihre Berufsgenossenschaft hilft!
- **Am besten**: Arbeitspsychologen beraten Sie bei der Tätigkeitsgestaltung.

6.2.9 Ausführungsbedingungen

Beobachter-Checkliste: Wie gesundheitsförderlich sind die Ausführungsbedingungen?

Mit stumpfer Säge möchte sich niemand quälen. Dennoch nehmen wir sie im Alltag oft genug in Kauf und ändern nichts!

Ein Werkzeug kann das Arbeiten sehr erleichtern. Ist es nicht geeignet, wird es u.U. zur Tortur. Die Gestaltung des Schichtsystems ist häufig eine Belastungsquelle. Wenn man aber physiologische Gesetze berücksichtigt, kann man die Ressourcen der Schichtarbeiter schützen.

Wie bewerten Sie die Ausführungsbedingungen in den beiden folgenden Fallbeispielen? Ziehen Sie zur Beurteilung die psy.Risk®-Checkliste 9 heran!

✔ psy.Risk®-Beobachter-Checkliste 9: Ausführungsbedingungen

	A	B	C	D
Aussagen zum psy.Risk®-Faktor 9: Ausführungsbedingungen (MA = Mitarbeiter)	**ja**	**eher ja**	**eher nein**	**nein**
1. Raumklima, Temperatur, Zugluft, Gerüche etc. sind okay.				
2. Geräuschpegel erlaubt konzentriertes Arbeiten				
3. Die Arbeitsplätze und Arbeitsmittel sind ergonomisch gut gestaltet (Körperhaltung, Sicht-/Lichtverhältnisse).				
4. Maschinen/Ausrüstungen sind in gutem und sicherem Zustand.				
5. Arbeitsmittel, Software sind auf dem neusten Stand der Technik.				
6. Maschinen/Software erkennen Fehler automatisch und geben Signal.				

7. Schutzmaßnahmen einschließlich Ausrüstung (PSA) sind in Ordnung.				
8. Informationssysteme (z.B. Intranet, Firmen-Wiki) erleichtern MA den Zugriff auf bereits erarbeitetes Wissen.				
Spaltensumme der Kreuze	… A	… B	… C	… D

Ihr Ergebnis → Addieren Sie die Kreuze in Spalte C + D!		
C- und D-Antworten: 5-8 Mal ❑	Höchste Zeit zum Handeln! Ihre Ausführungsbedingungen erscheinen ungenügend. Schalten Sie die Sicherheitsfachkraft, Ihre Berufsgenossenschaft u./o. Arbeitspsychologen ein!	☹
C- und D-Antworten: 2-4 Mal ❑	Prüfen Sie, wo die Probleme liegen! Die Ausführungsbedingungen sind auszugestalten.	😐
C- und D-Antworten: 0-1 Mal ❑	Sie sind auf dem richtigen Weg! Die Ausführungsbedingungen sind gut gestaltet!	☺

Fallbeispiel Herbert Q.: „Ich kann es nicht mehr hören!"

Herbert Q.: „Ich kann es nicht mehr hören!"

„Ich komme ja schon!", regt sich Herbert Q. (56 Jahre) über das ständige Telefonklingeln auf. „Trr!", „Trr!", schellt es unerbittlich. Als er um Uschis Schreibtisch biegt, stolpert er über eine Kiste. Zu dumm! Sein Bein schmerzt. Wo kommt diese verflixte Teilekiste her? Er blickt hinüber zum Kleinteilelager. Ja, kein Wunder, es quillt gerade wieder über! Und die stickige Luft…! „Trr!", „Trr!", jetzt scheppert es an Michels Apparat. Als Herbert sich gerade wieder hochzieht, klingelt sein eigenes Telefon: Wohin nun zuerst?! Sein Hörer ist in Reichweite. Kuno aus der Fertigung ist dran. „Oh!" Er ist ziemlich sauer: Er wartet seit 50 Minuten auf das angeforderte Werkzeug!

Im Moment ist Herbert allein im Logistikbüro und weiß nicht, wie er auf alles gleichzeitig reagieren soll. Er teilt sich das Büro mit weiteren 6 Kollegen. Alle sind im Unternehmen unterwegs, um die Teams mit Teilen zu versorgen. Kuno steht bereits ganz oben auf seiner Liste. Er will loseilen, aber Uschis Telefon hört nicht auf, Radau zu machen. „Ich kann es nicht mehr hören!", flucht er. Es summt in seinem Kopf. Jetzt geht er anders herum, um nicht wieder zu stürzen. Es ist Gerd, der Leiharbeiter, der das Logistikteam vorübergehend verstärkt. Er braucht jemanden, der für ihn im Teileverwaltungsprogramm etwas heraussucht. Er selbst kann es nicht bedienen. Herbert flucht: Kuno wird von einem Bein auf das andere treten! Aber Leiharbeiter Gerd bittet inständig, denn die Montage hängt fest: Ein falsches Teil wurde bereitgestellt. Höchste Priorität! Man könne keine Sekunde verstreichen lassen ...

So läuft es seit geraumer Zeit. Jeden Tag dieselbe Tortur. Und das bei dem miesen Gehalt. „Lagerarbeiter" haben keine Lobby. Seitdem die Produktion fast verdoppelt wurde, ist das Logistikteam zwar um 2 Personen verstärkt wurden, räumlich hat sich aber nichts verändert. Sie teilen sich 5 Schreibtische und 3 PCs. Die Lagerfläche ist mehr als ausgelastet. Jetzt sind sogar die Wege zwischen den Hochlagern verstellt. Wenn man an die Regale will, muss man die Paletten erst herausfahren oder Kisten beiseite heben. Das Heben ist anstrengend, Herbert merkt das an seinem Rücken. Das Wegräumen ist Doppelarbeit und kostet Zeit. Auch verliert man den Überblick, wo was steht. Letzte Woche war der Geschäftsführer hier und hat Herberts Teamleiter aufgefordert, ein verbessertes Konzept für die Logistik zu erarbeiten.

Am nächsten Tag bleibt Herberts Stuhl leer. Uschi und Gerd wundern sich. Herbert ist die Zuverlässigkeit in Person. Gegen 9.00 Uhr kommt der Teamleiter: „Mensch, den Herbert hat es erwischt! Er liegt mit einem Gehörsturz im Waldkrankenhaus. Auf dem Nachhauseweg hat er das Gleichgewicht verloren und ist auf die Straße gestürzt. Ein Auto konnte gerade noch bremsen. Herberts Schlüsselbein ist auch gebrochen ..."

1. Welche Merkmale haben die Ausführungsbedingungen im Beispiel?
2. Welche psychischen Folgen haben die Ausführungsbedingungen?
3. Was können andere Unternehmen aus diesem Fall lernen?

Fallbeispiel Maria C.: „Wenn die Firma wüsste, was die Firma weiß!"

Maria C.: „Wenn die Firma wüsste, was die Firma weiß!"

Maria C. arbeitet bei einer Berufsgenossenschaft als Reha-Managerin. Sie hilft, dass schwer Verunfallte schnell genesen und wieder arbeiten können. Sie hat es gut: Auf Ergonomie am Arbeitsplatz und eine gesundheitsförderliche Arbeitsumwelt wird hier streng geachtet. Im Monat fährt Maria dienstlich eine Strecke von ca. 4000 km. Der Dienstwagen ist daher ein wichtiges Arbeitsmittel. Ihrer ist mit modernsten Sicherheitssystemen ausgerüstet. Er hat sogar eine automatische Spurerkennung. Sollte sie einmal in einen Sekundenschlaf fallen, dirigiert er sozusagen selbst und sendet Wecksignale. Sicherheitsschuhe, Helm und ein nicht brennbarer Schutzkittel gehören auch zur Standardausrüstung des Autos. Die trägt sie bei Besuchen an Arbeitsplätzen ihrer Versicherten, an denen ein erhöhtes Sicherheitsrisiko besteht. Am meisten aber freut sie sich über ihr neues iPad: Von überall her kann sie Informationen aus der Wissensdatenbank abgreifen. Das ermöglicht ihr, direkt vor Ort zu entscheiden. Unnötiges Hin- und Zurücktelefonieren wird vermieden. Nach ihren Besuchen bei Versicherten führt sie sofort das Protokoll: Da sind die Erlebnisse noch frisch. Auch neue Erkenntnisse hält sie fest – und zwar im Firmen-Wiki, einem Wissensmanagementsystem, wo alle zugreifen und ihre Lernerfahrungen eintragen können.

Ihrer wertvollen Erfahrungen war sich Maria C. früher nicht immer so bewusst. Nach Auseinandersetzungen mit behandelnden Ärzten oder Beschwerden des Versicherten konnte sie oft nicht abschalten und schlief dann schlecht. Wenn sich die Situation eines Rehabilitanden verschlechterte, grübelte sie und zweifelte an ihrer Kompetenz. Das lag auch daran, dass ihr damaliger Chef einer war, an den man sich nicht herantraute. Wenn etwas schieflief, musste man bei ihm antreten. Als innerhalb eines Jahres zwei Versicherte mit optimistischer Prognose invalidisiert werden mussten und einer sogar verstarb, wollte sie den Beruf hinschmeißen. Sie vergrub sich zu Hause, verlor ihre Energie und zweifelte an ihrer Befähigung.

Heute kann sie wieder lachen. In sogenannten „Debriefings" werden schwierige Rehabilitationsfälle im Team nachbesprochen. Was einer gelernt hat, ist für alle wichtig!

Sie fühlt sich wohl im Reha-Team. Jens K. führt partnerschaftlich und teamorientiert. Ihm kommt es darauf an, dass das Wissen aller bewahrt und verteilt wird. Er hat das interne Wiki aufgebaut. „Wenn die Firma wüsste, was die Firma weiß!" ist eines seiner geflügelten Worte. Die durchschnittliche Dauer einer Rehabilitation hat sich nach Einführung des Debriefings im letzten Jahr um 15% verkürzt. Bei den besonders schwierigen Fällen liegt die Zahl sogar noch höher!

1. Welche Merkmale haben die Ausführungsbedingungen im Fallbeispiel?
2. Welche Gesundheitsressourcen werden durch die Ausführungsbedingungen aufgebaut?
3. Was können andere Unternehmen aus diesem Fall lernen?

Auflösung des Fallbeispiels Herbert Q.: „Ich kann es nicht mehr hören!"

1. Welche Merkmale haben die Ausführungsbedingungen im Beispiel?

Die innerbetriebliche Logistik erweist sich als ein Nadelöhr. Während die Produktionsflächen gewachsen sind, bleibt die räumliche Kapazität gleich. Auch an Mobiliarausstattung und Versorgung mit Telekommunikationstechnik hat sich nichts geändert. Das erhöhte Aufkommen hinsichtlich Kommunikation und Verwaltung sowie Lagerung und Lieferung kann von den Mitarbeitern nicht mehr aufgefangen werden.

Sowohl Umwelt- als auch ergonomische Bedingungen sind ungenügend. Wege sind verstellt. Es existieren Stolper- und Sturzgefahren. Provisorisch abgestellte Kisten müssen oft umgeschichtet werden. Das führt zum Heben schwerer Lasten.

Ständiges Telefonklingeln bzw. gleichzeitiges Telefonieren von sieben Kollegen in einem engen Raum bedeutet Lärm und verhindert geordnetes, zügiges Arbeiten, insbesondere wenn Konzentration erforderlich ist. Nicht jeder hat seinen eigenen Schreibtisch und kann ihn auf seine ergonomischen Erfordernisse angepasst einrichten.

Das Teileverwaltungssystem können nur wenige Mitarbeiter bedienen. Bei ihnen türmt sich die Arbeit.

Die Ampel steht mit 8 von 8 negativen Punkten auf Rot! Herbert Q. ist stark fehlbelastet wegen gesundheitsgefährdender Ausführungsbedingungen! ☹

2. Welche psychischen Folgen haben die Ausführungsbedingungen?

Die räumlichen und ergonomischen Bedingungen stellen **psychische Fehlbelastungen** dar. Herbert Q. muss die Arbeit ständig unterbrechen, obwohl er unter Zeitdruck steht und eilen will. Das zehrt an seinen Nerven, macht ihn fahrig und unkonzentriert. Ständig muss er aufpassen, wohin er tritt, dennoch verletzt er sich. Zusätzlich belasten ihn stickiges Klima und der Telefonlärm. Die Schmerzen nach dem Sturz und überhaupt beim Heben beeinträchtigen ihn darüber hinaus.

Herbert ist **psychisch fehlbeansprucht.** Er leidet unter Dauerstress. Er ist einer Zerreißprobe ausgesetzt. Er will es allen recht machen und kann keinem genügen. Misserfolg ist vorprogrammiert. Aus der Kombination von Daueranstrengung und versiegender Hoffnung auf Erfolg erwächst die schlimmste Quelle psychischer Gefährdung. Solange Menschen mit Erfolg belohnt werden, können sie lange Zeit Anforderungen schädigungsfrei bewältigen. Erfolglosigkeit befördert Burnout, Depression, multiple Erkrankungen. Bei Herbert legten sich die Fehlbeanspruchungen auf Kreislauf und Durchblutung. Ein Gehörsturz war die Folge.

3. Was können andere Unternehmen aus diesem Fall lernen?

Bei Produktionswachstum dürfen die Hilfsprozesse nicht vernachlässigt werden. Ein Rädchen fasst eben ins andere. Warum musste Herbert Q. erst krank werden, damit die Ausführungsbedingungen geändert wurden? Anschließend nämlich bekam die Logistik einen benachbarten Raum zugeschlagen. Dort ist jetzt das Kleinteilelager.

In der Kleinteilefertigung und auch in der Montage steht jeweils ein PC, an dem die Logistiker zusammen mit den Meistern in das Teileverwaltungssystem schauen können. Dieses ist jetzt übrigens auch viel komfortabler. Es gab zentrale Schulungen dafür, sodass es von vielen Mitarbeitern in verschiedenem Umfang bedient werden kann. Die Meister können z.B. keine neuen Teile „anlegen", aber sie bestellen online selbst. Das System zeigt rechtzeitig an, wann nachbestellt werden muss. Alle Mitarbeiter des Logistikteams haben inzwischen Handys. Das erscheint heute selbstverständlich – wie man sieht, war das in 2010 noch nicht überall so. Die Logistiker können jetzt überall sofort erreicht werden. Interessanterweise gibt es aber gar nicht mehr so viel zu telefonieren!

Auflösung des Fallbeispiels Maria C.: „Wenn die Firma wüsste, was die Firma weiß!"

1. Welche Merkmale haben die Ausführungsbedingungen im Beispiel?

Maria hat es tatsächlich gut: Ihre Arbeitsmittel (PC, Dienstwagen und persönliche Schutzausrüstung) sind in gutem und sicherem Zustand und auf dem neuesten Stand der Technik. Sie sind hervorragend auf ihre Tätigkeit abgestimmt. Das Auto gibt bei Fehlern nicht nur selbstständig Signale, es übernimmt sogar die Steuerung.

Marias Tätigkeit ist wissensintensiv. Als Kopfarbeiterin ist für sie die Qualität des Informations- und Wissensmanagements ein Erfolgsfaktor. Die Einführung eines firmeneigenen Wiki eröffnete allen eine neue, überlegene Form des kollektiven Lernens. „Implizites", d.h. schwer benennbares persönliches Wissen, wird nun in Worte gefasst. Dabei unterstützen Frageraster, die gemeinsam mit Arbeitspsychologen erstellt wurden und im Wiki aufpoppen. Wissen ist so jederzeit von allen abrufbar. Die Fall-Nachbesprechung im Team hilft, das Wissen weiter zu veredeln. Informationen Einzelner setzen sich in Diskussionen puzzleartig zu einer neuen Erkenntnis zusammen. Durch Austausch entsteht Wissen, das vorher keiner der Beteiligten hatte.

Die Ampel steht mit 8 von 8 positiven Punkten auf Grün! Die Ausführungsbedingungen fördern die Gesundheit! ☺

2. Welche Gesundheitsressourcen werden durch die Ausführungsbedingungen aufgebaut?

a) **Arbeitsbedingte Ressourcen:**

- **Arbeitssicherheit und Gesundheitsschutz:** Die Arbeit erfolgt unter weitgehendem Ausschluss von Gefährdungen.
- **Ergonomie am Arbeitsplatz und angepasste Arbeitsmittel:** Körperliche und geistige Fähigkeiten werden durch die Bedingungen optimal unterstützt!
- **Wissensmanagementsystem:** Keine Doppelarbeit, kein langwieriges Suchen bei Informationsbeschaffung – Zeit und Anstrengung werden gespart.
- **Entscheidungshilfen:** Aufbereitete Information sichern Entscheidungen ab.
- **Partizipation:** An der Wissensbasis schaffen alle mit und profitieren davon.
- **Erweiterung der Freiheitsgrade und des Entscheidungsspielraumes:** Bei der Reflexion und beim Austausch im Team werden Handlungsalternativen sichtbar. Sie erweitern den Spielraum der Einflussnahme auf die Genesung.
- **Planbarkeit:** Wissen über komplexe Ursache-Wirkungs-Zusammenhänge erlauben präzisere Planung weiterer Reha-Fälle.
- **Sinnerfüllung:** Versicherten noch besser helfen zu können ist Berufung.

b) **Soziale Ressourcen:**

- **Synergien:** Wissen ist etwas, das sich vermehrt, wenn man es teilt.
- **Wir-Gefühl und soziale Werte:** Die im Team gelebten Werte sind mitarbeiter- und gemeinschaftsorientiert, sodass ein Wir-Gefühl zwischen vorwiegend individuell agierenden Kollegen entsteht. Wissen als Machtfaktor ist beseitigt.

c) **Individuelle Ressourcen:**

- **Aktives Handeln und Engagement:** Die Reha-Manager sind beim Debriefing selbst die Akteure.
- **Effektive Lernmethodiken:** Je besser und schneller man lernt, umso umfassender bekommt man die Situationskontrolle.

- **Fähigkeit, loszulassen:** Zweifel und Unsicherheiten kommen auf den Tisch. Sie dort loszulassen, anstatt sie ewig weiter mit sich herumzuschleppen, erweist sich als wunderbare Ressource.
- **Positives Selbstkonzept und Optimismus:** Das Team, der Teamleiter geben Bestätigung. Man erlebt sich als Experte. Die Debriefing-Teilnehmer fühlen sich ihrer Sache sicher und gehen den nächsten Fall optimistisch an.

3. Was können andere Unternehmen aus diesem Fall lernen?

Heute liegen die Quellen unserer Überforderung vorwiegend darin, dass wir den wachsenden Informations- und Kommunikationsanforderungen nicht mehr gerecht werden können. Viele leiden am ständigen Überladensein. Das Fass ist gefüllt: Wie kann man sich noch Neues merken? Firmen können helfen, ihre Mitarbeiter zu entlasten, wenn sie Kraft und Geld in die Entwicklung firmeneigener Wissenssysteme stecken. Die Investitionen lohnen sich: Hetze, Stress, Qualitätsmängel werden abgebaut.

Trotz der Bedeutung von Wissensmanagementsystemen bleibt der Mensch ein Wesen aus Fleisch und Blut und lernt am besten im direkten Austausch mit anderen. Haben Ihre Mitarbeiter Gelegenheiten und geeignete Räumlichkeiten, sich auszutauschen?

Selbsttest: Ausführungsbedingungen

Unter welchen Bedingungen arbeiten Sie?

Zu Hause hat es sich jeder auf seine Weise gemütlich gemacht. Aber wie sieht es bei der Arbeit aus? Wir verbringen häufig mehr Zeit auf dem Bürostuhl als im Wohnzimmersessel. Welche räumlichen und Umweltbedingungen finden Sie an Ihrem Arbeitsplatz vor? Besitzen Sie die vorgeschriebenen persönlichen Schutzausrüstungen und wie bequem sind sie am Körper? Findet an Ihrem Arbeitsplatz regelmäßig eine Arbeitsschutzbegehung statt? Sind Ihre Arbeitsmittel hochwertig und garantieren Ihnen Effizienz und Belastungsminderung? Wird Ihnen durch automatisierte Systeme Routinearbeit abgenommen? Verfügen Sie über sinnvolle Planungssysteme? Betreibt die Firma Wissensmanagement?

Bitte markieren Sie im psy.Risk®-Selbsttest Ihre Bewertungen und bilden Sie das Gesamturteil zu Ihren **Ausführungsbedingungen** anhand der Ampelfarben:

psy.Risk®-Selbsttest 9: Ausführungsbedingungen

	A	B	C	D
Aussagen zum psy.Risk®-Faktor 9: Die Ausführungsbedingungen meiner Arbeit	**ja**	**eher ja**	**eher nein**	**nein**
1. Raumklima, Temperatur, Zugluft, Gerüche etc. sind angenehm.				
2. Der Geräuschpegel ist so, dass ich mich konzentrieren kann.				
3. Mein Arbeitsplatz ist so gestaltet, dass ich eine angenehme Körperhaltung einnehmen kann.				
4. Meine Arbeits- und Hilfsmittel sind in gutem und sicherem Zustand.				
5. Meine Arbeitsmittel sind auf dem neusten Stand der Technik.				
6. Meine Maschinen/Anlagen/Software signalisieren Fehler automatisch.				
7. Schutzmaßnahmen einschließlich Ausrüstung (PSA) sind angemessen.				
8. Die Art und Weise, wie wir unser Wissen aufbereiten (z. B. Intranet, Firmen-Wiki) erleichtern meine Arbeit.				
Spaltensumme der Kreuze	**... A**	**... B**	**... C**	**... D**

Ihr Ergebnis → Addieren Sie die Kreuze in Spalte C + D!		
C- und D-Antworten: 5-8 Mal ❑	Höchste Zeit zum Handeln! Ihre Ausführungsbedingungen erscheinen ungenügend. Suchen Sie sich fachliche Unterstützung – z.B. bei der Sicherheitsfachkraft, dem Betriebsarzt, Ihrer BG.	☹
C- und D-Antworten: 2-4 Mal ❑	Prüfen Sie, wo genau die Probleme liegen, und sprechen Sie darüber mit Ihrer Führungskraft!	😐
C- und D-Antworten: 0-1 Mal ❑	Prima! Die Ausführungsbedingungen sind bei Ihnen gut gestaltet.	☺

Markieren Sie nun Ihre Ampelfarbe in Kapitel 5.3.6, Seite 53: Schritt 1 der Gesamtbilanz-Ermittlung!

Präventionsempfehlungen für gesundheitsförderliche Ausführungsbedingungen

Handlungsempfehlungen:

- **Gefährdungsbeurteilung**: Orientieren Sie sich an **§ 5 Arbeitsschutzgesetz**! Eine umfassende Beurteilung der Arbeitsbedingungen musste nach dem Gesetz bereits bis zum **21.08.1997** erfolgen. Wie sieht es dazu bei Ihnen aus? Überprüfen Sie die Arbeitsplätze auf Einhaltung der Sicherheit und ergonomischer Standards.
- **Auch psychische Gefährdungen beurteilen**! Das schreibt das Gesetz vor. Wir empfehlen als Beurteilungsinstrument den psy.Risk®-10-Faktorentest, den Sie gerade studieren.
- **Mitarbeiterbefragung zur Gesundheit in der Arbeit**: Sie möchten nicht nur Einflussfaktoren aus der Arbeit beurteilen, sondern auch etwas über Stimmung und Gesundheit Ihrer Mitarbeiter wissen? Die Gesamtbilanz „Meine Arbeit & Gesundheit“ eignet sich dazu hervorragend: Ursachen (psy.Risk®-10-Faktoren-Test) und gesundheitliche Auswirkungen (psy.Res®-Gesundheitstest) werden gegenübergestellt. Maßnahmen lassen sich zielgerichtet ableiten.
- **Firmen-Know-how generieren**: Fördern Sie den Erfahrungs- und Wissensaustausch in Gesprächsrunden. Wer kann was? So werden die Erfahrungen jedes Einzelnen festgehalten und sein Beitrag gewürdigt.
- **Firmen-Know-how sichern**: Verfügen Sie über ein sinnvolles Wissensmanagementsystem, das alle nutzen? Sie meinen, es sei zu teuer? Der Inhaber Karl Walluzcek (66) hat für seine Mess- und Regeltechnik-Firma gemeinsam mit der TU Dresden ein „Wallupedia“ eingerichtet. Der kluge sächsische Unternehmer hat ausgerechnet, wie viel Arbeitszeit seine 40 Mitarbeiter mit Informationssuche in alten Unterlagen verbringen: Über 20%! Schnell hatte er errechnet, dass die Kosten für das System geringer sind als die Personalkosten für vergeudete Stunden.
- **Wissensteilung** belohnen: Zeigen Sie Mitarbeitern, die Wissen weitergeben, dass sie zum Stamm Ihrer Mannschaft gehören. Sie haben einen Bonus verdient.

Weitere Umsetzungsmöglichkeiten:

- **Wartung und Erneuerung von Arbeitsmitteln, Software, Möbeln, Einrichtungen:** Arbeiten Sie trotz finanzieller Engpässe nicht mit stumpfen Sägen! Die Güte des Arbeitsumfelds spiegelt Mitarbeitern, was sie der Firma wert sind. Bei der Auswertung einer psy.Res®-Gesundheitsbefragung fiel uns ein Mitarbeiter durch aggressives Verhalten auf. Er hatte ein Schneidwerkzeug nicht bekommen und schlussfolgerte, dass er hier einen schlechten Stand hatte. Verletzt zog er sich zurück. Der Chef wusste nichts davon, war völlig entsetzt: Ein Missverständnis! Noch am selben Tag war das Werkzeug beschafft. Es kostete nur 200 Euro!
- **Am besten**: Sie beziehen die Erfahrungen und Ideen Ihrer Mitarbeiter in so genannte **Präventionskurzgespräche** ein! Hierzu nehmen sich Teams monatlich einen Teilbereich oder Teilprozess zur kollektiven Gefährdungsanalyse vor.

6.2.10 Rahmenbedingungen

Beobachter-Checkliste: Wie unterstützend sind die sozialen Rahmenbedingungen?

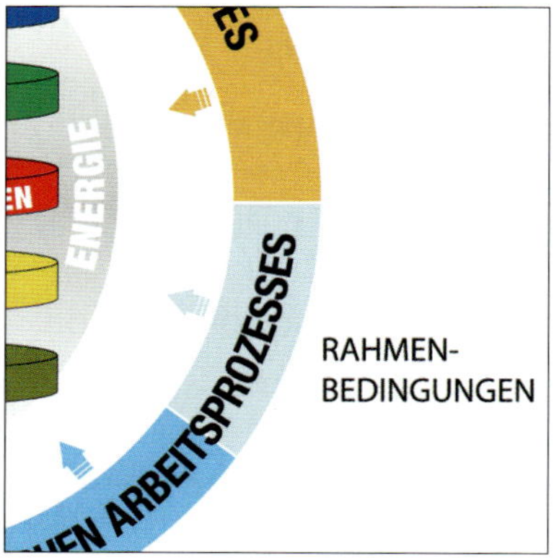

Wie unterstützt der Betrieb die gesunde Lebensweise im hektischen Alltag? Wird wertvolles Essen angeboten, kann man „Sauerstoff tanken" und die Minuten der Pausenentspannung genießen? Ist die Familie in der Firma willkommen (z. B. Tag der offenen Tür, Praktika etc.)? Kann man sich beim Betriebssport gemeinsam bewegen und Beziehungen aufbauen? Spaß sollte auf jeden Fall eine Rolle spielen! Und wenn doch alles einmal zu viel wird: Wie gut hilft die Firma, zeitnah an psychologische Betreuung heranzukommen?

Bewerten Sie mit der Checkliste die sozialen Rahmenbedingungen in folgenden beiden Fallbeispielen! Ziehen Sie zur Beurteilung die psy.Risk®-Checkliste 10 heran.

psy.Risk®-Beobachter-Checkliste 10: Rahmenbedingungen

	A	B	C	D
Aussagen zum psy.Risk®-Faktor 10: Rahmenbedingungen (MA = Mitarbeiter)	**ja**	**eher ja**	**eher nein**	**nein**
1. In der Firma wird gesunde Kost als Pausenversorgung bereitgestellt.				
2. Die Firma fördert Bewegung und sportliche Betätigung der MA.				
3. Außenanlagen/Umfeld laden zum Verbringen der Pause im Freien ein.				
4. Die Arbeitszeitregelung erlaubt, Arbeit und Privatleben optimal zu vereinbaren.				
5. Auf Pflege von Familienangehörigen wird Rücksicht genommen.				
6. Bei Bedarf werden MA bei der Kinderunterbringung unterstützt.				
7. Familien werden einbezogen: Feste, Feiern, Firmentag, Praktika etc.				
8. Arbeits- und Gesundheitsschutz genießen hohen Stellenwert.				
9. Die Firma erleichtert den Zugriff auf Gesundheitsförderer: Ärzte, BG, Psychologen, Sozialbetreuer etc.				
10. Die betriebliche Eingliederungshilfe nach längerer Erkrankung (BEM) ist hier gut etabliert.				
Spaltensumme der Kreuze	… A	… B	… C	… D

Ihr Ergebnis → Addieren Sie die Kreuze in Spalte C + D!		
C- und D-Antworten: 6-10 Mal ❑	Höchste Zeit zum Handeln! Überlegen Sie, wie Sie durch soziale Rahmenbedingungen Ihren Mitarbeitern den Alltag erleichtern!	☹
C- und D-Antworten: 2-5 Mal ❑	Prüfen Sie, wo Probleme liegen! Rahmenbedingungen belasten die Erholungsfähigkeit.	😐
C- und D-Antworten: 0-1 Mal ❑	Sie sind auf dem richtigen Weg! Ihr Betrieb achtet auf Belange und Wohl der Mitarbeiter.	☺

Fallbeispiel Isabel A.: „In die (Beton-)Wüste geschickt“

Isabel A.: „In die (Beton-)Wüste geschickt“

Isabel A. (30) ist seit 2 Jahren geschieden. Sie zieht zwei Kinder allein auf. Ihr Exmann zahlt nur unregelmäßig. Die Kämpfe belasten sie. Von Beruf ist sie Laborantin und arbeitet im Labor „Wünsche & Klemm“. Dort stimmt das Geld. Die Arbeit macht sie aber zunehmend unglücklicher – die Randbedingungen vergällen ihr den Alltag.

Die Firma ist an den Stadtrand in einen alten Fabrikkomplex umgezogen. Die Mieten im Stadtzentrum waren zu teuer geworden. Um 8.00 Uhr muss Isabel am Arbeitsplatz sein. Gleitzeit gibt es nicht. Da sie sich kein Auto leisten kann, verlässt sie mit ihren Kindern (3 und 5 Jahre) bereits 6.00 Uhr das Haus. Das gibt jeden Morgen Stress. Sie ist froh, einen Kindergartenplatz bekommen zu haben. Ungünstigerweise befindet er sich am anderen Ende der Stadt. Sie muss fünfmal umsteigen, um dann gegen 8.00 Uhr, bereits geschafft, endlich anzukommen. Zu Hause ist sie mit den Kindern gegen 18.00 Uhr. Dann ist kaum etwas übrig vom Tag: Baden, Essen und ins Bett.

Die Bedingungen im alten Fabrikkomplex sind eine Zumutung. Im Stadtzentrum hatte sie in der Mittagspause einige Besorgungen bereits erledigen können. Hin und wieder ließ sie sich in der benachbarten Physiotherapie massieren. Durch die Arbeit ist sie im Schulter-, Nacken- und Oberarmbereich chronisch verspannt. Im Stadtzentrum gab es viele gute Essensangebote. Sie bevorzugte vegetarisches Essen. Hier draußen gibt es nichts. Jeder bringt Verpflegung von zu Hause mit. Manchmal kommt sie nicht mehr dazu, sich etwas zu machen, und hat dann den ganzen Tag nichts. Ein Schokoriegel muss es dann tun. Wie gern ist sie früher in der Pause nach draußen gegangen! Am liebsten schlenderte sie den Boulevard entlang und beobachtete die Passanten.

Hier ist nichts einladend: Eine vernachlässigte Betonwüste. Es zieht in den Zimmern. Die Novembertage lassen es draußen schnell dunkel werden. Sie ist heute nur noch allein im Labor. Mittwochs hat sie bis 18.00 Uhr Bereitschaftsdienst. Als sie das Sicherheitssystem scharf machen und das Haus verschließen will, erschrickt sie. Sie spürt jemanden in der Nähe. Es ist sehr neblig und schlecht beleuchtet. Sie kann nichts erkennen. Ein Schatten huscht hinter eine Schuppentür. Schritte und ein blecherner Ton sagen, dass da jemand ist. Das Herz schlägt bis zum Hals. In panischer Angst springt sie ins Haus zurück und sperrt sich ein. Sie traut sich nicht, das Licht anzuschalten. Durch einen Spalt in der Jalousie beobachtet sie den Hof. Sie kann nichts wahrnehmen. Sie ist gefangen, soll sie Alarm geben? Tränen laufen ihr über das Gesicht. Nach minutenlanger Lähmung plötzlich Scheinwerfer: Der Sicherheitsdienst patrouilliert. Isabel eilt hinaus. Die Herren versuchen, sie zu beruhigen, und nehmen sie zur Bushaltestelle mit.

Am Dienstag darauf bekommt Isabel Fieber. Am Mittwoch bleibt sie zu Hause.

1. Welche Merkmale haben die Rahmenbedingungen im Fallbeispiel?
2. Welche psychischen Folgen resultieren aus den Rahmenbedingungen?
3. Was können andere Unternehmen aus diesem Fall lernen?

Fallbeispiel Edgar F.: „Wo Du arbeitest, möchten andere Urlaub machen!“

Edgar F.: „Wo Du arbeitest, möchten andere Urlaub machen!“

Edgar F. ist seit 5 Jahren trockener Alkoholiker. Nach erfolgreicher Therapie wollte er auch anderen helfen und engagierte sich als Schwerbehindertenvertreter. Eines Tages kam die Betriebsärztin auf ihn zu: „Edgar, die Firma beteiligt sich an einem Forschungsprojekt. Ehemalige Abhängige werden zum ‚Betrieblichen Coach für Suchtkranke‘ ausgebildet. Und zwar in Zusammenarbeit mit dem Betriebsarzt. Interesse?“

Heute betreut er acht suchtgefährdete Mitarbeiter eigenständig und ist dafür freigestellt. Er hilft in allen Fragen. Außerdem organisiert er täglich von 12.00 – 12.30 Uhr die „Fit & Fun“-Pause im neuen „Corporate-Activity“-Studio. Schon beim Eintreten wird man ruhiger: Entspannungsmusik im Hintergrund, Wasserplätschern vom natürlich arrangierten Wasserfall, Farben beleben, Aromen duften, die vom Boden bis zur Decke reichenden Fenster eröffnen den Blick ins Grüne. Fitnessgeräte stehen sternförmig einander zugewandt. Die Mitarbeiter sollen sich bewegen und dabei kommunizieren und lachen können. Die Geräte und empfohlenen Übungen sind so ausgewählt, dass die Mitarbeiter ihre für sitzende Tätigkeiten typischen Verspannungen ausgleichen können. Die Gleitzeit erlaubt, zu kommen, wenn man will. Die Betriebsärztin ist auch oft da. Sie überprüft die Haltung, erklärt orthopädisch einwandfreies Sitzen. Alle zwei Jahre bekommt jeder Mitarbeiter bei ihr einen kostenlosen Gesundheitscheck.

Anschließend geht es zum Essen. Fünf Thementheken bieten ernährungsphysiologisch hochwertige Speisen an. Edgar F. bevorzugt heute die leichte mediterrane Küche: „Hmh, das schmeckt wieder lecker! Mein Italiener könnte es nicht besser zaubern.“ Er hat sich heute zu einem Arbeitsessen verabredet. Die bequemen Sitzecken bieten dafür beste Voraussetzungen. Im Sommer sitzt er gern draußen unter dem Sonnensegel.

Edgar hatte vor einiger Zeit den Kontakt zur Firma „family-service“ aufgebaut. Heute soll reflektiert werden, wie gut der Service angenommen wird. „family-service“ bietet den Mitarbeitern Hilfe bei der Unterbringung ihrer Kinder und hilfebedürftiger Eltern an. Weiterhin kann jeder seinen Einkaufszettel online abgeben. Die fertigen Einkäufe werden in spezielle Spinde eingeschlossen. Spindnummer und Öffnungspincode werden automatisch per E-Mail zurückgemeldet. Die Firma zahlt den Service, denn Mitarbeiter sollen sich nach Feierabend schnell erholen können. Die Betriebsärztin winkt im Vorübergehen und fragt, ob für die Hindernisbahn alles klar ginge. Ja, am Samstag ist wieder das große Sommerfest, der „Tag der offenen Tür“. Die ganze Stadt wird auf den Beinen sein. In den Teams spürt man bereits die Aufregung: Die Hallen werden gewienert, Experimente vorbereitet, die Montiererinnen backen Kuchen. Edgar ist für einen Hindernis-Parcours zuständig. Die Teams treten mit ihren Familien gegen andere Unternehmen an. Eine Mordsgaudi! Letztes Jahr sagte seine Frau lachend zu ihm: „Wo Du arbeitest, möchten andere Urlaub machen!“

1. Welche Merkmale haben die Rahmenbedingungen im Fallbeispiel?
2. Welche Gesundheitsressourcen werden durch die Rahmenbedingungen aufgebaut?
3. Was können andere Unternehmen aus diesem Fall lernen?

Auflösung des Falls Isabel A.: „In die (Beton-)Wüste geschickt“

1. Welche Merkmale lassen die Rahmenbedingungen im Fallbeispiel erkennen?

Die Rahmenbedingungen im Fallbeispiel belasten den Alltag von Isabel durch Einbuße an Lebensqualität: lange, anstrengende Wege, keine Gleitzeit, kaum noch Zeit für die Kinder, Einbuße an Essenskultur und Ambiente, Zugluft, Wegfall der Massagen, Verlust der Gesellschaft von Mitmenschen, keine Nutzungsmöglichkeit der Pausen für Erledigungen oder Erholung draußen. Zusätzlich findet sie die abgelegene Lage gerade abends bedrohlich.

Die Ampel steht mit 7 von 10 negativen Punkten auf Rot! (keine Aussage möglich bei: 7.,9.,10.) Isabel A. ist fehlbelastet wegen gesundheitsgefährdender Rahmenbedingungen!	☹

2. Welche psychischen Folgen resultieren aus den Rahmenbedingungen?

Der allmorgendliche Stress, die Trauer um die fehlende Nähe zu den Kindern, das schlechte Gewissen und Versagenserleben wegen der nicht vorhandenen Zeit für ihre Kinder sowie die Angst auf dem dunklen Werksgelände sind **psychische Fehlbeanspruchungen** für Isabel.

Die Angstsituation am letzten Mittwoch, in der sie sich akut gefährdet fühlte, wirkt eventuell traumatisch nach. Die unbewusst wirkende Angst vor dem nächsten Mittwochsspätdienst kann ein „rettendes“ Fieber entstehen lassen. Angst ruft Stress hervor. Stress wiederum fördert die Entzündungsgefahr und senkt die Abwehr gegen Viren. Ob Stresswirkung oder „unbewusste Flucht“ in die Krankheit als Verdrängungsmechanismus – beides ist keine Lösung, sondern bedeutet Gefahr der Chronifizierung. Die Mitarbeiterin beginnt eventuell zu kränkeln und fällt dann immer häufiger aus.

3. Was können andere Unternehmen aus diesem Fall lernen?

Mitarbeiter brauchen ein Umfeld und Rahmenbedingungen, die ihre Psyche nicht beeinträchtigen, sondern Wohlbefinden und Regenerationsfähigkeit unterstützen.

Alle Unternehmen wünschen sich vitale und leistungsfähige Mitarbeiter. Sicher auch Sie. Aber was tun Sie/ was tut Ihr Unternehmen für Mitarbeiter über die Einrichtung von Arbeitsplatz, Versorgung mit Arbeitsmitteln und Hilfsmitteln hinaus?

Auflösung des Falls Edgar F.: „Wo Du arbeitest, möchten andere Urlaub machen!“

1. Welche Merkmale lassen die Rahmenbedingungen im Beispiel erkennen?

Der Elektronikkonzern betreibt ein modernes, vorbildliches Gesundheitsmanagement. Die Rahmenbedingungen, die Mitarbeiter vorfinden, wirken sich auf ihr Wohlbefinden, ihre körperliche Fitness und vor allem auch auf ihre Motivation positiv aus.

Suchtkranke Menschen werden mit geeigneten Konzepten integriert. Betriebsärztliche Betreuung geht über den gesetzlichen Rahmen hinaus. Fitnessübungen und professionell angeleitete Entspannung können flexibel in den Arbeitsablauf eingebaut werden. Dabei hilft die Gleitzeit. Gesunde Ernährung in angenehmer Umgebung ist gewährleistet. Mitarbeiter werden bei täglichen Erledigungen und der Bewältigung von Alltagssorgen unterstützt, damit sie sich nicht nach Feierabend abhetzen müssen und in ihrer Regeneration gestört sind.

Das Wir-Gefühl und die Familieneinbeziehung werden durch den „Tag der offenen Tür“ gefördert. Man festigt den Kontakt der Mitarbeiter zu denen anderer Firmen, bildet überbetriebliche Netzwerke. In der Region sorgt man für Ansehen und fördert so den Mitarbeiter-Stolz.

Die Ampel steht mit 10 von 10 positiven Punkten auf Grün! Die sozialen Rahmenbedingungen fördern die Gesundheit!	☺

2. Welche Gesundheitsressourcen werden durch die Rahmenbedingungen aufgebaut?

a) **Arbeitsbedingte Ressourcen:**

- **Lernen und Entwicklung:** Edgar entwickelt sich in der neuen Rolle allseitig.
- **Aufgabenvielfalt und Herausforderung**: Er liebt die Möglichkeiten, die ihm die neue Funktion bieten. Er trainiert sich allseitig.
- **Freiheitsgrade:** Gleitzeit bringt Freiheit.

- **Spielraum:** Spiel-„Räume“ existieren hier im wahrsten Sinne des Wortes.
- **Partizipation, Kommunikation, Feedback:** Er genießt es, als Netzwerker im Unternehmen unterwegs sein zu können und sich vom Ambiente und den betrieblichen Instrumenten (Wiedereingliederung, Corporate-Activity-Studio, family-service, Tag der offenen Tür etc.) dabei unterstützen und leiten zu lassen.

b) **Soziale Ressourcen:**

- **Unterstützung durch Netzwerk:** Das Wir-Gefühl in einer starken Gemeinschaft, die sich auch mit anderen sozialen Netzen (Kommune, andere Firmen der Umgebung) verquickt, wirkt als soziale Unterstützung für den Einzelnen.
- **Werte:** Die im Unternehmen gelebten Werte sind mitarbeiter- und gemeinschaftsorientiert und zeugen von einem positiven Menschenbild.
- **Stabilität:** Hier wird eine Gemeinschaft in ihrer Stabilität gefördert.

c) **Individuelle Ressourcen:**

- **Sinnerfüllung, Nützlichkeit und Selbstverwirklichung:** Arbeit und Leben ergänzen sich in einer solchen Arbeitsumgebung harmonisch zur Erfüllung eines übergeordneten Lebenssinns. Die sozialen Bedingungen, die er anderen erschließen hilft, erlauben ihm einen gemeinnützigen Beitrag, der ihn erfüllt.
- **Positives Selbstkonzept:** Die Bedeutung, die Edgar erfährt, das Feedback, das er bekommt, nährt sein Selbstwerterleben.
- **Zugehörigkeit und Sicherheit:** Er spürt, dass er hierhin gehört.
- **Optimismus:** Hier wird Nachhaltiges aufgebaut. Das hat Zukunft!
- **Gesunde Lebensweise und Aktivität:** Körperliche und geistige Entspannung werden vom Unternehmen angeregt und „gelehrt“. Aktivität ist Energiequell.
- **Work-Life-Balance:** Die Vereinfachung alltäglicher Belastungen bringt allen Mitarbeitern sinnvoll nutzbare, erholsame Freizeit mit Familie und Freunden.

3. Was können andere Unternehmen aus diesem Fall lernen?

Das Unternehmen hat erkannt, dass sich Investitionen in förderliche Rahmenbedingungen lohnen. Es braucht Mitarbeiter, die kreative Ideen entwickeln und sich mit ganzer Person für die Wettbewerbsfähigkeit der Firma einsetzen. Einen solchen Einsatz kann man nicht anordnen. Der Mitarbeiter muss ihn freiwillig geben. Das gelingt, wenn er von seinem Unternehmen und dessen Mitarbeiter-Philosophie überzeugt ist. Gesundheit, Wohlbefinden, Motivation sind die Voraussetzungen dafür.

Nicht jedes Unwohlsein, das Mitarbeiter durchhängen lässt, resultiert aus dem Berufskontext. „Was hat das dann mit mir als Arbeitgeber zu tun? Soll ich jetzt etwa für jeden Ehekrach mitzahlen?“ Solche und ähnliche Diskussionen gibt es immer wieder. Wo ist die Henne, wo ist das Ei? Auch Ihr Angestellter nimmt Arbeitskonflikte mit nach Hause. Vielleicht hängt sein Haussegen nur deshalb schief, weil er wieder so viele Überstunden geleistet hat. Wie dem auch sei, Sie als Arbeitgeber brauchen einen motivierten, vitalen Mitarbeiter. Sie wären schlecht beraten, wenn Sie nicht alles in Ihrer Macht Stehende (und ökonomisch Vertretbare) tun würden, um Ihren Mitarbeitern Rahmenbedingungen zu bieten, die den Alltag entlasten. Moderne Personalabteilungen betrachten sich als interne Gesundheitsdienstleister und entwickeln Konzepte für Gesunderhaltung, Bewegung, Regenerationsmöglichkeiten und Wiedereingliederung am Arbeitsplatz. Kleine Unternehmen haben häufig weniger Möglichkeiten. Mit Menschlichkeit und gutem Willen lässt sich auch hier ein positiver sozialer Rahmen schaffen.

Selbsttest Rahmenbedingungen

Wie fühlen Sie sich von Ihrem Unternehmen unterstützt? Sicher ist der Vergleich der Möglichkeiten eines Konzerns mit denen eines Klein- und Mittelunternehmens schwierig. Dennoch lässt sich auch dort vieles einrichten.

Bitte markieren Sie im psy.Risk®-Selbsttest Ihre Bewertungen und bilden Sie das Gesamturteil zu Ihren **sozialen Rahmenbedingungen** anhand der Ampelfarben:

psy.Risk®-Selbsttest 10: Rahmenbedingungen

	A	B	C	D
Aussagen zum psy.Risk®-Faktor 10: Die Rahmenbedingungen meiner Arbeit	**ja**	**eher ja**	**eher nein**	**nein**
1. Ich kann mich in der Firma gesund ernähren.				
2. Die Firma fördert Bewegung/sportliche Betätigung der Mitarbeiter.				
3. Das Firmenumfeld/-gelände lädt mich zu Pausen im Freien ein.				
4. Meine Arbeitszeitregelung erlaubt, Arbeit und Privatleben optimal zu vereinbaren.				
5. Auf Pflege von Familienangehörigen wird bei uns Rücksicht genommen.				
6. Falls benötigt, unterstützt die Firma bei der Unterbringung der Kinder.				
7. Die Firma bezieht die Familie mit ein: Firmentag, Feiern, Praktika etc.				
8. Arbeits- und Gesundheitsschutz genießen bei uns hohen Stellenwert.				
9. Ich vertraue unserer Sozialbetreuung und unserem Betriebsarzt.				
10. Bei Bedarf hilft mir die Firma, zeitnah psychologische Betreuung zu erhalten.				
Spaltensumme der Kreuze	**... A**	**... B**	**... C**	**... D**

Ihr Ergebnis → Addieren Sie die Kreuze in Spalte C + D!		
C- und D-Antworten: 7-10 Mal ❑	Höchste Zeit zum Handeln! Ihre Firma bietet wenig Unterstützung für die Work-Life-Balance. Regen Sie einen Dialog mit der Leitung an. Beziehen Sie die Hilfe des Betriebsrats ein.	☹
C- und D-Antworten: 2-6 Mal ❑	Prüfen Sie, wo genau die Probleme liegen, und sprechen Sie darüber mit Ihrer Führungskraft!	😐
C- und D-Antworten: 0-1 Mal ❑	Prima! In Ihrer Firma achtet man auf die Belange und das Wohl der Mitarbeiter.	☺

Markieren Sie nun Ihre Ampelfarbe in Kapitel 5.3.6, Seite 53: Schritt 1 der Gesamtbilanz-Ermittlung!

Präventionsempfehlungen für ressourcenunterstützende soziale Rahmenbedingungen

Handlungsempfehlungen:

- **Betriebliches Gesundheitsmanagement (BGM):** Schaffen Sie durch Betriebsvereinbarungen Instrumente zur Gesundheitsförderung. Nutzen Sie Angebote von Krankenkassen u. Berufsgenossenschaften, um gesunde Lebensweise anzuregen.
- **Betriebliches Eingliederungsmanagement (BEM):** Helfen Sie Mitarbeitern, sich nach längeren Erkrankungen schrittweise wieder einzugliedern.
- **Gesundheitszirkel**: Unterstützen Sie den betrieblich koordinierten Austausch über Gesundheitsgefährdungen. Betriebsärzte, Berufsgenossenschaften, Gewerkschaften vermitteln Ihnen Moderatoren. Bilden Sie Multiplikatoren aus.

- **Betriebsarzt, Sozialberatung:** Ist Ihr Betriebsarzt offen für psychische Themen? Nicht jedem liegt das, obwohl es heute gebraucht wird. Wer eignet sich bei Ihnen als Sozialberater oder Präventions-Multiplikator? Bilden Sie Interne aus!
- **Netzwerk für psychosoziale Betreuung**: Kooperieren Sie mit externen Hilfestellen. Diese Ärzte, Psychologen, Therapeuten, Coachs, Sozialbetreuer etc. versorgen Ihre Mitarbeiter bei psychischen Problemen zeitnah. Schnelle Hilfe finden Mitarbeiter allein viel schwieriger. Psychotherapeuten vergeben wegen Überbelastung kaum Termine.
- **Flexible Arbeitszeit:** Gleitzeit bringt die höchstmöglichen Freiheitsgrade in der Vereinbarung von Arbeit und Privatleben.
- **Home-Office, Telearbeit:** Jungen Müttern ermöglicht das Arbeiten zu Hause, im Job zu bleiben. Anderen erspart es tägliche lange Anfahrten. Günstig sind kombinierte Formen mit ca. zwei Anwesenheitstagen in der Woche.

Weitere Umsetzungsmöglichkeiten:

- **Kantine**: Erhalten Sie die Essenversorgung und setzen Sie moderne Ernährungsauffassungen um. Kooperieren Sie ggfs. mit Betriebsküchen aus der Gegend.
- **Aufenthaltsräume, Kreativräume:** Wenn Mitarbeiter miteinander „spinnen" und kommunizieren sollen, brauchen sie ein anregendes, ruhiges Ambiente.
- **Gesundheits- und Meditationsräume, Fitness-Studio:** Es muss nicht ein Corporate-Activity-Center sein. Ein Raum für Yoga, Entspannung, „Powernapping" (Kurzschlaf) etc. sollte Pflicht werden.
- **Betriebssport**: Reaktivieren Sie ihn, schließen Sie sich anderen an. In überbetrieblichen Sportzentren finden kleine Firmenmannschaften Mit- u. Gegenspieler.
- **Sabbatical:** Genehmigen Sie bei Wunsch auch einmal ein halbes Jahr lang Auszeit.
- **Alltagserleichterung**: Fördern Sie Fahrgemeinschaften, Praktika für Angehörigenkinder. Sichern Sie sich ein Kontingent von Kindergartenplätzen etc.
- **Firmenfeiern**, Tag der offenen Tür: Feiern Sie mit Familien und Kommune!
- **Unternehmenswettbewerbe:** Firmen-Award: Wer löst ein Problem am besten?
- **Am besten**: Sie organisieren für Verbesserungen von Umfeld und Ambiente in der Firma einen gemeinsamen Arbeitseinsatz, danach wird gefeiert.

7 Gesamtbilanz „Meine Arbeit & Gesundheit“ – Teil 2: Beurteilung der Beanspruchungsfolgen für die Gesundheit

■ Erscheinungsformen psychischer Fehlbeanspruchungen

7.1 Einführung

7.1.1 Der zweite Schritt: Beurteilung der psychischen Gesundheit

Nachdem Sie Ihre Gesamtbewertung „Meine Arbeit“ (Kapitel 5, Seite 52) vollzogen haben, geht es nun in den **zweiten Schritt**. Sie erfahren, wie Sie *psychische Gesundheit beurteilen* können: Sie werden anhand von Beispielen die Gesundheit von Mitarbeitern aus der Beobachterperspektive bewerten und anschließend Ihre eigene Gesundheit beurteilen.

7.1.2 Bewertungsaspekte psychischer Gesundheit

Zur Beurteilung gelangen Fehlbeanspruchungsfolgen und individuelle Gesundheitsressourcen. Aus den vorgestellten Fehlbeanspruchungsfolgen wurden für das Testinstrumentarium die wichtigsten Erscheinungsformen ausgewählt:

Die *10 psy.Res®-Gesundheitsskalen* sind:

1. Kurzfristige Fehlbeanspruchungen: Monotonie und psychische Sättigung
2. Stress
3. Emotionale Erschöpfung/Burnout
4. Depression
5. Ängste
6. Mobbing
7. Abhängigkeit von Arbeit und Erfolg
8. Missbrauch von Substanzen
9. Innere Kündigung
10. Individuelle Gesundheitsressourcen

7.1.3 Zwei Wege zur Beurteilung von psychischen Beanspruchungsfolgen

Fremdbeurteilung von Gesundheit: Arbeit mit den Fallbeispielen

Ähnlich wie bei der Bewertung der Belastungen beginnen wir mit dem Beobachterblick. Als Unternehmer, Führungskraft, Personalverantwortlicher, Coach, Berater oder Kollege möchten Sie Ihre Antennen sensibilisieren. Sie fragen sich: „Wie kann ich früher und treffsicherer erkennen, dass ein Mitmensch Probleme hat?" Durch die Arbeit mit den psy.Res®-Beobachter-Checklisten üben Sie sich darin und schärfen Ihren Blick.

Nehmen Sie die am Anfang jedes Kapitels vorgestellte psy.Res®-Beobachter-Checkliste zur Fremdbeobachtung und Fremdbeurteilung zur Hand. Beurteilen Sie den beschriebenen Fall, indem Sie die zutreffenden Bewertungsfelder markieren. Am Schluss ermitteln Sie die Summe an Markierungen. Folgen Sie dazu ganz bequem der jeweiligen Vorschrift unter der Checkliste. Im Endergebnis erhalten Sie eine Ampelbewertung: Grün, Gelb oder Rot. Was die Farbe im einzelnen bedeutet, wird Ihnen erläutert. Beantworten Sie parallel auch die Fragen unter jedem Fall. Ob Sie richtiglagen, können Sie in der anschließenden Fallauflösung erfahren.

Selbstbewertung der eigenen Gesundheit

Gegen Ende des Abschnitts über jede der 10 Beanspruchungswirkungen finden Sie ein zweites – der Checkliste recht ähnliches – Testinstrumentarium: Es handelt sich um den zugehörigen psy.Res®-Selbsttest. Mithilfe der insgesamt 10 Selbsttests erstellen Sie Ihr psychisches Gesundheitsprofil, indem Sie die erhaltenen Ampelfarben in das Blatt für die Gesamtbilanz „Meine Arbeit & Gesundheit" (Kapitel 5.3.6, Seite 52) eintragen.

Folgen Sie anschließend der Verfahrensbeschreibung zur Erstellung der Gesamtbilanz. Leiten Sie am Schluss Ihren ganz persönlichen Maßnahmeplan zur Stabilisierung Ihrer psychischen Gesundheit ab (S. 55).

7.1.4 Anregungen für Prävention

Der letzte Abschnitt zu jedem der 10 psy.Res®-Gesundheitsfaktoren widmet sich zusätzlichen Erläuterungen und Präventionsempfehlungen.

7.2 Der psy.Res®-Gesundheitstest in Anwendung

7.2.1 Monotonie und psychische Sättigung

Beobachter-Checkliste: Kurzfristige Fehlbeanspruchungsfolgen – Teil 1: Monotonie

Monotonie beschreibt einen herabgesetzten Wachheitszustand, der auftritt, auch wenn man ausgeschlafen ist. Ein langatmiger Redner erzeugt Monotonieerleben beim Publikum. Die Zuhörer dämmern weg, versuchen, sich gewaltsam munter zu halten. Einige „entflüchten" der Monotonie durch Schlaf. Monotonie entsteht, wenn eine Situation lang andauernd anregungsarm ist und keine Chance besteht, sie einfach zu verlassen (DIN EN ISO 10075).

psy.Res®-Beobachter-Checkliste 1.1: Monotonie

Nur Zutreffendes ankreuzen!

Merkmale der Monotonie:			ja
Tätigkeit birgt Fehlbelastungen in sich. Sie ...			
1. ist nur „ausführend" (Fließband, Überwachung ...).			
2. ist anregungsarm und/oder einförmig wiederkehrend.			
3. erfordert Aufmerksamkeit ohne Handlungsmöglichkeit.			
4. ist isolierend: Mitarbeiter können nicht kommunizieren.			
5. beansprucht nur wenige Fähigkeiten und Kenntnisse.			
6. erfolgt bei stets gleicher Körperhaltung/Hitze/wenig Licht.			
7. Die Bindung an den Maschinentakt ist eng.			
Mitarbeiter zeigen Fehlbeanspruchungsfolgen:			
8. MA unterlaufen häufiger Fehler.			
9. MA gähnen häufig.			
10. MA werden von Sekundenschlaf befallen.			
11. MA übersehen Warnsignale oder unterschätzen sie.			
12. MA haben häufiger Arbeitsunfälle oder Beinaheunfälle.			
13. MA brauchen zunehmend mehr Zeit: Es kommt zu Stau am Band, Fehlerbehebung.			
14. MA benötigen immer längere Reaktionszeit, z.B. bei Störungen.			
∑	**Punkte gesamt: ...**	**Ampelergebnis:**	☹ 😐 ☺

(In Anlehnung an BMS: Ermüdung, Monotonie, Sättigung, Stress, Plath & Richter 1984) MA = Mitarbeiter

Ihr Ergebnis → Addieren Sie die jeweiligen Punkte!		
8-14 Punkte ❑	Denken Sie über neue Arbeitsformen nach! Monotonie liegt vor.	☹
3-7 Punkte ❑	Arbeitsgestaltung verbessern!	😐
0-2 Punkte ❑	Okay! Sind Punkte gezählt, dann Ursachen untersuchen.	☺

Beobachter-Checkliste: Kurzfristige Fehlbeanspruchungsfolgen – Teil 2: Psychische Sättigung

Psychische Sättigung entsteht bei langwierigen, anregungsarmen Tätigkeiten, die nur schwer von der Hand gehen oder häufig gestört werden und deren Sinn sich nicht recht erschließen will. Sie geht mit gereizter Anspannung und innerer nervöser Unruhe einher. Man hat die Arbeit satt, möchte sich von ihr befreien (DIN EN ISO 10075-1).

psy.Res®-Beobachter-Checkliste 1.2: psychische Sättigung

Nur Zutreffendes ankreuzen!

Merkmale der psychischen Sättigung						ja
Tätigkeit birgt Fehlbelastungen in sich:						
1. Strenge zeitliche Bindung/keine Möglichkeit, zu entfliehen						
2. Kaum Freiheitsgrade in der Ausführung, strenge Regeln						
3. Informationen über Sinn der Arbeit fehlen						
4. Rückmeldungen über Handlungserfolg fehlen weitgehend						
5. Erlaubt keine Verantwortung oder Mitsprachemöglichkeit						
6. Schlecht gestaltete Arbeitsmittel (Anzeigen, Blendungen schlechte Schutzvorkehrungen, Sicherheitstechnik ...)						
7. Unbequeme Körperhaltungen sind erforderlich						
Mitarbeiter zeigen Fehlbeanspruchungsfolgen:						
8. MA sind gereizt: fluchen, sind patzig ...						
9. MA sind unkooperativ/lehnen erbetene Unterstützung ab.						
10. MA machen „Dienst nach Vorschrift“.						
11. MA leisten weniger: Menge und Güte nehmen ab.						
12. MA entfernen sich häufig vom Arbeitsplatz (Kaffee kochen, rauchen, Toilettengang, sich unterhalten ...).						
13. MA gehen mit Dingen lieblos um, Mimik zeigt Abneigung.						
14. MA lenken sich häufig vom Arbeiten ab: Spiele, Privates ...						
∑	**Punkte gesamt: ...**	**Ampelergebnis:**	☹	😐	☺	

(In Anlehnung an BMS: Ermüdung, Monotonie, Sättigung, Stress, Plath & Richter 1984) MA = Mitarbeiter

Ihr Ergebnis → Addieren Sie die jeweiligen Punkte!		
8-14 Punkte ❑	Vermitteln Sie den Sinn der Arbeit! Erweitern Sie Freiheitsgrade! Psychische Sättigung liegt vor.	☹
3-7 Punkte ❑	Arbeitsgestaltung verbessern!	😐
0-2 Punkte ❑	Okay! Sind Punkte gezählt, Ursachen untersuchen.	☺

Fallbeispiel: Renate R.: „Sonnenenergie zum Batterieaufladen!“

Renate R.: „Sonnenenergie zum Batterieaufladen!“

Frau Renate R. war früher in der Landwirtschaft tätig. Ihre Arbeit hat sie bereits vor zehn Jahren verloren. Sie ist nach der Teilnahme an zwei Umschulungen und mehreren zeitlich begrenzten Jobs froh, endlich wieder eine Festanstellung bekommen zu haben. Sie arbeitet in einem Unternehmen, in dem Solarsysteme hergestellt werden. Die Arbeit ist nicht vergleichbar mit ihrer Tätigkeit als Bäuerin, wo sie relativ selbstständig verschiedenste Arbeiten an frischer Luft ausgeführt hat. Heute ist es ihre Aufgabe, in einer Fließfertigung Solarzellen zu montieren. Es handelt sich um einen Arbeitsschritt, der drei Minuten dauert. Dabei läuft sie einmal um einen fahrbaren „Tisch“ herum, auf dem die Trägerplatte für die Zellen transportiert wird. Es sind immer wieder dieselben Handgriffe zu verrichten. Dennoch ist Renate froh, sie kann entscheiden, ob sie links oder rechts um den Tisch herum geht. Einseitige Belastungen der Körperseiten kann sie dadurch verhindern. Sie arbeitet isoliert von anderen und kann sich außer in den Pausen nicht von der Fließfertigung entfernen. Bei ihrer Arbeit muss sie die ganze Zeit stehen. Stühle gibt es nicht.

Die Schicht beginnt 6.00 Uhr. Gegen 11.00 Uhr spürt Frau R. zunehmende Ermüdung. Immer häufiger gähnt sie. Ist nicht bald Mittag? Die in der Verwaltung haben es gut: Die können sich zwischendurch Kaffee kochen oder einfach einmal etwas anderes machen. Die Zeit scheint nicht mehr zu vergehen. Die Montage will ihr nicht mehr von der Hand gehen. Es fällt ihr zunehmend schwerer, sich auf die Arbeit zu konzentrieren. Ihr Tempo sinkt. Ein neuer Träger ist schon bereitgestellt, der vorherige noch nicht fertig. Sie will sich beeilen, macht aber Fehler. Gerade hat sie ein Bauteil fallen lassen und sich an dem beschädigten Teil verletzt. Ihr Finger schmerzt. Im Laufe des Arbeitstages wird sie immer unausgeglichener. Klappt die Montage nicht gleich, flucht Renate und schimpft vor sich hin. Die Tatsache, dass sie den Arbeitsplatz nur zur Pause verlassen kann, macht sie noch gereizter.

Durch ein zusätzliches Auftragsvolumen muss Frau R. nun auch noch zwei Überstunden leisten. Sie stöhnt und würde am liebsten weglaufen. Als der Meister sie auf ihr langsames Tempo anspricht, reicht es ihr. Sie gibt sich keine Mühe mehr und überlegt, ob sie morgen nicht einfach einmal zu Hause bleiben sollte.

1. Leidet Frau R. unter Monotonie und/oder psychischer Sättigung?
2. Welche Verhaltensbeobachtungen belegen das?
3. Welche Bedingungen in der Arbeit haben dazu beigetragen?
4. Welche gesundheitlichen Folgen können langfristig resultieren?
5. Wie kann die Situation für Renate R. verbessert werden?

Auflösung des Fallbeispiels: Renate R.: „Sonnenenergie zum Batterieaufladen“

1. Leidet Frau R. unter Monotonie und/oder psychischer Sättigung?

Ja, Renate R. leidet unter Monotonie und psychischer Sättigung. Sie kämpft mit einem Müdigkeitsgefühl. Die Arbeit unterfordert sie stark.

Die Ampel steht mit 11 von 14 negativen Punkten in der Monotonieskala auf Rot! (fraglich 11., 12., 14.) Renate ist fehlbelastet (unterfordert) infolge Monotonie).	☹

Die Ampel steht mit 8 von 14 negativen Punkten in der Sättigungsskala auf Rot! (deutlich: 1., 2., 5., 7., 8., 10., 11., 12.). Renate ist fehlbelastet infolge psychischer Sättigung.	☹

2. Welche Verhaltensbeobachtungen belegen das?

Das „Langwerden" der Zeit ist auch ein Anzeichen für **Monotonie**. Die Folge ist Müdigkeit. Sie gähnt. Die Arbeit geht ihr schwerer von der Hand. Sie kann sich nur noch schwer konzentrieren. Sie wird unaufmerksam, macht Fehler. Obwohl sie sich zur Eile müht, reagiert sie langsamer.

Renate ist gereizt. Sie flucht. Am liebsten möchte sie eine Pause machen oder die Arbeit ganz verlassen. Als der Arbeitserfolg ausbleibt, sie sich auch noch verletzt, nimmt die schlechte Stimmung zu. Das sind Anzeichen von **psychischer Sättigung**. Diese Frustration potenziert sich durch die Rüge des Meisters. Sie verliert die Motivation.

3. Welche Bedingungen in der Arbeit haben dazu beigetragen?

Renate muss acht Stunden lang alleine Teile montieren, kann sich nicht vom Band entfernen und kaum kommunizieren. Jeden Tag macht sie dasselbe: eintönige, kurzzyklische Verrichtungen von drei Minuten Dauer, eine eintönige, wenig anspruchsvolle Arbeit. Sie hat nur den Freiheitsgrad, ihre Bewegungsrichtung zu wählen. So kann sie wenigstens die Folgen der Zwangshaltungen etwas abfedern. Sich nicht setzen zu können und Überstunden machen zu müssen sind weitere Belastungsquellen.

Das Entstehen von psychischer Sättigung wird durch den Umstand befördert, dass sie sich bei Konzentrationsverlust und Sättigungserleben nicht von ihrem Arbeitsplatz entfernen kann, um den Monotoniezustand zu unterbrechen. Durch die isolierte Arbeit nicht kommunizieren zu können, macht es noch schlimmer. Die Unzufriedenheit, nicht mehr in ihrem Beruf arbeiten zu können, verstärkt die psychische Abneigung. Durch die zusätzliche Schicht sind Erholungsmöglichkeiten eingeschränkt, sodass die psychische Ermüdung auch von einer gesamtkörperlichen Ermüdung überlagert wird.

4. Welche langfristigen Folgen ergeben sich aus dieser Arbeitssituation?

Monotonie und psychische Sättigung sind kurzfristige Phänomene, die infolge Tätigkeitswechsel sofort verschwinden können. Wer, wie Renate R., sich tagtäglich damit quälen muss, wird langfristig psychisch beeinträchtigt.

Sie verliert permanent Fähigkeiten und Fertigkeiten: Sie werden nicht mehr abgefordert. Damit sinken ihre Chancen auf dem Arbeitsmarkt weiter. Ihr Selbstwertgefühl, ihr Optimismus und andere Gesundheitsressourcen werden abgebaut.

Langfristig entstehen Haltungsschäden und Schulter-, Nacken-, Rücken- und weitere Halteapparatbeschwerden wegen stereotyper Körperhaltung und Arbeit im Stehen. Es besteht Unfallgefahr durch Unaufmerksamkeit. Auch körperliche Folgeerkrankungen, wie z.B. Hypertonie (Bluthochdruck) und Herz-Kreislauf-Beschwerden sind denkbar.

Die Unlust kann Renate R. verführen, hin und wieder einen Tag „blau" zu machen. Fehlzeiten (Absentismus) können steigen. Möglicherweise kommt es später zur „inneren Kündigung". Die Arbeitsunzufriedenheit lässt zunehmend den Wunsch nach tatsächlicher Kündigung aufkeimen. Stellt das für sie keine akzeptable Lösung dar, könnte sie sich in die Krankheit flüchten. Der sekundäre Krankheitsgewinn liegt dabei in der Befreiung von einer ungeliebten Tätigkeit. Langwierige Krankheitsverläufe sind denkbar. In jedem Fall wird das Unternehmen finanziell belastet.

5. Was kann für Frau R. getan werden, damit sich ihre Situation verbessert?

Ergonomie: Stuhl zur Verfügung stellen und Arbeitsplatz nach ergonomischen Gesichtspunkten prüfen

Tätigkeit: Kombination mehrerer anspruchsähnlicher Arbeitstätigkeiten:

- Taktzeiten verlängern
- Rotation zwischen Tätigkeiten
- Teamarbeit und Selbstorganisation im Team einführen
- Flexiblere Pausengestaltung, eventuell durch Springersystem

- Soziale Isolation aufheben, Arbeitsplätze kommunikationsfreundlich anordnen
- Sichtbarrieren abbauen
- Tätigkeitsgestaltung nach arbeitspsychologischen Gesichtspunkten: planende, vorbereitende und kontrollierende Tätigkeitsbestandteile einbauen

Mensch-Maschine-Schnittstellen: Entscheidung über Rationalisierungslösungen, Automatisierung von Hilfs- und Hauptprozessen

Stellenbesetzung: Umsetzungsmöglichkeit überprüfen, da Mitarbeiterin überqualifiziert

Selbsttest: Monotonie und psychische Sättigung

Nun überprüfen Sie Ihre eigene Arbeitssituation: Wie monotoniegefährdet sind Sie? Wie psychisch sättigend ist Ihre Arbeit?

psy.Res®-Selbsttest 1: Monotonie und psychische Sättigung

psy.Res®-Selbsttest 1.1: Monotonie		A	B	C	D
1.1 Wie monotoniegefährdet bin ich?		ja	eher ja	eher nein	nein
Aussagen zur Monotonie					
1. Meine Arbeit ist so eintönig, dass ich aufpassen muss, nicht wegzunicken.					
2. Meine Arbeit unterfordert mich.					
3. Obwohl ich ausgeruht bin, kämpfe ich bei der Arbeit gegen Müdigkeit.					
4. Dass sich meine Arbeit stets in kurzen Zyklen wiederholt, quält mich.					
5. Die Arbeit ist so, dass sich nach kurzer Zeit meine Reaktion verlangsamt.					
∑ (A+B)-Punkte gesamt: = ...	**Ampelergebnis:**		☹ 3–5	😐 1–2	☺ 0

psy.Res®-Selbsttest 1.2: psychische Sättigung		A	B	C	D
1.2. Wie psychisch sättigend ist meine Arbeit?		ja	eher ja	eher nein	nein
Aussagen zur psychischen Sättigung					
1. In meiner Arbeit trete ich häufig auf der Stelle und habe es dann satt.					
2. Ich sehe in meiner Arbeit wenig Sinn.					
3. Meine Arbeit macht mich gereizt.					
4. Ich muss mich zur Arbeit zwingen.					
5. In der Arbeit kann ich nicht viel bewirken.					
∑ (A+B)-Punkte gesamt: = ...	**Ampelergebnis:**		☹ 3–5	😐 1–2	☺ 0

(In Anlehnung an BMS: Ermüdung, Monotonie, Sättigung, Stress, Plath & Richter 1984)

Ihr Ergebnis → Betrachten Sie nun beide Ampeln gemeinsam!		
Eine oder beide Ampeln rot ❑	Handeln! Monotonie bzw. psychische Sättigung liegen vor. Diese Arbeit belastet Ihre Gesundheit! Sprechen Sie mit dem Betriebsarzt, Betriebsrat oder Ihrer Berufsgenossenschaft.	☹
Eine oder beide Ampeln gelb ❑	Prüfen Sie gemeinsam mit anderen Betroffenen, auch mit Führung, Betriebsrat, Betriebsarzt, welche Ursachen die wichtigsten sind. Gemeinsam langfristig Veränderungen planen!	😐
Beide Ampeln grün ❑	Prima! Monotonie bzw. psychische Sättigung liegen bei Ihrer Arbeit nicht vor.	☺

Markieren Sie nun Ihre Ampelfarbe in Kapitel 5.3.6, Seite 52: Schritt 2 der Gesamtbilanz-Ermittlung!

Präventionsempfehlungen: Monotonie und psychische Sättigung

Hauptursachen von Monotonie und psychischer Sättigung liegen in kaum vorhandenen Freiheitsgraden und Spielräumen der Arbeit, im vermissten Sinn und nicht vermittelten Nutzen der Arbeit.

Achtung! Verstärkende Arbeitsfaktoren sind:

1. Führungsmängel: geringe Anerkennung
2. Schlechte Rahmenbedingungen
3. Fehlende Erholungsmöglichkeiten
4. Angespanntes Betriebsklima
5. Schlechte Zukunftsaussichten

Handlungsempfehlungen:

- Siehe Empfehlungen zur Erweiterung von Freiheitsgraden und Handlungsspielraum in der Arbeit: psy. Risk®-Faktor 8 „Arbeitstätigkeit“:
  - **Joberweiterung:** Kombination mehrerer Tätigkeiten, Taktzeiten verlängern
  - **Tätigkeitsbereicherung** (planende, vorbereitende und kontrollierende Tätigkeiten integrieren)
  - **Rotation** der Tätigkeiten zwischen Mitarbeitern
- **Herauslösen** des Menschen aus seiner *„Ankettung an Taktungen von Maschinen und Prozessen“* durch Automatisierung und Rationalisierung
- **Kommunikations- und Kontaktmöglichkeiten schaffen:** Nestmontage, Arbeitsplätze kommunikationsfreundlich anordnen, Sichtbarrieren abbauen
- **Informieren, kommunizieren, motivieren**: Worin liegt der Sinn des Tuns? Im Sinnzusammenhang wird sogar stupide Arbeit zweitweise ertragbar. Der Nutzen für die Zielerreichung gibt Kraft. Vermitteln Sie durch Führung Einsicht in das Ganze!
- **Pausen/Pausenräume** gestalten: Beim Erholen hilft typbedingt Verschiedenes: Gespräche, Spaziergänge, Kurzschlaf etc. Was brauchen Sie?

Weitere Umsetzungsmöglichkeiten:

- **Weiterbildung**: Fachkräfte werden knapper. Bilden Sie Mitarbeiter weiter, die unterfordert sind. Unterforderungserleben hängt von vorhandenen Potenzialen ab.

- **Innerbetriebliche Umsetzung**: Versuchen Sie, für Unterforderte eine anforderungsreichere Arbeit zu finden – vielleicht werden ihre Erfahrungen und Kenntnisse an einer anderen Stelle im Unternehmen auch gebraucht?
- **Hobby und Freizeit**: Regen Sie Mitarbeiter an, zum Ausgleich ihre Freizeit aktiv zu gestalten: Bewegung, Kommunikation, Kultur, Hobby, schöpferische Betätigung.

7.2.2 Stress

Beobachter-Checkliste: Leidet mein Mitarbeiter unter Stress?

Hauptmerkmal von chronischem Stress ist die dauerhaft erhöhte innere Anspannung. Stress ist eine Reaktion auf unnahbare oder bedrohlich erlebte Situationen, z.B. wenn wir keine Möglichkeit haben, diese Situation durch unser Handeln zu verändern. Die Stressreaktion wurde im Kapitel 3, S. 25 ff. ausführlich beschrieben. In folgender Checkliste sind die wichtigsten beobachtbaren Merkmale zusammengefasst.

Wenden Sie die Beobachter-Checkliste für den nachfolgend diskutierten Fall Frank B.: „Zeitdruck" an! Wie ist es um den Stresslevel von Frank B. bestellt?

psy.Res®-Beobachter-Checkliste 2: Stress

Nur Zutreffendes ankreuzen!

Merkmale von Stress	ja
So verändert sich die Psyche: Der Mitarbeiter …	
1. ist schneller reizbar.	
2. wird zunehmend ungeduldig, wenn etwas nicht gleich klappt.	
3. wird vergesslich.	
4. kann sich schwerer konzentrieren.	
5. ist unruhig oder wirkt wie „aufgezogen".	
6. kann anderen nicht mehr zuhören.	
7. spricht davon, nicht mehr abschalten zu können.	
8. äußert, nachts aufzuwachen und nicht mehr einschlafen zu können.	
9. agiert zunehmend hektisch und riskant	
Über diese körperlichen Beschwerden klagt der Mitarbeiter in letzter Zeit:	
10. Rücken-/Schulter-/Nackenschmerzen	
11. Erkältungen/Infekte	
12. Herz-Kreislauf-Beschwerden	
13. Magen-Darm-Beschwerden	
14. Kopfschmerzen	
15. Kloßgefühl im Hals	
16. Enge in der Brust	
17. Herzklopfen/Herzrasen	
18. Ohrgeräusche/Tinnitus	
Spaltensumme der Kreuze	

Ihr Ergebnis → Addieren Sie die jeweiligen Punkte!		
9-18 Punkte ❑	Handeln! Die Gesundheit ist angriffen. Motivieren Sie den Mitarbeiter zum Arztbesuch! Bauen Sie Belastungsfaktoren ab!	☹
3-8 Punkte ❑	Sind die Warnzeichen psychisch oder körperlich? Sprechen Sie mit dem Mitarbeiter und analysieren Sie die Ursachen.	😐
0-2 Punkte ❑	Bei Ihrem Mitarbeiter liegt anscheinend kein Stress vor.	☺

Fallbeispiel Frank B.: „Zeitdruck"

Frank B.: „Zeitdruck"

7.00 Uhr. Elektroinstallateur Frank B. brüht sich gerade einen Kaffee. Telefonklingeln. So früh? Die Zentrale! Er muss sofort los. Ein Stromausfall im Bezirk Nord! Bis 8.00 Uhr soll alles wieder in Ordnung sein.

„Das muss ich schaffen. Sonst gibt es großen Ärger". Unruhig verlässt er das Haus. Zu dieser Zeit ist immer Stau. Er kann sich nicht recht konzentrieren. Gestern gab es wieder einmal einen schlimmen Streit mit seiner Frau. Sie hat gedroht, endgültig auszuziehen. Er wollte heute in Ruhe mit ihr frühstücken. Frank B.s Gedanken kreisen zwischen seiner Frau und seiner Arbeit hin und her.

Plötzlich sieht er unmittelbar vor sich Rücklichter aufblenden. Mit aller Kraft tritt er auf die Bremse. Zum Glück, das ist gerade noch einmal gut gegangen! Er zittert am ganzen Körper und hat das Gefühl, fast die Kontrolle über sein Fahrzeug zu verlieren. Sein Herz rast, sein Mund ist ganz trocken und der Schweiß bricht aus. Er fühlt eine Enge in der Brust, in seinem Kopf hämmert es. Noch bevor er sich einigermaßen wieder beruhigen kann, wird ihm klar, dass er seinen Laptop zu Hause vergessen hat. Dort sind die Schaltpläne und Prüflisten eingespeichert, die er zur Störungsbehebung braucht. Ihm wird heiß und kalt: Was nun? Zurück? Nein! Er ist schon 20 Minuten gefahren und fast an der Trafostation angelangt. Hoffentlich findet er jemanden, der über die notwendigen Informationen verfügt. „Früher war es einfacher", denkt er, „da fuhren wir immer zu zweit und konnten uns aushelfen. Auch unser Gebiet war kleiner."

In der Trafostation erwartet ihn zum Glück schon Kollege Hartmut K. Dieser hat alle Unterlagen zur Hand. Frank B. atmet erleichtert auf. Da hat sich ja noch einmal alles zum Besten gekehrt.

Er bespricht mit dem Kollegen das Problem, denkt zwischendurch noch einmal kurz an die angespannte Situation zu Hause und hofft, auch dort würde alles gut werden. „So, nun noch die Schaltung", denkt er, „ist ja im Prinzip nur noch Routine." Als er gerade anfangen will, ruft Mike K. ihm noch eine Frage zu. Frank B. wendet sich kurz um, nimmt dann aber sofort die Schalthandlung wieder auf. Wie ein Blitz springt er zur Seite. Ein Schrei! Zu spät: Frank B. hat anstelle des Lasttrenners den Erdungstrenner geschlossen!

1. Leidet Frank B. unter Stress?
2. Welche Verhaltensbeobachtungen belegen das?
3. Welche Bedingungen haben dazu beigetragen?
4. Welche gesundheitlichen Folgen können langfristig resultieren?
5. Wie kann die Situation für Frank B. verbessert werden?

Auflösung des Fallbeispiels Frank B.: „Zeitdruck"

1. Leidet Frank B. unter Stress?

Ja, Frank B. befindet sich in einer Erschöpfungsphase nach akuter Stressreaktion auf der Basis einer dauerhaft erhöhten Anspannung (Dauerstress-Syndrom).

Die Ampel steht mit 9 von 18 negativen Punkten in der Stressskala auf Rot! (3., 4., 5., 7., 9., 12., 14., 16., 17.) Frank B. steht unter Stressreaktion. ☹

2. Welche Verhaltensbeobachtungen belegen das?

Er ist unruhig, unkonzentriert, vergisst das wichtige Arbeitsgerät Laptop. Im Straßenverkehr verhält er sich riskant. Alles das gipfelt in der folgenreichen Fehlhandlung. Körperlich nimmt er akute Stresssymptome wahr wie:

- Herzrasen
- Enge in der Brust
- Zittern
- Schweißausbrüche
- Trockener Mund
- Kopfhämmern

Als er glaubt, entspannen zu können, gibt sein Organismus nach und fährt im psychomentalen Bereich mit schonender Halblast, das heißt, innere Spannung und Konzentration nehmen ab. Das ist für einen gefährlichen Job einfach zu riskant!

3. Welche Bedingungen haben dazu beigetragen?

Franks Arbeit ist auch belastungsreicher geworden. Er arbeitet nicht mehr im Zweierteam, die Verantwortung lastet auf ihm allein. Der Radius seines Wirkungskreises ist größer geworden. Zeitdruck steht auf der Tagesordnung. Die notwendige Aufmerksamkeit im Straßenverkehr erhöht den Stresspegel weiter. Charakterzüge, wie seine Gewissenhaftigkeit, verschärfen die Situation: Er macht sich Vorwürfe über seine Vergesslichkeit und ist mit sich unzufrieden.

Zu Hause hat Frank B. massive Probleme: Die Ehe läuft nicht mehr, es gibt fundamentalen Streit. Er hat große Zukunftsängste und will seine Familie nicht verlieren.

4. Welche gesundheitlichen Folgen können langfristig resultieren?

Die physiologischen Phänomene zeigen eine Gefährdung des Herz-Kreislauf-Systems. Herzinfarkt und Schlaganfall sind nicht auszuschließen und können zu Behinderungen oder zum Tode führen. Ebenso lebensgefährlich ist eine Fehlhandlung in stromführenden Anlagen.

Die betrieblichen Konsequenzen (Abmahnungen, Umsetzungen) stellen psychische Belastungen dar, die Selbstwertgefühl und positive innere Überzeugungen angreifen und depressive Entwicklungen befördern. Das dürfte sich auf seine Zuversicht bzgl. Eherettung ebenfalls ungünstig auswirken. Er befindet sich im Teufelskreis der Stressreaktion.

5. Wie kann die Situation für Frank B. verbessert werden?

Klärung: In erster Linie muss Frank B. selbst Konsequenzen ziehen und für eine gewisse Zeit „einen Gang zurückschalten". Hierbei benötigt er die Unterstützung seiner Familie, insbesondere seiner Frau. Wichtig ist, die persönliche Beziehung zu klären.

Erholung: Als Erstes sollte Frank B. einmal ausspannen und eine Krankschreibung akzeptieren. Die Zeit zu Hause sollte er für sich und seine Familie nutzen. Eine Entspannung der häuslichen Situation könnte nicht nur den Stresspegel senken, sondern auch Ressourcen freilegen, die man natürlicherweise in tragfähigen Beziehungen aufbaut.

Änderung der Lebensgewohnheiten: Außerdem sollte sich B. intensiv mit Möglichkeiten des Stressabbaus befassen (Sport, Entspannungstechniken, Spaziergänge, erfüllte Freizeitgestaltung, Freunde und individuelle Zufriedenheitserlebnisse).

Umsetzung am Arbeitsplatz: Für die Zeit der Klärung würde B. Schonung in der Arbeit guttun. Lässt es die gelebte Gesundheitskultur sowie die Aufgeklärtheit und Sensibilität der Führungskraft zu? Unfälle wie der von Frank B. kosten das Unternehmen viel Geld: Regress durch Anlagenausfälle, Reparaturkosten, Imageverlust, Krankheitskosten. Die wirtschaftliche Einbuße durch eine zeitbegrenzte Umsetzung auf einen Arbeitsplatz mit geringerem Gefährdungspotenzial ist im Vergleich vernachlässigbar.

Organisation und Führung: Leitung und Betroffene sollten die Prozesse prüfen:

- Ist der Einsatzbereich ist zu groß?
- Sind die Norm-/Fahrzeiten realistisch?
- Welche Verbesserungen in Einsatzplanung und Organisation sind denkbar?
- Welche Maßnahmen der Gesundheitsförderung können installiert werden? (z.B. Gesundheitszirkel, Betriebssport, regelmäßige Stress-Checks, Schulungen, Gesundheitstage, betriebliches Eingliederungsmanagement etc.)

Selbsttest: Stress

Jetzt betrachten Sie Ihre eigene Situation: Welche psychischen und/oder körperlichen Symptome nehmen Sie an sich selbst wahr?

psy.Res®-Selbsttest 2: Stress

	A	B	C	D
Mein Stresserleben in der Arbeit	**ja**	**eher ja**	**eher nein**	**nein**
Diese psychischen Symptome treten bei mir in letzter Zeit auf				
1. Ich bin schneller reizbar.				
2. Ungeduld steigt rasch in mir hoch, wenn etwas nicht gleich klappt.				
3. Meine Vergesslichkeit nimmt zu.				
4. Es fällt mir zunehmend schwerer, längere Zeit konzentriert zu bleiben.				
5. Ich fühle mich wie aufgezogen.				
6. Mich erfasst immer häufiger eine innere Unruhe und Getriebenheit.				
7. Ich kann nicht mehr abschalten.				
8. Nachts wache ich häufig auf und kann vor lauter Gedanken nicht mehr einschlafen.				
9. Nach dem Aufwachen fühle ich mich oft zerschlagen und kaum erholt.				
Diese körperlichen Symptome treten bei mir in letzter Zeit auf				
10. Rücken-/Schulter-/Nackenschmerzen				
11. Erkältungen/Infekte				
12. Herz-Kreislauf-Beschwerden				
13. Magen-Darm-Beschwerden				
14. Kopfschmerzen				
15. Kloßgefühl im Hals				
16. Enge in der Brust				
17. Herzklopfen/Herzrasen				
18. Ohrgeräusche/Tinnitus				
Spaltensumme der Kreuze	**... A**	**... B**	**... C**	**... D**

Ihr Ergebnis → Addieren Sie die Kreuze in Spalte A + B!		
A- und B-Antworten: 9-18 Mal ❑	Handeln! Ihre Gesundheit ist angriffen. Sprechen Sie unbedingt mit Ihrem Betriebs- oder Hausarzt!	☹
A- und B-Antworten: 3-8 Mal ❑	Prüfen Sie Ihre Belastungen mit dem psy.Risk®-10-Faktoren-Test (blaue Reiter in diesem Heft). Was können Sie ändern?	😐
A- und B-Antworten: 0-2 Mal ❑	Sie verhalten sich richtig: Reduzieren Sie Belastungen weiter, entspannen Sie bewusst.	☺

Markieren Sie nun Ihre Ampelfarbe in Kapitel 5.3.6, Seite 52: Schritt 2 der Gesamtbilanz-Ermittlung!

Präventionsempfehlungen: Stress

Handlungsempfehlungen in der Arbeit:

- **Beruflich oder privat?** Identifizieren Sie Ihre Stressursachen!
- **Arbeitsumfang:** Überprüfen Sie die Komplexität! Stimmt die Aufgabenteilung oder brauchen Sie eine Neuorganisation? Wer kann Aufgaben übernehmen?
- **Arbeitsorganisation:** Beseitigen Sie Engstellen, die zum Auftürmen von Arbeit oder zu Hauruck-Aktionen führen!
- **Arbeitsmittel:** Lassen Sie Ihren Mitarbeiter nur mit „geschärfter Säge" arbeiten!
- **Arbeitssicherheit erhöhen, Risiken ausschalten:** durch Sicherheitsfachkraft oder Betriebsarzt beurteilen lassen.
- **Führungsspanne:** Ist die Führungsspanne so, dass Führung stattfinden kann? Sorgen Sie dafür, dass eine Führungskraft nur max. 15 Personen direkt zu führen hat.
- **Entlastende Rahmenbedingungen:** Belastungen senken Sie, wenn Mitarbeiter durch flexible Arbeitszeit Privates und Beruf vereinbaren können, problemlos in die Firma gelangen, Parkplätze vorfinden, sich gesund ernähren und „Erholungsoasen" nutzen. Auch Betriebssport, Team-Incentives und Würdigung der Familien helfen.
- **Betriebliches Gesundheitsmanagement (BGM):** Schließen Sie eine Betriebsvereinbarung zur Gesundheitsförderung ab. Bauen Sie eine Gesundheitskultur auf!
- **Betriebliches Eingliederungsmanagement (BEM):** So finden Sie betriebliche Ursachen für belastungsbedingte Erkrankungen heraus und sichern Arbeitsfähigkeit ab.

Weitere Umsetzungsmöglichkeiten im Privaten:

- **Stressbilanz:** Was raubt mir die Gelassenheit? Dort konsequent abbauen!
- **Prioritäten setzen und loslassen:** Entrümpeln Sie Ihr Leben! Auch von Beziehungen, die sich überlebt haben! Trennen Sie sich von „Energievampiren"!
- **Beziehungen:** Unbedingt pflegen! Gestalten Sie mindestens zwei Beziehungsabende in der Woche – ohne Fernsehen. Helfen Sie Freunden. Lachen Sie gemeinsam. Beziehungen, Geborgenheit sind die größten Quellen des Stressabbaus.
- **Arbeit delegieren:** Dienstlich und privat, Tätigkeiten outsourcen: Haushaltshilfe, Gärtner ...
- **Offline-Phasen:** Achten Sie auf Sie handy- und arbeitsfreie Feierabende, Urlaube.
- **Konzentrationsübungen:** Halten Sie am Tage häufiger inne, versuchen Sie, sich 5 Minuten auf ein Detail (schöne Dinge) zu konzentrieren. Genießen Sie das Filigrane!

- **Atemübungen:** Atmen Sie mehrfach am Tage bewusst ein und aus. Spüren Sie Ihrem Atemrhythmus bewusst nach. Nutzen Sie Atemtechniken (z.B. Pranayama).
- **Sport und Natur:** Wandern, Joggen, Radfahren, Paddeln, Tennis, Golf, Fitnessstudio, Skifahren – alles, was guttut, vor allem bei Bewegung im Freien.
- **Abonnement** für ein ganzheitlich ausgerichtetes Gesundheitszentrum: Sie können testen, welche Art der Entspannung bei Ihnen gut anschlägt: Yoga, progressive Muskelrelaxation, Autogenes Training, Tai Chi, Qi Gong etc. Nehmen Sie Freunde mit!

7.2.3 Emotionale Erschöpfung/Burnout

Beobachter-Checkliste: Ist mein Mitarbeiter chronisch erschöpft und droht auszubrennen?

Burnout hat engen Bezug zu Charakterzügen. Menschen, die ihren Wert über Arbeit, Leistung, Dienen definieren, sind besonders gefährdet. Sie wollen sich und andere nicht enttäuschen, ignorieren daher das Krankmachende ebenso wie den Wunsch nach Erholung, Geselligkeit, Intimität oder nach Zeit für sich. Die Talfahrt beginnt.

Hauptmerkmale sind Ausblendung der Warnzeichen bzgl. der wachsenden Erschöpfung. Wie geht es Ihren Mitarbeitern? Und wie sieht es im Fall Markus S. aus?

✔ psy.Res®-Beobachter-Checkliste 3: Erschöpfung/Burnout

Nur Zutreffendes ankreuzen!

Merkmale von emotionaler Erschöpfung und Burnout			ja
Verhalten des/der früher so Engagierten in letzter Zeit: Er/Sie ...			
1. verleugnet seine Überarbeitung*			
2. ist schneller mit Aufgaben überfordert als früher			
3. unterbricht häufiger die Arbeit, muss sich erholen			
4. hat Ideen/seine Kreativität verloren			
5. entscheidungen fallen ihm jetzt schwer			
6. zieht sich aus dem Team zurück			
7. wirkt erschöpft/freudlos			
8. wirkt gedanklich abwesend/starrt ins Leere			
9. weint bei geringfügigen Anlässen*			
10. raucht oder trinkt mehr als vor einiger Zeit			
11. klagt über zunehmende körperliche Beschwerden			
12. ist häufiger krank			
13. reagiert schnell genervt			
14. behandelt Kunden gleichgültiger			
15. wirkt frustriert/jammert und klagt			
16. erledigt Aufgaben zunehmend widerwillig			
17. äußert sich enttäuscht über die Arbeit			
18. äußert sich abfällig über Chefs, Kollegen, Kunden			
19. äußert sich zynisch, wertet sich selbst ab			
Σ	**Punkte gesamt: ...**	**Ampelergebnis:**	☹ 😐 ☺

(In Anlehnung an die Forschung von Schaufeli, Maslach & Marek 1996, Poppelreuter 1997 und Burisch 2010) MA = Mitarbeiter

Ihr Ergebnis → Addieren Sie die jeweiligen Punkte!		
11-19 Punkte ❑	Burnout ist sehr wahrscheinlich: MA bewegen, sofort Arzt oder Psychologen aufzusuchen!	☹
5-10 Punkte ❑	Gespräch suchen: Wie hoch bewertet MA Arbeit? Ehrgeiz zurückschrauben! Sorgt er für Ausgleich? Feierabend unterstützen!	😐
0-4 Punkte ❑	Klären Sie die Ursachen für Unzufriedenheit.	☺

Fallbeispiel Markus S.: „Frischer Wind ins Unternehmen“

Markus S.: „Frischer Wind ins Unternehmen“

Nach dem Studium wurde Markus S. Sicherheitsfachkraft in der Energieerzeugung. Bei seiner Einstellung sagte man, er solle „frischen Wind“ in das Unternehmen bringen. Das Ziel war, die Unfälle pro 1 Million Arbeitsstunden von 12 auf 6 zu senken!

Diese Herausforderung hörte sich für Markus S. reizvoll an. Er legte sofort los. Immer wieder suchte er das Gespräch mit seinem Chef, dem Hauptsicherheitsingenieur. Die Kollegen in der Warte waren zweigeteilt. Einige meinten, es wäre Zeit, dass man hier etwas ändert. Andere warnten Markus, er solle sich schonen. Trotz der Bedenken entwarf Markus S. mehrere Konzepte, knüpfte Kontakte mit Kollegen anderer Abteilungen, wollte einen Arbeitskreis gründen und hoffte auf die Anerkennung durch seinen Chef. Seine Bemühungen fruchteten jedoch nicht so recht. Aufmerksamkeit und Lob vom Vorgesetzten blieben ihm versagt. Geplante Besprechungen fielen oft kurzfristig aus, persönliche Gespräche wurden verschoben. Der erhoffte Erfolg stellte sich nicht ein. Markus S. fragte sich, was er falsch machte. Warum nahm sein Chef keine Notiz?

„Ich bin zu schlecht! Ich verdiene die Position nicht!“ Er verdoppelte seine Anstrengungen, blieb abends lange, arbeitete sonntags. Er wollte eine Komplettlösung vorlegen, alle sollten staunen. Drei Tage bevor er alles der Geschäftsleitung präsentieren sollte, wurde ihm mitgeteilt, dass sein Projekt auf Eis gelegt sei: Ergonomische Untersuchungen an Bildschirmarbeitsplätzen hätten wegen Vorkommnissen jetzt Vorrang.

In den Wochen danach beobachteten die Kollegen Veränderungen bei Markus. Er, der anfangs immer engagiert diskutierte, zog sich nun in sich zurück, wurde immer passiver. Zur Mitarbeit aufgefordert, antwortete er: „Das ist doch hier sowieso nur Beschäftigungstherapie! Ich bin hier nur der Arbeitsschutz-Fuzzi, was wollt ihr eigentlich?“ Dann wiederum antwortete er nicht nach Ansprache und starrte minutenlang in die Luft.

In letzter Zeit sind ihm immer wieder Fehler unterlaufen, er verpasste sogar Termine, was früher bei ihm, dem Akkuraten, undenkbar war. Nachdem sein Chef ihn daraufhin ermahnt hat, wurde er krank. Die Sekretärin macht sich Sorgen. Der Chef aber meint, sie sollte die Kirche im Dorf lassen, schließlich habe man von Markus S. nichts Unmenschliches verlangt. Jeder müsse hier seine Arbeit machen.

1. Leidet Markus S. unter Burnout?
2. Welche Verhaltensbeobachtungen belegen das?
3. Welche Bedingungen in der Arbeit haben dazu beigetragen?
4. Welche gesundheitlichen Folgen können langfristig resultieren?
5. Wie kann die Situation für Markus S. verbessert werden?

Auflösung des Fallbeispiels Markus S.: „Frischer Wind ins Unternehmen“

1. Leidet Markus S. unter Burnout?

Markus ist emotional erschöpft und gerät in einen Teufelskreis, der zum Burnout führen kann.

Die Ampel steht mit 10 von 19 negativen Punkten in der Burnout-Skala noch auf Gelb! (1.,6.,7.,8.,12.,13.,15.,16.,17.,19.) Markus ist emotional erschöpft und Burnout-gefährdet.	😐

2. Welche Verhaltensbeobachtungen belegen das?

Markus S. fühlt sich „bei voller Fahrt ausgebremst". Die Gefahr, am ehrgeizigen Ziel zu scheitern, erkannte er nicht, obwohl einige Kollegen ihn warnten. In seinem Ehrgeiz, Großes zu vollbringen, übersah er die Realitäten (Realitätssinn als mangelhafte persönliche Ressource). Nun ist sein Selbstwertgefühl zutiefst erschüttert. Ihm fehlen Standing und Kraft, auf andere zuzugehen und um deren Feedback und Unterstützung zu bitten. Er verbittert zusehends. Enttäuschung, Neid und Eifersucht lassen ihn durch zynische Äußerungen frustriert und kleinlich wirken. Er findet keinen Weg mehr, seine Batterie in geeigneter Weise wieder aufzuladen. Er fühlt sich zunehmend ratlos und wertlos.

Die Arbeit, die ihm wie eine Berufung erschien, entpuppt sich als „auch nur ein Job". Das ist etwas, was er immer vermeiden wollte. Jetzt bleibt ihm nichts weiter übrig, als seinen Job zu tun, der ihn wie eine Sisyphusarbeit anmutet. Er fühlt sich als Versager.

Psyche und Körper zeigen erste Erkrankungssymptome. Er zieht sich zurück und verliert den Kontakt zu seinen Gefühlen. Er wirkt erschöpft, freudlos, abwesend und starrt Löcher in die Luft, arbeitet mit Widerwillen.

3. Welche Bedingungen in der Arbeit haben dazu beigetragen?

Arbeitsauftrag, Ziele und Erfolgskriterien blieben für Markus schwammig. Zwar hatte er viel Spielraum, was hier jedoch hinderlich war, da *Strukturen* und *Orientierung* fehlten. Sein Einsatz war schlecht vorbereitet. Ein sinnlich nicht erfassbares Ziel mit Etikettcharakter erhielt keine Konkretisierung.

Führung hat versagt. Keine Vorbereitung, keine *Kommunikation*, kein *Mentoring*, kein Feedback. Ein junger Absolvent mit hohen Potenzialen wird „verschlissen". Die Frage, ob es Mobbing war, liegt nahe. Im authentischen, dem Beispiel zugrunde liegenden Fall war die Frage nicht eindeutig zu beantworten. (Gelbe Ampel bei Mobbing.) Tatsächlich löste das ehrgeizige Verhalten von Markus die Konkurrenzangst des 56-jährigen Vorgesetzten aus.

Teamgeist fehlte. Die Teambildung schien durch mangelnde Führung vernachlässigt.

4. Welche gesundheitlichen Folgen können langfristig resultieren?

Markus scheint über kein oder nur ein instabiles soziales Netz zu verfügen. An den Wochenenden hat er oft gearbeitet, auch abends. Ein Partner scheint nicht gewartet zu haben oder ist in gleicher Weise von der Arbeit einfangen. Zu seinem Team hatte er von Beginn an wenig Nähe, nun zieht er sich ganz zurück.

Neben der mangelhaften sozialen Ressource leidet er am Abbau vieler individueller Gesundheitsressourcen. Insbesondere sind seine inneren Überzeugungen infrage gestellt: Selbstvertrauen, Überzeugung von der eigenen Wirksamkeit und der Fähigkeit, die Dinge zu hinterblicken. Selbstwertgefühl, optimistische Zuversicht, Motivation und Anpassungsfähigkeit sind beeinträchtigt. Er lässt sich hängen und gibt die Verantwortung aus der Hand. Seine Widerstandsfähigkeit nimmt ab: Engagement, Mut zum Risiko und Selbststeuerung sinken.

Markus verliert das Interesse an der Arbeit. Er scheint innerlich zu kündigen und verfügt derzeit nicht über die Kraft, sich aus dem ungeliebten Umfeld durch äußere Kündigung zu befreien. Er könnte Rechtfertigungen für sich finden und bleiben: z. B. weil das Geld stimmt! Langfristig ist er dadurch gefährdet, depressiv zu werden.

Vielleicht spannt er sich nach der Erholung im Krankenstand auch wieder auf die alte unangemessene Weise vor einen „neuen Karren". Es ist anzunehmen, dass ihn ein zweites Versagenserlebnis nur tiefer in die Krise treibt und die Burnout-Gefahr erhöht.

5. Wie kann die Situation für Markus S. verbessert werden?

Die *Führungskraft* sollte in Gesprächen mit dem nächsthöheren Vorgesetzten für die Wahrnehmung ihrer *Fürsorgepflicht* sensibilisiert werden. Ein persönliches *Coaching* ist denkbar.

Der *Führungskreis* könnte die Ereignisse zum Anlass nehmen und in einem Führungsworkshop über *Werte und Leitlinien zum gesunden Führen* nachdenken und ein Führungskräfteentwicklungsprogramm implementieren.

Den *Konflikt* von Markus S. mit seiner Führungskraft sollte in einem moderierten Gespräch geklärt und *konkrete Vereinbarungen* sollten abgeleitet werden.

Markus S. braucht Hilfe. *Kollegen*, die seine Veränderungen bemerken, sollten *Betriebsrat, Sozialberatung* oder den *Betriebsarzt* zur Hilfe und Unterstützung einschalten. Sie sollten versuchen, Markus S. wieder zu integrieren, ihm aufrichtiges Feedback zu geben, damit er sein Selbstbild wieder stärken kann.

Eventuell ist eine *Umsetzung* in einen anderen Bereich notwendig.

Selbsttest: Burnout

Sind Sie auch jemand, der sich sehr für die Arbeit einsetzt, manchmal auch aufreibt? Haben Sie sich in den Schilderungen von Markus S. hier und da wiedererkannt?

Überprüfen Sie nun, ob es bei Ihnen Anzeichen von emotionaler Erschöpfung gibt!

psy.Res®-Selbsttest 3: Burnout

	A	B	C	D
Aussagen zu meiner Burnout-Gefährdung	**ja**	**eher ja**	**eher nein**	**nein**
1. Ich fühle mich am Feierabend erschöpft und ausgepumpt.				
2. Früher habe ich mich für meine Arbeit richtig begeistert, heute überhaupt nicht mehr.				
3. Ich gebe so viel, aber es lohnt sich nicht.				
4. Man sagt, dass ich immer abfälliger über mich/meine Arbeit rede.				
5. Ich habe meine Kreativität verloren.				
6. Bei Entscheidungen bin ich blockiert.				
7. In letzter Zeit bin ich lieber allein.				
8. Seit einigen Wochen hat meine Energie immer mehr abgenommen.				
9. Ich denke oft, ich schaffe es nicht mehr.				
10. Ich muss jetzt häufig weinen.				
11. Die Vorstellung, immer so weiter zu arbeiten, macht mir große Angst.				
Spaltensumme der Kreuze	… A	… B	… C	… D

(In Anlehnung an die Forschung von Schaufeli, Maslach & Marek 1996, Poppelreuter 1997 und Burisch 2010)

Ihr Ergebnis → Addieren Sie die Kreuze in Spalte A + B!		
A- und B-Antworten: 7-11 Mal ❑	Handeln: Stopp! Sie sind Burnout-gefährdet. Wenden Sie sich an den Betriebsarzt/Hausarzt!	☹
A- und B-Antworten: 2-6 Mal ❑	Prüfen: Frühwarnzeichen sagen, dass etwas nicht stimmt. Lassen Sie sich vom Betriebsarzt/Psychologen beraten.	😐
A- und B-Antworten: 0-1 Mal ❑	Prima! Aber klären Sie die Ursachen, falls ein Punkt angekreuzt wurde.	☺

Markieren Sie nun Ihre Ampelfarbe im Kapitel 5.3.6, Seite 52: Schritt 2 der Gesamtbilanz-Ermittlung!

Erklärungen und Präventionsempfehlungen: Burnout

Handlungsempfehlungen für die Führungskraft:

- **Frühwarnsignale ernst nehmen:** Welche Arbeitseinstellung und innere Antreiber des Mitarbeiters nehmen Sie wahr? Wie angemessen ist sein Engagement? Ist er überehrgeizig und missachtet die Grenzen seines Körpers? Spiegeln Sie ihm ihre Wahrnehmungen.
- **Arbeitsanforderungen prüfen**: Inwieweit ist die Arbeitslast überhaupt bewältigbar? Sind Zeit- und Verantwortungsdruck angemessen?
- **Trennung von Arbeit und Beruf:** Arbeitszeiten eingrenzen, z.B. indem E-Mails nach 18 Uhr nicht mehr empfangen oder verschickt werden können. Überprüfen Sie den Feierabend von Mitarbeitern, die kein Ende finden.
- **Offenes Feedback**: Gehen Sie Burnout-gefährdeten Mitarbeitern nicht aus dem Weg. Sie sind hungrig nach Ihrer Anerkennung und Wertschätzung! Überbringen Sie also Lob und Anerkennung für gute Arbeit.
- **Mitarbeitergespräch**: Sagen Sie zuerst, wie sehr Sie ihn als Mensch schätzen. Sprechen Sie enttäuschte Erwartungen und unterdrückte Wünsche an. Fragen Sie nach seiner Sinnerfüllung durch die Arbeit. Was trägt er momentan alles mit sich – auch privat? Wo kann das Unternehmen unterstützen?
- **Ziele definieren** und Erfolgskriterien festlegen und deutlich kommunizieren bzw. aushandeln. Loyale erfolgshungrige Mitarbeiter trauen sich manchmal nicht nachzufragen, weil sie dies als Schwäche deuten. In unklaren Arbeitsaufgaben können sich Mitarbeiter schnell verrennen und sich verausgaben ohne Aussicht auf Erfolg.
- **Arbeitsgestaltung:** Ein hoher Handlungsspielraum und Freiheitsgrade können Burnout vorbeugen und ein Gefühl des „in der Situation gefangen sein" entgegen wirken.
- **Mitarbeiterqualifikation:** Arbeitsanforderungen können schnell zur Überforderungen werden bzw. übermäßig Energie zehren, wenn die entsprechende Aus- und Weiterbildung fehlt.
- **Coaching des Mitarbeiters:** Helfen Sie ihm, in Stressbewältigung, Work-Life-Balance, Einstellungsänderung voranzukommen. Ein externer Coach unterstützt Sie dabei professionell.
- **Betriebsarzt, Sozialberatung einschalten:** Motivieren Sie den Mitarbeiter zu einer Therapie. Burnout beschreibt eine komplexe Erkrankung des Organismus, die langwierige Genesungsprozesse nach sich zieht. Oft erlangt der Mensch seine ursprüngliche Energie nie wieder.
- **Führungskräfteentwicklung:** Führungsqualitäten müssen häufig erst ausgebildet werden. Falsche Führung wie z.B. eine zu starke Kontrolle des Mitarbeiters können zu Burnout führen.
- **Weiterbildung:** Besuchen Sie das psy.Risk®-Seminar zum Thema „Prävention psychischer Fehlbelastungen in der Arbeit".

Weitere Umsetzungsmöglichkeiten für Betroffene:
Die zehn goldenen Regeln für Burnout-Prävention

1. **Bewusstheit schaffen und Achtsamkeit entwickeln** – Schauen Sie öfter in den Spiegel. Fragen Sie sich, wie es Ihnen eigentlich geht. Entwickeln Sie einen inneren Dialog mit Ihrem Körper. Ihre gewachsene Sensibilität hilft auch anderen, deren gesundheitliche Probleme Sie nun früher erkennen.
2. **Den Sinn des Tuns hinterfragen und eigenen Anspruch überprüfen:** Ist es wirklich wichtig oder nur dringlich, wofür ich mich aufreibe? Manchmal sind es die inneren Antreiber wie das Perfektionsstreben, für deren Befriedigung wir viel Energie aufbringen „müssen". Beschränkung und „Nein"-Sagen bringt häufig viel mehr. Konzentration ist wichtig.

3. **Lernen, den „Ruhenerv“ zu bedienen:** Trainieren Sie eine Entspannungsmethode, die sie überall anwenden können.
4. **Jahresinventur verankern:** Fragen Sie sich z.B. in der besinnlichen Zeit zur Jahreswende: Inwieweit bin ich meiner Lebensvision, meinem Lebenssinn dieses Jahr ein Stück näher gekommen? Welche Glücksmomente erlebte ich? Wo bin ich eventuell auf Abwege gekommen?
5. **„Zeit nur für mich“ abstecken:** Entwickeln Sie Rituale zum entspannenden Tageabschluss: Betrachten Sie z.B. täglich 10 -15 min den Tag retrospektiv (Tagesdiashow). Was nehmen Sie mit in den nächsten Tag gerne mit und was möchten Sie in den „Papierkorb werfen“. Überlegen Sie, wie Ereignisse besser verlaufen wären, wenn Sie sich anders verhalten hätten. Bewahren Sie nun dieses bessere Bild auf!
6. **Mindestens zwei Beziehungsabende pro Woche planen:** Verbringen Sie Zeit mit Ihrer/m Partner/in (nicht fernsehen – sondern kommunizieren und gemeinsam erleben!) und verabreden Sie sich mit Freunden. Angenehme menschliche Nähe beugt erfolgreicher vor als gesunde Nahrung! Pflegen Sie Netzwerke!
7. **Gesund leben:** Achten Sie auf Ernährung, Bewegung, Schlaf, Pausen, Vorsorgeuntersuchung. Nehmen Sie sich Zeit für Erholungsphasen: Gehen Sie wieder einmal in die Natur. Dort warten viele natürliche Kraftquellen auf Sie. Nehmen Sie ein vernachlässigtes Hobby wieder auf.
8. **Machen Sie ausreichend lang Urlaub:** Planen Sie mindestens einmal im Jahr einen längeren Urlaub (am besten 3 Wochen) und bauen Sie vorher und nachher Zeitpuffer ein. Denken Sie z.B. an die Notwendigkeit der Akklimatisierung und an die Emailflut, die Sie erwartet.
9. **Konflikte und Frustrationen klären:** Nehmen Sie sich den Mut, Dinge anzusprechen, die Ihnen auf der Seele liegen. Dem anderen geht es meist genauso, und er ist froh, dass Sie den ersten Schritt machen.
10. **Sich von überlebten Verhältnissen zu trennen:** Beenden Sie die Beziehungen zu Menschen, die nicht mehr zu Ihrem Wohlbefinden beitragen: Aushalten ist Feigheit!

7.2.4 Depression

Beobachter-Checkliste: Ist mein Mitarbeiter depressionsgefährdet?

Hauptmerkmale der Depression sind Niedergeschlagenheit, innere Leere, Antriebsarmut und Interessenverlust. Überprüfen Sie die Reaktionen von Anna K.!

psy.Res®-Beobachter-Checkliste 4: Depression

Nur Zutreffendes ankreuzen!

Merkmale der Depression	ja
Beobachtungen durchgängig in den letzten 2 Wochen! Der Mitarbeiter ...	
1. wirkt die meiste Zeit niedergeschlagen oder traurig*	
2. hat kaum Interesse oder Freude an (fast allen) Aktivitäten*	
3. wirkt gedanklich abwesend	
4. hat weniger Selbstvertrauen als vorher	
5. hat deutlich zugenommen oder abgenommen	
6. zieht sich zurück	
7. freut sich auch nicht bei guten Nachrichten	
8. wirkt energielos oder müde	
9. äußert sich pessimistisch über die Zukunft	
10. wirkt seit Wochen unruhig, rastlos oder verlangsamt	

11. fällt es neuerdings schwer, Entscheidungen zu treffen				
12. äußert sich über viele Dinge besorgt oder wirkt hilflos				
13. beklagt sich häufiger				
14. äußert Schuldgefühle oder glaubt wertlos zu sein				
15. berichtet von Schlaflosigkeit oder vermehrtem Schlaf				
16. spricht häufiger über den Tod oder das Sterben				
17. versuchte oder plant, sich das Leben zu nehmen*				
1* und 2* Hauptsymptome der Depression				
∑	**Punkte gesamt: ...**	**Ampelergebnis:**	☹ 😐 ☺	

(In Anlehnung an die Diagnosekriterien des DSM-IV)

1* & 2* gelten als Hauptsymptome. Nach DSM-IV müssen für die Diagnostizierung mind. 1 Hauptsymptom und 4 weitere Symptome gegeben sein. Die Diagnose wird jedoch erst nach sorgfältiger Abklärung möglicher anderer Ursachen vergeben.

Ihr Ergebnis → Addieren Sie die jeweiligen Punkte!		
7-17 Punkte ❑ inkl. 1 und/oder 2	Depression ist wahrscheinlich. Professionelle Diagnostik und Therapie durch Arzt oder Psychologen sollte schnell erfolgen.	☹
3-6 Punkte ❑ Wenn Nr. 1 u. 2, dann bereits rot!	Frühwarnzeichen einer Depression vorhanden (* ungünstigere Bewertung, wenn 17 vorhanden, da Lebensgefahr)!	😐
0-2 Punkte ❑ Wenn Nr. 1 u. 2, dann bereits rot!	Klären Sie die Ursachen für die beobachteten Veränderungen (* ungünstigere Bewertung, wenn 1, 2 oder 17 ein Ja erhalten, da Hauptsymptome der Depression bzw. Lebensgefahr).	☺

Fallbeispiel Anna K.: „Die Veränderung einer beliebten Mitarbeiterin“

Anna K.: „Die Veränderung einer beliebten Mitarbeiterin“

Die Industriekauffrauen Anna K. und Renate T. arbeiten seit 3 Jahren zusammen. Sie verstehen sich, gingen mittags manchmal zusammen zum nahe gelegenen Italiener. Privat haben sie sich aber noch nicht getroffen. Anna ist sehr diszipliniert und teilt ihren Tag gut ein. Ihre Freizeit verwendet sie für die Familie. Sie geht nie aus.

Renate T. beobachtet jedoch seit geraumer Zeit Veränderungen im Verhalten von Anna. Sie ist fast immer in sich gekehrt, noch verschlossener. Sie erzählt neuerdings wenig von sich und der Familie. Für den neusten „Klatsch“ bringt sie kein Interesse auf und auch das Essen beim Italiener hat sie nun schon zum dritten Mal abgesagt.

Einen Tadel vom Chef hat sich Anna K. auch schon eingefangen. Diesem war wiederholt aufgefallen, dass sie falsche Waren bestellt und den Versand von Mahnungen vergessen hatte. Da Anna seit einigen Wochen energielos wirkt, später mit der Arbeit beginnt und sich langsamer bewegt, führte der Chef die Fehler auf ein Schlafdefizit von Anna K. zurück und sagte ihr, sie solle mehr schlafen. Anna K. beteuerte, dass sie sogar mehr als sonst schlafe und trotzdem immer müde sei.

Die größten Sorgen bereitet Renate T. jedoch der extreme Gewichtsverlust. Renate schätzt, dass Anna in den letzten Wochen bestimmt 5 kg verloren hat.

Renate entschließt sich, Anna direkt auf ihre Beobachtungen hin anzusprechen, und fragt, ob sie sich abends einmal zusammensetzen wollen. Anna sagt zu. Im vertraulichen Gespräch erfährt Renate, dass Anna selbst verzweifelt sei. Sie könne sich seit einigen Wochen über nichts mehr freuen und könne es auch nicht beeinflussen. Sie versuche, sich zusammenzureißen, zähle sich z.B. jeden Tag auf, was in ihrem Leben alles schön und lebenswert ist, aber Freude komme nicht zurück. Sie verstehe es selbst nicht. Auf die Frage, ob es denn auch Dinge gäbe, die sie belasten, schwieg sie erst. Dann berichtete sie, dass ihr der Auszug ihres letzten Kindes zu schaffen mache. Dieses sei wie auch ihr erstes Kind in das 300 km entfernte Berlin gezogen, um dort zu studieren. Nun empfinde sie das Haus als leer und vermisse ihre Kinder schrecklich, insbesondere da ihr Mann häufig Spätschicht habe und sie daher die Abende allein verbringe. Sie sage sich immer, dass das der Lauf der Dinge sei, finde aber keinen Trost. Sie fühle eine Endzeitstimmung und müsse immer wieder ans Sterben denken. Dafür schäme sie sich, fühle sich wie eine Verräterin, denn ihre Familie brauche sie ja noch. Sie weint.

1. Leidet Anna K. unter einer Depression?
2. Welche Verhaltensbeobachtungen belegen das?
3. Welche Bedingungen in der Arbeit haben dazu beigetragen?
4. Welche gesundheitlichen Folgen können langfristig resultieren?
5. Wie kann die Situation für Anna K. verbessert werden?

Auflösung des Fallbeispiels Anna K.: „Die Veränderung einer beliebten Mitarbeiterin"

1. Leidet Anna K. unter einer Depression?

Ja, Anna ist nicht einfach nur traurig oder schlecht drauf, sie hat eine Depression.

Die Ampel steht mit 13 von 17 negativen Punkten auf der Depressionsskala auf Rot! (1. bis 10., 12., 14., 16., inkl. kritische Items 1 und 2) Anna hat eine Depression. ☹

2. Welche Verhaltensbeobachtungen belegen das?

Eine Depression wird anhand der Kriterien aus dem DSM IV diagnostiziert. Als Hauptkriterien sind dort der Interessenverlust und eine depressive Verstimmung an fast allen Tagen für den Zeitraum von mindestens zwei Wochen festgehalten.

Bei Anna K. lässt sich der Interessenverlust feststellen, da sie wiederholt die Verabredungen mit ihrer Freundin beim Italiener absagt und sich auch nicht mehr für die Neuigkeiten aus der Firma interessiert. Weitere Kriterien der Depression bei Anna K. sind: der deutliche Gewichtsverlust ohne Diät, die Müdigkeit trotz vermehrtem Schlafs, die psychomotorische Verlangsamung, der Energieverlust und die Konzentrationsschwierigkeiten. Das Zurückziehen, Zukunftspessimismus, Beschäftigung mit dem Tod und Schuldgefühle komplettieren das Bild der Depression.

3. Welche Bedingungen in der Arbeit haben dazu beigetragen?

Die Depression hat ihre Ursachen höchstwahrscheinlich nicht in der Arbeit. Auslöser scheint der Auszug des letzten Kindes zu sein. Jedoch spielen bei der Entstehung einer Depression meist mehrere Faktoren eine Rolle. So gibt es ein gewisses genetisches Risiko, wenn bereits andere Familienmitglieder an einer Depression erkrankt waren bzw. sind. Zudem gibt es neben den genetischen und situativen Risikofaktoren auch psychologische Risikofaktoren, wie zum Beispiel negative Denkschemata, bei denen man sich selbst, die Welt und die Zukunft negativ bewertet.

Der Chef hat die Situation verkannt und daher die Genese der Erkrankung ungünstig beeinflusst. Das Kontrollverlust- und Versagenserleben sowie Schuldgefühle hat er durch seinen Tadel bekräftigt.

4. Welche gesundheitlichen Folgen können langfristig resultieren?

Die Depression gehört zu den gefährlichsten psychischen Erkrankungen. Sie wird befördert durch eine anlagebedingte Stoffwechselstörung im Zwischenhirn. Schwere psychische Belastungen sind an der Auslösung mitverantwortlich. Die Fähigkeit, Freude und Zufriedenheit wahrzunehmen, seelischen Elan zu spüren und abzuschalten, wird abgebaut. Starke Belastungen, die Stress auslösen, überfordern die Stoffwechselprozesse und es kommt zu einer reaktiven Erkrankungsphase.

Depressionen werden manchmal nur schwer erkannt, da sich das psychische Empfinden auf die Körperwahrnehmung legt. Die Mattigkeit wirkt wie ein Vorbote eines schweren Krebsleidens oder eines Infektes. Man hat herausgefunden, dass Menschen mit Depressionen eine geringere Lebenserwartung haben (Friedman & Martin 2012). Körperliche Krankheiten gesellten sich zum psychischen Leiden hinzu.

Schlimm sähe es für Anna aus, wenn ihr Betrieb kein Verständnis für ihre Erkrankung aufbrächte. Da diese in Phasen verläuft, wird es mit 80%iger Wahrscheinlichkeit auch nach Therapie der aktuellen Episode eine Wiederholungserkrankung geben. Tadelndes Verhalten des Vorgesetzten kann Anna K. tiefer in die Krankheit und in eine frühe Invalidisierung treiben. Die Selbstmordgefahr darf nicht außer Acht gelassen werden!

5. Wie kann die Situation für Anna K. verbessert werden?

Renate T. sollte als Ansprechpartnerin für Anna K. da sein. Sie sollte Anna das Gefühl geben, dass sie sich mit ihren Problemen an sie wenden kann. Auch sollte Renate mit ihren Beobachtungen sowie den Informationen vertraulich umgehen, sodass Anna von anderen Kollegen nicht stigmatisiert wird. Anna K. muss unbedingt einen Arzt oder Psychotherapeuten aufsuchen, wobei Renate sie unterstützen sollte, denn zeitnahe Termine sind bei Therapeuten schwer zu bekommen.

Der Firmeninhaber sollte in einem vertraulichen Gespräch informiert werden. Er sollte sich in einer Schulung mit dem Thema Prävention psychischer Fehlbelastungen vertraut machen. Flexible Arbeitszeitregelungen könnten Anna helfen, Druck abzubauen. Sie kann dann in Grenzen selbst entscheiden, wann sie arbeitet und wann sie eine Auszeit nimmt. Eventuell sind Veränderungen in der Aufgabenteilung notwendig.

Selbsttest: Depression

Konnten Sie sich in Anna K. hineinversetzen? Haben Sie solche Depressionsanzeichen schon einmal erlebt? Oder ist alles im grünen Bereich?
Überprüfen Sie sich im folgenden Selbsttest und tragen Sie das Ergebnis wieder in die Gesamtbilanz ein!

psy.Res®-Selbsttest 4: Depression

	A	B	C	D
Aussagen zu meinen Depressionsanzeichen	**ja**	**eher ja**	**eher nein**	**nein**
Depression: In den letzten zwei Wochen oder länger ...				
1. fühlte ich mich die meiste Zeit niedergeschlagen oder war traurig*				
2. fehlte mir jegliches Interesse an Aktivitäten *				
3. mied ich das Telefon und überhaupt den Kontakt zu anderen				
4. hatte ich weniger Selbstvertrauen als vorher				
5. konnte ich mich nicht mehr freuen, selbst wenn es gute Neuigkeiten gab				
6. äußerte ich mich pessimistisch über die Zukunft				
7. grübelte ich oft stundenlang				
8. dachte ich häufig über das Sterben und meinen Tod nach				
9. machte ich mir viele Sorgen und fühlte mich hilflos				
10. konnte ich schwer ein- oder durchschlafen				
Spaltensumme der Kreuze	**... A**	**... B**	**... C**	**... D**

(In Anlehnung an die Diagnosekriterien des DSM-IV)

1* & 2* gelten als Hauptsymptome. Nach DSM-IV müssen für die Diagnostizierung mind. 1 Hauptsymptom und 4 weitere Symptome gegeben sein. Die Diagnose wird jedoch erst nach sorgfältiger Abklärung möglicher anderer Ursachen vergeben.

Ihr Ergebnis → Addieren Sie die Kreuze in Spalte A + B!		
A- und B-Antworten: 6-10 Mal ❑ *Rot wenn Nr. 1 u. 2!	Handeln Sie! Mehrere Angst- oder Depressionssymptome sind vorhanden. Sprechen Sie umgehend Ihren Betriebsarzt oder Facharzt an.	☹
A- und B-Antworten: 2-5 Mal ❑ *Rot bereits bei Nr. 1 u./o. 2!	Prüfen Sie, wie stark die Symptome Sie belasten und im täglichen Leben beinträchtigen.	😐
A- und B-Antworten: 0-1 Mal ❑ *Gelb schon bei Nr. 1 o. 2!	Prima! Aber prüfen Sie, woran es liegen kann, falls Sie eine Veränderung bestätigt haben.	☺

Markieren Sie nun Ihre Ampelfarbe im Kapitel 5.3.6, Seite 52: Schritt 2 der Gesamtbilanz-Ermittlung!

Erklärungen und Empfehlungen: Depression

Am wichtigsten ist es, die Menschen über die Häufigkeit und Gefährlichkeit dieser psychischen Erkrankung zu informieren und dafür zu sensibilisieren, denn Depressionen gehören zu den häufigsten und hinsichtlich ihrer Schwere am meisten unterschätzten Erkrankungen. Laut Stiftung Deutsche Depressionshilfe ist die Mehrheit der 10.000 jährlichen Suizide und der 150.000 Suizidversuche auf nicht optimal behandelte Depressionen zurückzuführen.

Darüber hinaus gilt es, Vorurteile und Stigmatisierungstendenzen abzubauen, sodass Betroffene häufiger und zeitiger über bestehende Sorgen und Probleme sprechen und Lösungen gefunden werden können. Leider zeichnet sich in den Medien eine Tendenz ab, welche die Depression zum Leiden der Schwachen und Burnout zur Erkrankung der Starken und Leistungsfähigen verklärt. Mitarbeiter und insbesondere Führungskräfte sollten in entsprechenden Informationsveranstaltungen über Depressionen aufgeklärt werden, um in der Lage zu sein, psychische Erkrankungen zu erkennen. Eine Unternehmenskultur, die Depressionen enttabuisiert, und ein verständnisvolles Arbeitsumfeld geben Betroffenen Mut, auch in Mitarbeitergesprächen über persönliche Befindlichkeiten zu sprechen. Dies kann jedoch nur gelingen, wenn auch die Führungskraft eine verständnis- und vertrauensvolle sowie wertschätzende Beziehung zu den Mitarbeitern aufbaut. Diese bildet wiederum die Grundlage für Vermittlung von Unterstützungsangebot seitens des Unternehmens. Gerade bei Depressionen kann ein entsprechendes betriebliches Unterstützungsangebot von Psychotherapeuten und Ärzten hilfreich sein, um schnelle Behandlungen zu ermöglichen.

Handlungsempfehlungen in der Arbeit:

- **Beruflich:** Überprüfen Sie, inwieweit auch Faktoren des Unternehmenskontextes die Depression fördern. Gerade finanzielle Sorgen/Existenzangst oder Sorgen um den Arbeitsplatz können Auslöser für eine Depression sein. Ebenso kann chronische Überlastung sowie übermäßig starker und lang anhaltender Stress eine Depression bedingen.
- **Arbeitsumfang:** Überprüfen Sie die Komplexität! Stimmt die Aufgabenteilung oder brauchen Sie eine Neuorganisation? Wer kann Aufgaben übernehmen?
- **Betriebliches Gesundheitsmanagement (BGM):** Schließen Sie eine Betriebsvereinbarung zur Gesundheitsförderung ab. Bauen Sie eine Gesundheitskultur auf, die Betroffenen Unterstützung und Rückhalt bietet.
- **Betriebliches Eingliederungsmanagement (BEM):** So finden Sie betriebliche Ursachen für belastungsbedingte Erkrankungen heraus und sichern durch flexible, individuell angepasste Lösungen Arbeitsfähigkeit ab.

- **Mitarbeitergespräche:** Hier können unrealistische Erwartungen geklärt werden. Entscheidend ist auch angemessene Kritik. Sprechen Sie des Weiteren die Sinnerfüllung in der Arbeit an.
- **Führungskräfteschulung:** Die Führungskräfte sollten durch Weiterbildungen ein Gefühl dafür bekommen, welche Ursachen sich hinter einem möglichen Leistungsabfall verbergen können.
- **Gefühle ansprechen:** Haben Sie den Mut: Je früher Sie sich öffnen, desto besser sind die Chancen auf Heilung!
- **Flexible Arbeitszeiten:** Im Falle einer Depression können diese eine Arbeitszeitgestaltung dem persönlichen Energielevel entsprechend ermöglichen. Außerdem vereinfacht dies das Wahrnehmen von Terminen, z.B. beim Psychotherapeuten.

Weitere Umsetzungsmöglichkeiten im Privaten:

- **Depression ist eine ernste Erkrankung!** Haben Sie die Aussagen 1 und/oder 2 angekreuzt? Und haben Sie noch mindestens 4 weitere Veränderungen beobachtet? Dann suchen Sie umgehend Ihren Betriebsarzt, Hausarzt oder einen Fachpsychologen auf.
- **Sport und Natur:** Wandern, Joggen, Radfahren, Paddeln, Tennis, Golf, Fitnessstudio, Skifahren – alles, was guttut, vor allem bei Bewegung im Freien.
- **Beziehungen:** Nicht unter Druck setzen: Sprechen Sie mit Ihrer Familie und Ihren Freunden über Ihren Zustand. Erklären Sie, dass Sie manchmal ganz für sich allein sein müssen und dass auch gut gemeinte Aufmunterungen, wie Einladungen zu gemeinsamen Erlebnissen, Ihnen dann nicht helfen. Das fördert das Verständnis der Anderen und nimmt Ihnen Druck.
- **Prioritäten setzen und loslassen:** Entrümpeln Sie Ihr Leben! Auch aufgrund belastender Beziehungen (Partnerschaft) können sich Depressionen entwickeln. Räumen Sie Ihren Arbeitsplatz und Ihre Wohnung auf. Klare Strukturen helfen.

7.2.5 Ängste

Beobachter-Checkliste: Wird mein Mitarbeiter übermäßig von Ängsten geplagt?

Angst gehört zum Leben. Sie löst über innere Warnsignale Schutzreaktionen aus. Wird sie übermächtig, lähmt sie unser freies Handeln und stört die Anpassungsfähigkeit an Arbeitsbedingungen, Partner und Anforderungen. Man erkennt Menschen mit Angststörungen daran, dass sie Angst vor Dingen haben, vor denen andere keine oder nur geringe Angst haben. Die Betroffenen können die Unbegründetheit ihrer Angst selbst zeitweise erleben. Dennoch gelingt ihnen Kontrolle über die Angst nicht.

Die Symptome sind vielfältig: Herzklopfen, Pulsbeschleunigung, Schwindel, Schweißausbruch, Zittern, Beben, Mundtrockenheit, Hitzewallungen, Sprechschwierigkeiten, Atemnot, Beklemmungen, Brustschmerzen, Übelkeit, Erbrechen, Durchfall, auch Bewusstseinsstörungen, z.B. das Gefühl, verrückt zu werden oder dass Dinge unwirklich sind bzw. man selbst „nicht richtig da“ ist, keine Kontrolle über die eigenen Gedanken hat, die Angst zu sterben, ein allgemeines Vernichtungsgefühl, chronische Schmerzen. (ICD 10 F 40.0-9 und F41.1-2)

psy.Res®-Beobachter-Checkliste 5: Ängste

Nur Zutreffendes ankreuzen!

Merkmale von Ängsten: Der Mitarbeiter …	ja
1. äußert häufig Ängste, den Arbeitsplatz zu verlieren.	
2. äußert häufig Ängste, den Leistungsanforderungen nicht zu genügen.	
3. macht sich große Sorgen, dass bald etwas Schlimmes passieren könnte.	
4. hat Angst, in Verkehrsmittel/Fahrstühle zu steigen.	
5. vermeidet auf Plätze, in Einkaufscenter oder in Parkhäuser zu gehen.	
6. spricht darüber, dass ihn manchmal Angst befällt und er nicht weiß, warum.	
7. errötet, zittert, hat feucht-kalte Hände, vermeidet Blicke bei Kontakt mit anderen.	

8. hat schon Panikattacken bei der Arbeit gehabt*						
9. wirkt angespannt, schwitzt stark oder hyperventiliert in Anforderungssituationen*						
10. muss vor Anforderungen immer noch einmal auf die Toilette						
∑	**Punkte gesamt: ...**	**Ampelergebnis:**	☹	😐	☺	

(In Anlehnung an die Diagnosekriterien des ICD-10 F40 und F41)

Ihr Ergebnis → Addieren Sie die jeweiligen Punkte!		
5-10 Punkte ❑ oder bereits bei 8 u. 9	Ihre Sorgen um den Mitarbeiter sind berechtigt. Er leidet unter einer Angststörung und braucht therapeutische Hilfe.	☹
3-4 Punkte ❑ Wenn Nr. 8 u. 9, dann bereits rot!	Ihr Mitarbeiter ist über die Maßen ängstlich. Motivieren Sie ihn, sich der Angst zu stellen und Hilfe zu suchen.	😐
0-2 Punkte ❑ Wenn Nr. 8 u. 9, dann bereits rot!	Keine Punkte? Sehr gut! 1 oder 2 Punkte: Angst um den Arbeitsplatz und vor zu hohen Erwartungen kennen fast alle. Aber ist die Aufregung nachvollziehbar?	☺

Fallbeispiel Uta M.: „Lieber allein im Büro„

Fallbeispiel Uta M.: „Lieber allein im Büro“

Seit vier Jahren arbeitet Uta M. im Qualitätsmanagement eines Süßwarenherstellers. Als Assistentin der Geschäftsführung ist sie sich ihrer Verantwortung bewusst und ihre Vorgesetzten schätzen ihr Arbeitsengagement und hohes Pflichtbewusstsein. Obwohl Uta M. Spaß an ihrem Job hat, fühlt sie sich doch häufig unwohl, ohne genau benennen zu können, woher das kommt. Besonders jetzt, da ihre Kollegin in Elternzeit ist und das Unternehmen mehrmals vergeblich versucht hat, die Stelle zu besetzen, spürt Uta M. dieses ungute Gefühl verstärkt. Ihre Vorgesetzten sind mit ihrer Arbeit sehr zufrieden und machen sich daher keine Sorgen, dass Uta alles schafft. Uta M. selbst ist zwar stolz auf die Entwicklung, die sie im Unternehmen genommen hat, doch die zunehmende Verantwortung macht ihr gleichzeitig auch Angst. Ihre vertraute Kollegin Petra. S. weiß um ihre unbestimmten Ängste. Uta vertraute ihr auch an, dass sie häufig die Befürchtung quält, den Anforderungen nicht gerecht zu werden.

Vorgestern schulte Uta die Abteilungsleiter zu den neuesten Qualitätssicherheitsstandards. Vor solchen Situationen, in denen sie vor Publikum Leistung zeigen muss, graust ihr schon seit Schulzeiten. Dann verschwindet sie vorher erst einmal eine Weile auf der Toilette. Sie kann nicht verhindern, dass sie manchmal plötzlich stark zu schwitzen beginnt und sich ihre Hände beim Handgeben feucht und kalt anfühlen.

Petra weiß auch, dass Uta diese unguten Gefühle nicht nur in herausfordernden Situationen wie öffentlich reden oder in Verhandlungen erlebt. An manchen Tagen steigen sie in Uta auf, wenn sie die volle Kantine betritt. Deshalb geht sie nur noch selten mit den Kollegen zum Mittagessen und verbringt die Pause lieber im Büro.

Auch die letzte Dienstreise erlebte Uta M. als innere Katastrophe. Sie hatte bis zu diesem Zeitpunkt nur selten in einem Flugzeug gesessen und musste nun mit einem Kollegen für eine Weiterbildung von Berlin nach München fliegen. Auf dem Rückflug passierte es dann: Trotz bewusster Atemübungen schien die Luft immer knapper zu werden. Ihre Brust verengte sich. Sie hyperventilierte. Zwei Stewardessen versuchten, sie zu beruhigen. Danach war Uta M. für zwei Tage krankgeschrieben.

1. Leidet Uta M. unter Angst?
2. Welche Verhaltensbeobachtungen belegen das?
3. Welche Bedingungen in der Arbeit haben dazu beigetragen?
4. Welche gesundheitlichen Folgen können langfristig resultieren?
5. Wie kann die Situation für Uta M. verbessert werden?

Auflösung Fallbeispiel Uta M.: „Lieber allein im Büro“

1. Leidet Frau M. unter Angst?

Ja, Uta M. scheint an massiven Ängsten zu leiden.

Die Ampel steht mit 7 von 10 negativen Punkten auf Rot (2., 5. bis 10. inkl. kritischer Items 8. und 9.)! Uta M. erlebt sehr häufig Angstzustände, die sie in der Arbeit stark beeinträchtigen.	☹

2. Welche Verhaltensbeobachtungen belegen das?

Typisch für das Erleben von Ängsten ist das unbestimmte, ungute Gefühl, das Uta M. ihrer vertrauten Kollegin beschreibt. Auch die Befürchtung, Anforderungen nicht gerecht zu werden, gehören dazu.

Die Beeinträchtigung des Arbeitslebens zeigen sich auch im zwischenmenschlichen Kontakt: Schweißausbrüche oder die feucht-kalten Hände deuten darauf hin, dass sich Frau M. bereits in Kontaktsituationen mit vielen oder fremden sowie höherrangigen Menschen unwohl fühlt.

Bei Uta M. sind die Angstgefühle bereits übermächtig geworden. Das zeigt auch das Meiden der vollen Kantine. Besonders deutlich wird das Ausmaß der Angst in Form der Panikattacke während der Dienstreise. Uta M. entwickelt Flugangst.

3. Welche Bedingungen in der Arbeit haben dazu beigetragen?

Auch wenn Ursachen für Ängste häufig in der persönlichen Entwicklung des Betroffenen liegen, so können auch bestimmte Bedingungen im Arbeitskontext dazu beitragen, das Angsterleben zu verschärfen. Im Beispiel von Uta M. ist es zum einen die steigende Arbeitslast und Verantwortung, die sie übernehmen muss, da personelle Unterstützung fehlt. Zum anderen unterschätzen die Vorgesetzten die Lage, da ja bisher alles gut funktioniert hat und sie sich immer auf Frau M. verlassen konnten.

4. Welche gesundheitlichen Folgen können langfristig resultieren?

Obwohl die Ängste bei Frau M. bereits stark ausgeprägt sind, geht sie ihrer Arbeit nach und stellt sich den täglichen Herausforderungen. Die Gefahr bei Furcht, Panik und Angst besteht darin, dass sich diese Gefühle auf weitere Situationen ausweiten (generalisiert werden) und dadurch die Handlungsspielräume des Betroffenen immer weiter einschränken. Das Vermeidungsverhalten, das bei Frau M. bereits begonnen hat (sie meidet die überfüllte Kantine), könnte sich dann auf Besprechungen oder überfüllte Gänge auswirken und letztlich in einer kompletten Arbeitsunfähigkeit resultieren.

5. Wie kann die Situation für Uta M. verbessert werden?

Im Fall von Uta M. ist die Angst bereits klinisch bedeutsam, da sie nicht nur zeitweise, sondern permanent ein diffuses Angsterleben empfindet und sie stark in ihrer Lebens- und Arbeitsweise beeinträchtigt ist. Hier kann das Unternehmen am besten durch einen schnellen Zugang zu einem Psychotherapeuten unterstützen. Eine schnelle, professionelle Behandlung ist in diesem Fall dringend angeraten.

Gespräche sollten in jedem Fall auch mit den Vorgesetzen stattfinden, um die Arbeitsbelastung zu besprechen. Möglich ist auch eine Gesprächsrunde mit dem gesamten Team, um festzustellen, wer Frau M. noch unterstützen kann.

Selbsttest: Ängste

Welche Rollen spielen Ängste in Ihrem Leben. Sind sie „normal“ als sinnvolle innere Warnsignale oder leiden Sie unter ihnen?

psy.Res®-Selbsttest 5: Ängste

Merkmale meiner Ängste	A ja	B eher ja	C eher nein	D nein
1. Ich habe Angst davor, Leistungsanforderungen nicht gerecht zu werden.				
2. Ich habe während der Arbeit bereits mehrmals einen Panikanfall gehabt.*				
3. Ich erlebe unbestimmte Ängste, ohne zu wissen, was sie auslöst.				
4. Mich ängstigt zunehmend, dass bald etwas Schlimmes passieren könnte.				
5. Ich bin oft so angespannt, dass ich tagsüber oder nachts stark schwitze.				
Spaltensumme der Kreuze	... A	... B	... C	... D

(In Anlehnung an die Diagnosekriterien des ICD-10 F40 und F41)

Ihr Ergebnis → Addieren Sie die Kreuze in Spalte A + B!		
A- und B-Antworten: 4-5 Mal ❑	Sie erleben multiple Ängste und sind zunehmend im Teufelskreis der Angst gefangen. Durchbrechen Sie die Angstspirale! Bearbeiten Sie mit einem Psychotherapeuten die hinter der Angst stehenden Probleme.	☹
A- und B-Antworten: 2-3 Mal ❑	Achtung, Ihre Ängste sind vielfältig und drohen Sie zu übermannen. Überlegen Sie, was die Ängste auslösen könnte. Suchen Sie dazu Hilfe bei einem Fachmann.	😐
A- und B-Antworten: 0-1 Mal ❑ wenn Nr. 2 dann bereits Gelb	Sie leiden nicht oder kaum unter Angst. Sollten Sie einen Punkt haben, prüfen Sie, ob diese Angst unkritisch ist, also realen Boden hat. Testen Sie, ob diese Angst z. B. von anderen nachempfunden werden kann.	☺

Markieren Sie nun Ihre Ampelfarbe im Kapitel 5.3.6, Seite 52: Schritt 2 der Gesamtbilanz-Ermittlung!

Präventionsempfehlungen: Angststörungen

Ähnlich wie bei Depression sind auch bei Ängsten sorgfältig die Ursachen zu prüfen. Häufig liegen beiden psychischen Erkrankungen Veranlagungen zugrunde. Angst kann durch drei verschiedene Faktoren bedingt sein:

1. Körperliche Ursachen wie z.B. eine Überfunktion der Schilddrüse oder chronische Atemwegerkrankungen. Auch Medikamentenentzug kann zu starken Angstbeschwerden führen.
2. Traumatische Erlebnisse im Erwachsenenalter z.B. lange Überforderungsphasen, unlösbare Probleme bei der Arbeit oder familiäre Krisen. Arbeitsplatzverlust kann so zur Entwicklung von Zukunftsängsten beitragen.
3. Negative Erfahrungen in der Kindheit.

Handlungsempfehlungen in der Arbeit:

- **Beruflich oder privat?** Identifizieren Sie die Ursachen Ihrer Angst!
- **Arbeitsumfang:** Überprüfen Sie die Komplexität! Stimmt die Aufgabenteilung oder brauchen Sie eine Neuorganisation? Wer kann Aufgaben übernehmen?
- **Arbeitsleistung:** Ungewissheit über die erwartete Arbeitsleistung führt zur unterschwelligen Angst, den Erwartungen nicht gerecht zu werden. Regelmäßige Gespräche mit der Führungskraft über die Arbeitsleistung und ein entsprechendes Feedback können hier Klarheit schaffen und Erwartungsdruck abbauen.

- **Sicherheit des Arbeitsplatzes:** Permanente Unsicherheit, wie es beruflich weitergeht, unterstützt das Angsterleben.
- **Betriebliches Eingliederungsmanagement (BEM):** Damit finden Sie betriebliche Ursachen für belastungsbedingte Erkrankungen heraus und sichern Arbeitsfähigkeit ab.

Weitere Umsetzungsmöglichkeiten im Privaten:

- **Wenn Sie Ängste erleben**: Könnten Sie die Quellen der Angst auflösen? Wenn Sie leiden und bereits Situationen vermeiden, suchen Sie Hilfe bei Betriebsarzt, Hausarzt, Facharzt oder Psychologen!
- **Vertrauenspersonen:** Sprechen Sie über Ihre Ängste.
- **Professionelle Unterstützung:** Psychotherapie kann Ihnen helfen, besser mit Ängsten umzugehen.

7.2.6 Mobbing

Beobachter-Checkliste: Handelt es sich um Mobbing?

Hauptmerkmale von Mobbing sind bewusst destruktive Handlungen gegen (eine) Person(en) – regelmäßig, durchschnittlich mindestens 1x pro Woche über mindestens ½ Jahr hinweg – mit dem Ziel, sie auszugrenzen. Sie beeinträchtigen die Person stark, verletzen den Selbstwert. Psychische und körperliche Gesundheit verschlechtern sich. Bleibt Hilfe aus, ist häufig ein Arbeitsplatzwechsel notwendig. Mobbing kann im Verlust der Arbeitsfähigkeit enden. (Nach Leymann 2002)

Mobbing geschieht am Arbeitsplatz. Wenn die Chemie nicht stimmt, kann man oft nicht einfach aus dem Weg gehen. Animositäten schaukeln sich zur kompletten Ablehnung hoch. Die unterlegene Person wird zum Aufgeben getrieben. Antriebsmechanismus für aggressive Handlungen gegen andere ist oft die Verletzung des eigenen Wertgefühls.

psy.Res®-Beobachter-Checkliste 6: Mobbing

Nur Zutreffendes ankreuzen!

Merkmale von Mobbing	ja
Fünf Angriffsrichtungen von Mobbing	
Die zwischenmenschliche Kommunikation	
1. Er/sie wird beschnitten in der Möglichkeit, sich zu äußern.	
2. Er/sie wird häufig angeschrien oder laut beschimpft.	
3. Arbeitsleistung oder Privatleben werden ständig kritisiert.	
4. Er/sie erhält Telefonterror/mündliche u. schriftliche Drohungen.	
5. Er/sie bekommt den Kontakt durch Blicke o.Ä. verweigert.	
Die sozialen Beziehungen	
6. Mit ihm/ihr wird nicht mehr mit gesprochen.	
7. Die Kollegen lassen sich von ihm/ihr nicht ansprechen.	
8. Er/sie wird in einen Raum weitab versetzt.	
9. Er/sie wird wie Luft behandelt.	
10. Persönliches Eigentum/Arbeitsmittel werden zerstört.	
Das soziale Ansehen	
11. Über ihn/sie wird schlecht gesprochen.	
12. Man verspottet Privatleben/Zustand Psyche/Behinderung.	
13. Er/sie wird falsch und in kränkender Weise beurteilt.	
14. Seine/ihre Entscheidungen werden infrage gestellt.	

15. Man nähert sich ihm/ihr sexuell und wird obszön.						
Manipulation der Arbeitsaufgabe						
16. Er/sie bekommt keine oder ständig neue Aufgaben zugewiesen.						
17. Jeder Versuch, sich sinnvoll zu betätigen, wird verhindert.						
18. Sinnlose, unterfordernde Arbeitsaufgaben werden erteilt.						
19. Er/sie erhält Arbeitsaufgaben, die Selbstwertgefühl verletzen.						
20. Er/sie bekommt überfordernde Aufgaben, damit er/sie scheitert.						
Die Gesundheit						
21. Er/sie wird zu gesundheitsschädlichen Arbeiten gezwungen.						
22. Man droht ihm/ihr körperliche Gewalt an.						
23. Man wendet leichte Gewalt für Denkzettel an.						
24. Er/sie wird körperlich, eventuell auch sexuell, misshandelt.						
25. Man verursacht Kosten, um Betroffenen zu schaden.						
∑	**Punkte gesamt: ...**	**Ampelergebnis:**	☹	😐	☺	

(In Anlehnung an Leymann 2002)

Ihr Ergebnis → Addieren Sie die jeweiligen Punkte!		
16-25 Punkte ❑	Das ist mit hoher Wahrscheinlichkeit Mobbing! Unbedingt externen Mediator beauftragen, interne Unterstützung anfordern!	☹
8-15 Punkte ❑	Mobbingverdacht! Offen ansprechen: Vorfälle enttarnen. Hintergründe erforschen, Hilfe holen! Reagieren Sie schnell!	😐
0-7 Punkte ❑	Bei Punkten: Klären Sie die Gründe für die Aggressionen auf!	☺

Zusatz-Checkliste: Schweregrad des Mobbings

Sollte sich bei der psy.Res®-Beobachter-Checkliste zu den Angriffsrichtungen beim Mobbing eine gelbe Ampel ergeben, kann es hilfreich sein, die Schwere des Mobbings zu ermitteln. Härtegrad und Drangsal des Opfers sind auf diese Weise bewertbar.

✔ Zusatz-Checkliste: Schweregrad des Mobbings

Nur Zutreffendes ankreuzen!

	Schweregrad des Mobbings	Zutreffend?
	Wer ist der Mobber?	
1	Handelt es sich um einen Kollegen/eine Kollegin?	2 Punkte
2	Handelt es sich um mehr als 2-3 Mobber?	4 Punkte
3	Handelt es sich um das ganze Team?	6 Punkte
4	Handelt es sich um Bossing (Vorgesetzter mobbt)?	8 Punkte
5	Handelt es sich um das ganze Unternehmen?	10 Punkte
	Wert:	
	Zurückhaltung und Verweigerung von Unterstützung	
1	Hält sich das Team aus „Neutralitätsgründen“ aus der Sache heraus?	4 Punkte
2	Verweigern Vorgesetzte oder auch Familienangehörige die Unterstützung?	8 Punkte
	Wert:	

	Der Zeitfaktor – Mobbingdauer und -dichte	
1	seit ½ Jahr, mindestens 1x pro Woche	2 Punkte
2	seit ½ Jahr und mehrfach pro Woche	4 Punkte
3	seit ½ Jahr und täglich	6 Punkte
4	seit 1 Jahr, mindestens 1x pro Woche	6 Punkte
5	seit 1 Jahr und mehrfach pro Woche	8 Punkte
6	seit 1 ½ Jahren, mindestens 1x pro Woche	10 Punkte
7	seit mehr als 2 Jahren, mindestens 1x pro Woche	12 Punkte
	Wert:	
	Prozessverlauf*) und Mobbingstadium)**	
1	Auftakt*)	2 Punkte
	Eskalation*):	
2	a) Subtiles Stadium**)	4 Punkte
3	b) Druckstadium**)	6 Punkte
4	c) Terrorstadium**)	8 Punkte
5	Resignation*)	10 Punkte
6	Kapitulation*)	12 Punkte
	Wert:	
	Gesamtpunkte für Schweregrad des Mobbings (bei max. 42 Erschwernispunkten):	**... von 42**

Punkte gesamt:	**0 -10 =**	**Schwerestufe 1**	**10 – 24 =**	**Schwerestufe 2**	**26 – 42 =**	**Schwerestufe 3**

(Abgeleitet nach Leymann 2002)

***) Erläuterung zu den 4 Etappen des Mobbingverlaufes:**

1. **Auftakt:** *Konflikt*, der keiner echten Lösung zugeführt werden kann.
2. **Eskalation:** Aggression bleibt. Bei einer Partei nehmen die *Kraftreserven* ab.
3. **Resignation:** Die *Rollenverteilung* ist erfolgt, das „Opfer“ zeigt kaum oder keinen Widerstand mehr.
4. **Kapitulation:** Das verzweifelte „Opfer“ wird *ausgestoßen* oder flüchtet (Krankheit/Kündigung/Selbstmord).

****) Erläuterung zu den Mobbingstadien in der Eskalationsphase:**

a) **Subtiles Stadium**
Böswilligkeiten, die subtil ihre Wirkung tun, werden, wenn überhaupt, von den Betroffenen meist recht spät registriert. Sie haben zwar eine Langzeitwirkung, aber eher geringe akute Auswirkung. Rechtzeitiges Wahrnehmen systematischer Feindseligkeiten kann dem Opfer helfen, sich erfolgreich zur Wehr zu setzen.

b) **Druckstadium**
Es führt zu einer mittleren bis starken Beeinträchtigung des Opfers und hat immer Langzeitwirkung. Funktionsstörungen sind oft bereits manifestiert. Sofortige Wirkungen der initiierten Gemeinheiten in Form psychischer Beeinträchtigungen sind die Regel. Der Gemobbte kann die Gehässigkeiten nicht mehr „wegstecken“. Er spürt, wie ihn die Abwehrkräfte verlassen. Hilfe von außen ist in den meisten Fällen notwendig.

c) **Terrorstadium**
Es hinterlässt eine sehr starke und dauerhafte Beeinträchtigung. Das Selbstbewusstsein und der Glauben an die eigene Durchsetzungsfähigkeit sind tief gesunken. Krankheit wird zur latenten Begleiterscheinung, lange Ausfallzeiten sind typisches Anzeichen. Opfer dieses Stadiums sind systematischen Attacken hilflos ausgesetzt. Sie erholen sich nicht mehr. Eine Selbsthilfe ist normalerweise nicht mehr möglich.

Fallbeispiel Karin W.: „Tatort Chefsekretariat“

Karin W.: „Tatort Chefsekretariat“

Zur Entlastung bekam Chefsekretärin Karin W. kurz vor dem Jahresabschluss die junge Berufsanfängerin Susi J. zur Seite. Diese sieht sehr gut aus und gewann bald das Männerherz ihres neuen Chefs. Schon bald ordnete der Chef an, dass Susi ab jetzt Karins Platz am Empfang einnehmen soll. Karin wurde ins Nebenzimmer „abgeschoben“. „Da haben Sie endlich Ruhe zum Schreiben, Frau W.!“, war seine Begründung.

Gegenüber Frau W. verhielt sich Susi reserviert, oft antwortete sie schnippisch oder reagierte gar nicht. Die Stimmung zwischen beiden verschlechterte sich spürbar. Susi führte „neue Moden“ ein: „Was Sie hier machen, ist doch von gestern. Deswegen hat der Chef ja auch mich eingestellt.“ Im Gespräch mit anderen lästerte sie über Karin.

Inzwischen wandte sich auch der Chef mit immer mehr Arbeiten an Susi, was Frau W. zur Bitte um ein persönliches Gespräch veranlasste. Sie setzte große Hoffnungen in die Aussprache, denn 10 Jahre lang hatte sie für ihn das Sekretariat geführt. Seit drei Monaten ertrug sie fast täglich eine Gemeinheit, ohne dass der Chef einschritt.

Die Aussprache, die drei Wochen lang verschoben wurde, brachte überhaupt nichts. Außer einem „Aber bitte, vertragt euch doch!“ kam noch: „Haben Sie etwa Schwierigkeiten mit der unbeschwerten jugendlichen Art von Susi? Gut, Sie sind ja auch schon 48…! Das sind Generationsprobleme, das dürfen Sie nicht persönlich nehmen.“

Karin forderte eine Beurteilung an: Diese war die nächste Enttäuschung. Was nun? Eine Kündigung kam aus finanziellen Gründen nicht infrage. Also durchhalten!

Nach weiteren drei Monaten ging es ihr immer schlechter. Sie fand keine Erholung mehr. Die Angst vor jedem Montag wuchs. Sie sah abgespannt aus, Fehler schlichen sich ein. Vom Chef erhielt sie zunehmend nur noch Kritik. Sie fühlte sich alt und zweifelte an sich selbst: „Vielleicht bin ich der Arbeit doch nicht mehr gewachsen?“

Schließlich versagte auch der Körper seinen Dienst: tägliche Magenschmerzen, zugeschnürte Kehle, Brechreiz und Durchfall. Zum Glück sah der Arzt sofort, was mit Karin W. los war, und schrieb sie krank. Für ihn war die Diagnose klar ...

1. Wird Frau W. Ihrer Meinung nach gemobbt?
2. Welche Verhaltensbeobachtungen belegen das?
3. Welche Bedingungen in der Arbeit haben dazu beigetragen?
4. Welche gesundheitlichen Folgen resultieren?
5. Wie kann die Situation für Frau W. verbessert werden?
   - Wie soll die Betroffene, Frau W., weiter vorgehen?
   - Wie würden Sie als zu Hilfe Gebetener reagieren?

Auflösung Fall Karin W.: „Tatort Chefsekretariat“

1. Wird Frau W. Ihrer Meinung nach gemobbt?

Es liegen deutliche Frühwarnzeichen von Mobbing vor!

Die Ampel steht mit 10 von 25 negativen Punkten in der Mobbingskala auf Gelb! (deutlich: 1., 3., 5., 6., 7., 8., 9., 11., 13., 19.) Karin ist fehlbelastet infolge von ausgrenzendem Verhalten. 😐

2. Schweregrad des Mobbings

Der Schweregrad entspricht mit 24 von 42 negativen Punkten noch Stufe 2 (Checkliste Schwere des Mobbings). Er liegt direkt an der Schwelle zum höchsten Schweregrad.

Punktevergabe:

- *Eine Kollegin* als Mobberin = 2 Punkte
- Verweigerte Unterstützung durch den *Chef* oder gar „Bossing" = 8 Punkte
- *Mobbingdauer und -dichte*: mehr als ½ Jahr und täglich = 6 Punkte
- Verlauf bzw. Stadium: eskaliert im Terrorstadium (Krankheit usw.), an der Schwelle zur Resignation = 8 Punkte

Frau W. verspürt zuerst durch ein diffuses ungutes Gefühl, dass ein bewährtes System ins Wanken gerät. Sie leidet am Gefühl, nicht ernst genommen und untergebuttert zu werden. Ihre Stimmung verschlechtert sich, Hoffnungslosigkeit, Angst und Selbstzweifel ziehen ein. Schließlich stellen sich Beschwerden ein. Ihre Erholungsfähigkeit nimmt permanent ab. Am Ende wird sie ernsthaft krank und fällt lange aus.

3. Welche Bedingungen in der Arbeit haben dazu beigetragen?

Der Chef holt Verstärkung durch eine junge, gut ausgebildete Dame ins Sekretariat. Ein Fall, der häufig auftritt. In Zeiten von Internet, Smartphone, Tablet, Social Media ist es vorteilhaft, jemanden zu haben, der alles gut bedienen kann. Auf Kunden und Besucher macht es Eindruck, wenn schicke, kompetente junge Assistentinnen repräsentieren. Auch auf den Chef selbst. Er scheint begeistert von Susi J., vielleicht sogar ein bisschen verliebt. Er verliert an Objektivität in der Wahrnehmung und an Fairness in der Behandlung beider Mitarbeiterinnen. Er ist unaufmerksam und auf sich selbst konzentriert. Er erkennt die Notlage von Frau W. nicht. Er gibt ihr nicht die Anerkennung für 10 Jahre Loyalität und Treue. Er äußert sich abwertend über ihr Alter – obwohl sicher selbst nicht jünger – und verweigert ihr letztendlich seine Unterstützung.

Susi J. ist äußerst selbstbewusst. Man kann annehmen, dass auch sie der Situation nicht gewachsen ist. Sie ist neu, kommt in eine funktionierende Einheit und muss sich dort ihren Platz erkämpfen. Unter diesem Druck entstehen Verhaltensweisen, die unangenehm wirken: Sie verhält sich reserviert, schnippisch, ignorant, verhöhnend, zynisch, belehrend, insgesamt konkurrierend. Eine kooperative Annäherung gelingt ihr nicht von selbst. Der Chef führt sie jedoch auch nicht dahin.

4. Welche gesundheitlichen Folgen resultieren?

Gesundheitsressourcen werden massiv abgebaut: Karins Arbeit verschlechtert sich, und sie verliert ihre Motivationskraft, die gute Gemeinschaft und Zugehörigkeit lösen sich auf. Die individuellen Ressourcen werden dadurch stark erschüttert: Selbstvertrauen, Selbstwirksamkeitsüberzeugung, Selbstwertgefühl, Motivation, Lösungsorientierung, Gelassenheit und Erholungsfähigkeit werden abgebaut.

Die Folgen der anhaltenden Stressreaktion sind beschrieben: tägliche Magenschmerzen, zugeschnürte Kehle, Brechreiz und Durchfall. Nun erfolgte eine Krankschreibung. Es kann zu Chronifizierung und Langzeiterkrankung kommen. Eine depressive Entwicklung kündigt sich an. Depression zieht häufig anderes nach sich: Die Gefahr von Krebs, Herzkreislauferkrankungen und Diabetes gilt als um 70 % erhöht. Ausscheiden aus dem Arbeitsprozess und damit Verlust von sozialem Umfeld und Frühberentung sind nicht auszuschließen.

5. Wie kann die Situation für Frau W. verbessert werden?

Wie soll die Betroffene, Frau W., weiter vorgehen? Als Betroffene ist es ratsam, sich Hilfe im Betrieb zu holen: z.B. Betriebsrat, Sozialbetreuung, Gleichstellungsbeauftragte. Diese können Frau W. unterstützen, sich mit ihrem Problem außerdem an den Vorgesetzten ihres Chefs zu wenden. Um alles dokumentieren zu können, sollte Frau W. des Weiteren alle Erlebnisse mit Datum, Uhrzeit und Vorkommnis aufschreiben. Das lässt einen objektiveren Blick auf die Situation zu.

Außerhalb der Arbeit sollte sie Freunde sowie die Familie stärker als soziale Ressource nutzen. Entsprechend Schwere und Stadium des Mobbings ist es dringend angeraten, einen Psychotherapeuten aufzusuchen.

Wie würden Sie reagieren, wenn Frau W. sie um Hilfe bittet? Ein Hinzugezogener sollte zuerst ein ausführliches und sensibles Gespräch mit Frau W. führen, um die Angriffsrichtungen des Mobbings anhand von Beispielen zu erfassen, den Verlauf und die Stadien des Mobbings festzuhalten sowie die Schwere des Mobbings zu bestimmen. Wichtig: Zuerst die Analyse des Gespräch, danach die Meinungsbildung! Eventuell gelingt es, aus einer neutralen Position heraus ein Gespräch mit Susi J. zu führen, um deren Situation und Verhalten einzuschätzen. Es kann durchaus sein, dass auch Susi J. sich in ihrer Haut nicht sehr wohlfühlt und eine Mediation annimmt.

Er sollte darüber hinaus die Kontaktaufnahme zu Anlaufstellen wie Betriebsrat, Betriebsarzt, Schlichtungsstelle etc. vorantreiben und Karin zu einer offiziellen Aussprache mit dem Chef anregen. Diese Schritte sollten der Vorbereitung einer professionell geführten Konfliktmediation zwischen den drei Parteien dienen.

Im Fall Karin W. dürfte die Aussöhnung zwischen den Beteiligten jedoch eher schwierig werden, vor allem wenn sich durch den Chef an der Dreierkonstellation nichts ändert. Möglicherweise ist die Versetzung von Frau W. in ein anderes Ressort erfolgversprechender. Klar voneinander abgegrenzte Aufgaben helfen, Kompetenzrangeleien wirksam vorzubeugen. Wie auch immer die Endlösung sein wird: durch die Mediation sollte sie im alten Team zumindest rehabilitiert werden und Bedauern und Entschuldigung Ihres Chefs entgegennehmen können.

Selbsttest: Mobbing

In welchem Sozialklima arbeiten Sie? Haben Sie schon einmal Mobbing erlebt? Oder sind Sie sich unsicher, dass das, was Sie erleben, Mobbing ist? Überprüfen Sie es im psy.Res®-Selbsttest: Mobbing!

psy.Res®-Selbsttest 6: Mobbing

	A	B	C	D
Merkmale von Mobbing	**ja**	**eher ja**	**eher nein**	**nein**
1. Man weist mir absichtlich Aufgaben zu, die weit unter oder über meinen Möglichkeiten liegen.				
2. Durch unbegründete Androhungen werde ich ständig in Angst versetzt.				
3. Wenn ich meine Meinung/Einspruch/Sorge loswerden will, hindert man mich daran.				
4. In letzter Zeit behandeln mich bestimmte Personen wie Luft.				
5. Ich habe den Eindruck, dass jemand meine Arbeit bewusst zu meinem Nachteil behindert.				
6. Man spottet bzw. verbreitet Gerüchte über mich.				
Spaltensumme der Kreuze	**... A**	**... B**	**... C**	**... D**

(In Anlehnung an Leymann 2002)

Ihr Ergebnis → Addieren Sie die Kreuze in Spalte A + B!		
A- und B-Antworten: 4-6 Mal ❑	Handeln Sie sofort! Hier könnte Mobbing vorliegen. Ohne fremde Hilfe ist eine Lösung schwierig.	☹
A- und B-Antworten: 2-3 Mal ❑	Prüfen: Frühwarnzeichen zeigen an, dass sich eine Mobbingsituation entwickeln könnte.	😐
A- und B-Antworten: 0-1 Mal ❑	Okay! Klären Sie die Ursachen der Aggressionen auf, falls ein Punkt angekreuzt wurde.	☺

Markieren Sie nun Ihre Ampelfarbe im Kapitel 5.3.6, Seite 52: Schritt 2 der Gesamtbilanz-Ermittlung!

Erklärungen und Präventionsempfehlungen: Mobbing

Verstärkende Arbeitsfaktoren sind:

- Fehlendes Leitbild und Transparenz
- Führungsschwäche/Kontrollmangel
- Kommunikationsblockaden/Geringe Offenheit
- Unklare Aufstiegsmöglichkeiten ...

Handlungsempfehlungen für das Unternehmen:

Vision, Ziele, Leitbild, Richtlinien

Sie bestimmen Führung, Kommunikation, Umgang miteinander. Vordergründig profitzentrierte, karriereorientierte Systeme bei geringer Betonung von gutem Sozialklima ebnen den Weg zum Mobbing, können ihn durch ihre Leitlinien sogar legitimieren.

- **Leitbildentwicklung** – folgende Mindestanforderungen gelten:
  - Leitlinien für werteorientierte Führung
  - Betonung eines harmonischen Miteinanders im Unternehmen
  - Förderung einer Konfliktkultur
  - Klare und transparente Unternehmensziele und offene Informationspolitik
  - Regelmäßige Zielvereinbarungsgespräche
  - Gerechte Beurteilungsverfahren
  - Transparente Karrieremöglichkeiten
- **Mobbing-Betriebsvereinbarung** zum Umgang mit Mobbingopfern und Tätern:
  Nehmen Sie Führungskraft und Betriebsrat in die Pflicht: Sie können ethische Regeln im Betrieb einfordern: Im Leitbild sind sie verankert!
- **Führungskräfteentwicklung**: Sensibilisieren und qualifizieren sie die Führungskräfte für Umsetzung der Führungsleitlinien.
- **Regelmäßige Mitarbeitergespräche**: Legen Sie gemeinsam Ziele fest.

Betriebsorganisation

- **Transparente Unternehmensstrukturen und Abläufe:**
  Unklare und wirre Verhältnisse ebnen den Weg für Mobbing- und andere Gewalthandlungen. Die Nachlässigkeit in der Organisation verführt zur Missachtung von Regeln.
  - Schriftliche, allen zugängliche Fixierung der Aufbau- und Ablauforganisation
  - Klare Trennung von Verantwortungsbereichen
  - Fixierung und Kontrolle von Entscheidungsspielräumen
  - Eindeutige Erteilung von Befugnissen
  - Optimierung der Zusammenarbeit an Schnittstellen (Prozessgestaltung)
  - Beschreibung der Informations- und Kommunikationsinfrastruktur und Informations- und Kommunikationsflüsse
  - Betriebszeitung/Newsletter
- **Stellenbeschreibung und Leistungsanforderungen:**
  Klare Stellenbeschreibungen, transparente Zielvereinbarungen und Leistungserwartungen verdeutlichen Mitarbeitern, was von ihnen erwartet wird. Überforderungspotenziale werden identifiziert. Der Leistungs-

gedanke zieht ein. Es geht nicht einfach „nach der Nase“, was immer Neid und Missgunst keimen lässt. Andere werden schnell zur Zielscheibe, wenn Frust Groll und Ärger erzeugt.

Mindestanforderungen:

- Klare Formulierung von Stellenbeschreibungen (Anforderungsprofile mit konkreten Leistungsvoraussetzungen und Erwartungen an den Ausführenden)
- Anforderungsorientierte Personalauswahl und- entwicklung, um Über- und Unterforderung Einzelner zu vermeiden
- Regelmäßige Kontrolle des Erreichens der Leistungsstandards durch interne Qualitätsbeauftragte (TQM)
- Kontinuierliche Weiterbildung ermöglichen – Budget gerecht verteilen

Weitere Umsetzungsmöglichkeiten für Betroffene:

- **Öffentlichkeit:** Sprechen Sie mit Vertrauten, wenden Sie sich an den Betriebsrat oder Betriebsarzt. Mobbing eskaliert, wenn Sie sich schämen, in die Offensive zu gehen.
- **Klärung:** Führen Sie Gespräche mit den Sie angreifenden Personen. Im Anfangsstadium ist es vielleicht noch möglich, Konflikte durch ein klärendes Gespräch zu lösen, Mobbing zu unterbinden. Ziehen Sie eine Vertrauensperson hinzu!
- **Mediation:** Bitten Sie den Betriebsrat/einen Mediator etc. um Vermittlung bei der Konfliktklärung und Aussöhnung.
- **Sachlicher Abstand:** Auch wenn es Ihnen schwerfällt, lassen Sie sich helfen, die Lage immer wieder sachlich zu betrachten. Emotionalisierung macht es schwerer, Flexibilität zu behalten und Lösungen zu sehen. Feindbilder reißen den Graben tiefer.
- **Neutralität wahren** – insbesondere als Führungskraft, auch als Kollege, nicht Retter oder Richter werden! Behalten Sie immer einen sachlichen Abstand. Das heißt nicht, dass Sie nicht unterstützen sollen. Vermitteln Sie zwischen Parteien!
- **Schriftliche Dokumente:** Lassen Sie sich schriftlich Vereinbarungen zu Kompetenzen, Ansprüchen, Karriere etc. quittieren. Fordern Sie schriftliches Feedback.
- **Dokumentation:** Machen Sie das Mobbing offensichtlich. Suchen Sie sich Zeugen und halten Sie Mobbingsituationen schriftlich fest (Mobbingtagebuch).
- **Verbündete suchen:** Freunde, wohlgesonnene Kollegen sind bei der Überwindung eines Mobbings eine hervorragende Ressource.
- **Auszeit:** Gewinnen Sie Abstand, sammeln Sie Kraft. Durchbrechen Sie so den Teufelskreis. Ihr Hausarzt/ Betriebsarzt unterstützt Sie.

7.2.7 Arbeits- und Erfolgssucht

Beobachter-Checkliste: Ist mein Mitarbeiter abhängig von Arbeit und Erfolg?

Das Gefährliche an der Arbeitssucht ist, dass die Leistungsgesellschaft Arbeitssucht unterstützt und Unternehmen sich verführen lassen, bei Verletzungen von Arbeitszeitregelungen ein Auge zuzudrücken. Betroffene erkennen oft nicht, dass sie krank sind. Somit kann sich die Arbeitssucht Jahre oder gar Jahrzehnte hinziehen, bis die Auswirkungen zum Tragen kommen.

- **Psychische und physische Auswirkungen:** Neben der körperlichen Gesundheit wird ebenso die seelische Gesundheit angegriffen. Betroffene leiden unter Leere, Desinteresse an Alltagsthemen, Ängsten, Depressionen und verfallen in Apathie und Pessimismus. Folgen können Selbstmordversuche und frühzeitiger Tod sein.
- **Auswirkungen auf die Effektivität:** Vielarbeit wird oft mit Fleiß und Produktivität assoziiert. Die Produktivität erreicht irgendwann ihr Maximum und fällt dann ab. Überbelastung führt zu Fehlern – mit Mehraufwand müssen diese dann korrigiert werden. Arbeits- und Erfolgssüchtige sind perfektionistisch, „korri-

gieren" die Arbeit von Kollegen, können schwer einen Punkt setzen. Sie stören durch ihre Sucht auch das Betriebsklima und die effektive Zusammenarbeit.

- **Soziale Auswirkungen:** Die Pflege von Freundschaften und Partnerschaften wird als zweitrangig behandelt. Früher oder später führt die eingegrenzte Interessenlage jedoch zu einer Vereinsamung.
- **Wirtschaftliche Auswirkungen:** Das Arbeitszeitgesetz wird trickreich umgangen. Der Eifer scheint mit Betriebsinteressen überein zu stimmen. In Wirklichkeit verschleißen sich die engagierten Mitarbeiter. Wenn sie ausfallen, verliert die Firma entscheidendes Know-how. Das kann teuer werden.

psy.Res®-Beobachter-Checkliste 7: Arbeits- und Erfolgssucht

Nur Zutreffendes ankreuzen!

Merkmale der Abhängigkeit von Arbeit und Erfolg			
Der Mitarbeiter…			**ja**
Arbeitszeiten			
1. nimmt häufig Arbeit mit nach Hause, ohne dass dies erforderlich ist.			
2. arbeitet fast täglich mehrere Stunden länger als nötig.			
3. arbeitet manchmal ganze Tage und Nächte durch.			
4. ist jederzeit für die Arbeit erreichbar, auch am Wochenende oder im Urlaub.			
5. findet ständig Ausreden, wenn man sie/ihn auf die Überstunden anspricht.			
6. hat auch schon erfolglos versucht, sich zum Feierabend zu zwingen.			
Arbeitsverhalten			
7. kann nur schwer Aufgaben abgeben.			
8. bemängelt überkritisch die Leistung anderer.			
9. ist ständig auf der Suche nach besonderen beruflichen Herausforderungen.			
10. wirkt verbissen und übermäßig ehrgeizig.			
11. hält sich für unabkömmlich.			
12. reagiert auf Kritik an der Arbeitsleistung oft übermäßig enttäuscht oder gekränkt.			
13. sorgt sofort für neue Arbeit, wenn sich „der Tisch einmal leert".			
14. ernährt sich unregelmäßig oder isst während der Arbeit oder arbeitet Pausen durch.			
15. ist häufig noch nicht zufrieden mit dem, was er am Arbeitstag erreichte.			
16. ist nicht unbedingt sehr produktiv, obwohl er viel arbeitet.			
Gesundheit und soziale Lebensführung			
17. berichtet von Gesundheitsbeschwerden oder wirkt müde und erschöpft.			
18. spielt erkennbare Beschwerden oder Probleme herunter.			
19. spricht fast nie über außerberufliche Interessen, Erlebnisse oder Hobbys.			
20. wird wegen des übermäßigen Arbeitsengagements kritisiert/verspottet.			
21. reduziert das Arbeitspensum nicht, obwohl bereits Konflikte aufgetreten sind.			
22. hat wichtige soziale Kontakte durch das exzessive Arbeitsverhalten verloren.			
Σ	**Punkte gesamt: …**	**Ampelergebnis:** ☹ 😐 ☺	

(In Anlehnung an Forschungen von Puttkammer 1991, Mentzel 1979 und Machlowitz 1978)

Ihr Ergebnis → Addieren Sie die jeweiligen Punkte!		
12-22 Punkte ❑	Die betroffene Mitarbeiterin/der betroffene Mitarbeiter ist sehr wahrscheinlich arbeitssüchtig!	☹
5-11 Punkte ❑	Die Work-Life-Balance funktioniert nicht mehr! Führen Sie ein einfühlsames Gespräch zur Ursachenanalyse. Seien Sie bei Verleugnung konsequent!	😐
0- 4 Punkte ❑	Wenig Anzeichen für Abhängigkeit von der Arbeit. Doch Vorsicht! Anforderungen im Informationszeitalter gefährden Work-Life-Balance.	☺

Fallbeispiel Gisela H.: „Im Sommer mache ich eher Schluss!"

Gisela H.: „Im Sommer mache ich eher Schluss!"

Gisela H. ist 43 Jahre alt und arbeitet seit 7 Jahren in der Entwicklungsabteilung eines Sondermaschinenbaubetriebes.

Sie ist eine sehr genaue, zuverlässige und hoch engagierte Mitarbeiterin. Sie drängt sich förmlich um jeden Auftrag, seitdem individuelle Leistungsbewertung in der Entwicklungsabteilung eingeführt worden ist. Sie ist immer eine der Letzten abends im Büro. Über das Wochenende macht sie häufig noch Aufträge fertig. Sie führt die Prämienliste an.

Ihr Teamleiter weiß von ihr, dass sie nebenbei zusammen mit ihrem Mann ein Haus baut. Bei seinen abendlichen Spaziergängen trifft er Gisela H.s Ehemann jedes Mal am Bau. Meist ist er allein, manchmal hat er ein oder zwei Leute als Gehilfen dabei. Hin und wieder ist auch Gisela bereits aus der Firma zurück und legt mit Hand an. Er denkt dann oft: „Gisela sollte sich besser etwas Ruhe gönnen, hoffentlich ist das Haus bald einmal fertig." Aber ehrlich gesagt, glaubt er es nicht, denn die wenigen Hände lassen den Bau nur langsam wachsen.

Der Teamleiter Fritz M. hat Gisela H. schon mehrmals gebeten, abends nicht mehr so lange in der Firma zu bleiben. Sie sieht zunehmend schlechter aus. Auch ihre Lösungen sind nicht mehr so durchdacht und originell. Als er in bester Absicht Aufgaben auf einen anderen Mitarbeiter übertragen wollte, weigert sie sich, diese abzugeben. Fritz M. spricht ihr gegenüber seine Sorge um die Überarbeitung aus. Sie winkt ab, die Arbeit mache ihr großen Spaß. Dann, im Sommer, wolle sie auch kürzer treten. Der Teamleiter ist sich nicht sicher: Ist Frau H. arbeitssüchtig oder entflieht sie der Arbeit auf dem Bau? Haben sie und ihr Mann sich mit dem Haus finanziell übernommen, sodass sie jede Chance zum Geldverdienen nutzen müssen? Er hat bereits darüber nachgedacht, die individuelle Leistungsprämie wieder rückgängig zu machen. Aber ist das die Lösung?

Gestern Abend musste Gisela H. mit einem Krankenwagen ins Krankenhaus gebracht werden. Sie hatte einen Kreislaufzusammenbruch.

1. Ist Gisela H. Ihrer Meinung nach arbeitssüchtig?
2. Welche Verhaltensbeobachtungen belegen das?
3. Welche Bedingungen in der Arbeit haben dazu beigetragen?
4. Welche gesundheitlichen Folgen resultieren?
5. Wie kann die Situation für Gisela H. verbessert werden?
   - Was kann Gisela selbst tun?
   - Was kann der Chef tun?

Auflösung Falls Gisela H.: „Im Sommer mache ich eher Schluss!"

1. Ist Gisela H. Ihrer Meinung nach arbeitssüchtig?

Gisela H. ist wahrscheinlich nicht arbeitssüchtig, hat aber eine gefährliche Neigung zur Selbstausbeutung. Dass sie im Moment in zwei Schichten hart arbeitet, scheint vor allem auf die angespannte finanzielle Situation der Familie zurückzuführen zu sein.

Die Ampel steht mit 8 von 22 negativen Punkten auf Gelb! (Arbeitszeiten: 4 Punkte - 1., 2., 5., 6., Arbeitsverhalten: 1 Punkt – 7.; Gesundheit: 3 Punkte – 17., 18., 21.) **Giselas Work-Life-Balance ist gestört. Sie ist gefährdet, aber wahrscheinlich (noch) nicht abhängig von Arbeit.**	😐

2. Welche Verhaltensbeobachtungen belegen das?

Fleiß und Durchhaltevermögen sind wichtige Werte, die Gisela H. in ihrem Verhalten offenbart. Sie arbeitet sehr viel – sowohl im Beruf als auch in der Freizeit. Dabei spürt sie ihre Grenzen nicht. Sie geht nicht sorgsam mit ihren Ressourcen um. Sie verausgabt sich. Körperliche Probleme stellen sich ein, die sie mit dem Gedanken „Im Sommer wird es besser" zur Seite schiebt. Das Herz-Kreislauf-Versagen von Frau H. könnte ein Anzeichen dafür sein.

3. Welche Bedingungen in der Arbeit haben dazu beigetragen?

Der Bau des Hauses lastet finanziell zweifelsfrei schwer auf Gisela H. und ihrem Mann. Da kommt das neue Leistungsbewertungssystem für sie gerade recht. Der Anreiz, durch viel Mehrarbeit auch deutlich mehr zu verdienen, ist in dieser Situation für sie sehr groß. Wahrscheinlich wird jeder Euro gebraucht, denn die Familie bedient sich einzelner Helfer, baut selbst mit und leistet sich keine Baufirma.

4. Welche gesundheitlichen Folgen resultieren?

Die Folgen liegen bereits auf der Hand. Noch weiß man nicht, wie es ihr geht. Aber die Warnung ist eindeutig. Hohe Einsatzbereitschaft, mangelnde Erholungsphasen, Geldsorgen haben einen hohen Dauerstresslevel verursacht, der sich auf Herz und Kreislauf legte.

5. Wie kann die Situation für Gisela H. verbessert werden?

Was kann der Chef tun? Der Vorgesetzte muss jetzt handeln, denn er trägt die Mitverantwortung für die Gesundheit der Mitarbeiterin. Wenn er sich auch Sorgen machte, er hat die Einhaltung der zulässigen Anzahl von 10 Arbeitsstunden pro Tag nicht wirklich kontrolliert. Die Aufgabenverteilung ist zu überprüfen. Man gewinnt den Eindruck, dass sich Gisela zu viel Arbeit auf den Tisch gezogen hat.

Er sollte nun das vertrauensvolle Gespräch mit Frau H. suchen und nach den Ursachen für ihr Verhalten forschen. Eventuell kann die Firma mit einem Vorschuss oder zinslosen Kredit die finanzielle Problematik von Gisela H. entspannen.

Was kann Gisela H. selbst tun? Sie sollte lernen, ihren Körper wahrzunehmen und achtsam mit ihren Ressourcen umzugehen. Als Erstes sollte sie sich auskurieren, eine Kur machen. Zu Hause wird es schwer für sie, zur Ruhe zu kommen. Auf welchen inneren Glaubenssätzen fußt die übertriebene Anstrengungsbereitschaft? Durch psychotherapeutische Sitzungen gelingt es, krankmachende innere Antreiber in positive Leitsätze umzuwandeln, Bedingungen zu verändern und sich ein neues Verhaltensrepertoire zu erarbeiten.

Selbsttest: Work-Life-Balance

Nun prüfen Sie, wie gut Ihnen die Vereinbarung von Arbeit und Leben gelingt!

psy.Res®-Selbsttest 7: Work-Life-Balance

	A	B	C	D
Merkmale meiner Work-Life-Balance	**ja**	**eher ja**	**eher nein**	**nein**
1. Ich arbeite mehr als 10 Stunden pro Arbeitstag.				
2. Meinen beruflichen Einsatz muss ich zu Hause immer öfter rechtfertigen.				

	A	B	C	D
3. Ich muss mich aufputschen, um dem Arbeitsdruck standzuhalten.				
4. Ich arbeite gewöhnlich auch in der Freizeit, im Urlaub und bei Krankheit.				
5. Ich vernachlässige mir wichtige Hobbys, Freizeitaktivitäten, Freunde.				
Spaltensumme der Kreuze	... A	... B	... C	... D

(In Anlehnung an Forschungen von Puttkammer 1991, Mentzel 1979 und Machlowitz 1978)

Ihr Ergebnis → Addieren Sie die Kreuze in Spalte A + B!		
A- und B-Antworten: 4-5 Mal ❑	Sie laufen Gefahr, sich durch ein Übermaß an Arbeit zu überfordern. Falls Sie sich wohlfühlen, haben Sie wohl gute innere Ressourcen. Aber auch die können sich abbauen!	☹
A- und B-Antworten: 2-3 Mal ❑	Achtung, die Work-Life-Balance gerät in die Schieflage! Überprüfen Sie, ob das noch okay ist. Denken Sie über den Sinn nach!	😐
A- und B-Antworten: 0-1 Mal ❑	Gratulation! Sollten Sie einen Punkt haben, prüfen Sie, ob er der Anfang einer ungünstigen Entwicklung sein könnte!	☺

Markieren Sie nun Ihre Ampelfarbe im Kapitel 5.3.6, Seite 52: Schritt 2 der Gesamtbilanz-Ermittlung!

Sie haben eine gelbe oder rote Ampel bzgl. Ihrer Work-Life-Balance erhalten und fragen sich jetzt, ob Sie arbeitssüchtig sind? Im folgenden Vertiefungstest erhalten Sie Antwort. (Der Vertiefungstest wird nicht in die „Gesamtbilanz meine Arbeit und Gesundheit" eingetragen.)

Selbsttest: Bin ich bereits arbeitssüchtig?

✔ Vertiefung zu psy.Res®-Selbsttest 7: Arbeitssucht

Nur Zutreffendes ankreuzen!

In letzter Zeit beobachte ich an mir immer häufiger:	ja
Im Arbeitsverhalten	
1. Es passiert, dass ich heimlich arbeite.	
2. Ich stehe immer oder meistens unter Zeitdruck.	
3. Fällt ein Termin weg, organisiere ich mir sofort einen neuen.	
4. Ich führe auch Arbeiten aus, die unter meinem Niveau sind.	
5. Durch meinen Perfektionsanspruch verzettle ich mich oft.	
6. Ich versuche, periodenweise nicht zu arbeiten.	
7. Ich habe schon versucht, mich zum Feierabend zu zwingen.	
8. Ich arbeite regelmäßig abends, mitunter Tage und Nächte.	
In meiner Einstellung und Befindlichkeit	
9. Manchmal fühle ich einen starken Zwang, weiter zu arbeiten.	
10. Ich verliere das Interesse an anderen Dingen als Arbeit.	
11. Ich nehme mir immer mehr vor, als ich schaffen kann.	
12. Meine Liste ausstehender Arbeiten bleibt immer gefüllt.	

13. Ich bedauere mich selbst, dass ich so schuften muss.						
14. Ich vernachlässige meine Ernährung und/oder Wohnungspflege.						
15. Ich reagiere unruhig auf terminfreie Tage im Kalender.						
16. Ich bekomme ein schlechtes Gewissen, wenn ich nicht arbeite.						
Im Sozialverhalten						
17. Ich bin pingelig, kritisiere viel, gebe Verantwortung nicht ab.						
18. Ich vermeide Gespräche über meine Überarbeitung.						
In letzter Zeit beobachte ich an mir immer häufiger:						**ja**
19. Ich muss meine Arbeit gegenüber der Familie rechtfertigen.						
20. Ich verschiebe Gespräche über die Beziehung (keine Zeit!).						
21. Die Verbindung zu Freunden/Verwandten vernachlässige ich.						
22. Die alltäglichen Anliegen der Kinder gehen an mir vorüber.						
23. Für Vergnügen mit Kollegen habe ich einfach keine Zeit.						
∑	**Punkte gesamt: ...**	**Ampelergebnis:**	☹	😐	☺	

(In Anlehnung an Puttkammer 1991 sowie Mentzel 1979)

Ihr Ergebnis → Addieren Sie die jeweiligen Punkte!		
16-23 Punkte ❑	Sie sind sehr wahrscheinlich arbeitssüchtig! Können Sie wenigstens noch den Urlaub abstinent von Arbeit genießen? Klären Sie in einer Psychotherapie, was sich hinter der Sucht verbirgt. Kollaps, Burnout, Kündigung, Scheidung drohen.	☹
5-15 Punkte ❑	Sie bringen Arbeit und Privates nicht in Balance. Sie verlieren Kontakt zu Mitmenschen, so bleibt Ihnen immer mehr Raum zum Arbeiten. Sie laufen Gefahr, in die Suchtspirale einzutreten. Überlegen Sie den Sinn. Leben Sie jetzt!	😐
0- 4 Punkte ❑	Okay! Aber waren Sie auch ehrlich? Machen Sie regelmäßig eine Inventur: Wofür setzen Sie Ihre Lebenszeit ein?	☺

Präventionsempfehlungen: Work-Life-Balance und Arbeitssucht

Arbeitssucht ist letztendlich gleichzusetzen mit Rücksichtslosigkeit gegenüber sich selbst und gegenüber der Allgemeinheit!

Achtung! Verstärkende Arbeitsfaktoren sind:

- Hochgesteckte Ziele
- Leistungsdruck durch Konkurrenz
- Angst vor Arbeitsplatzverlust

Handlungsempfehlungen für Unternehmen:

Gründung eines innerbetrieblichen Arbeitskreises „Work-Life-Balance" im Rahmen des BGM (Betriebliches Gesundheitsmanagement): Er hat die Aufgabe, zu informieren, zu sensibilisieren und ein Arbeitsleitbild zu entwickeln.
Mitglieder können sein: Vertreter Personalabteilung, Betriebsrat, Sozialbetreuer, Betriebsarzt.

Vorgehen des innerbetrieblichen Arbeitskreises „Work-Life-Balance“:

Standpunkte:

- Arbeitssucht ist eine **Krankheit** und **kein erstrebenswertes Verhalten**.
- Arbeitssüchtig kann jeder werden, in jedem Alter, in jeder Position.
- Das Unternehmen unterstützt Abhängige, Kontakt mit Fachleuten aufzunehmen und (nach einer entsprechenden Diagnose) eine Behandlung anzutreten.
- Die gesammelten Daten werden *streng vertraulich* behandelt.

Soll-Ist-Analyse (Vertraulichkeit beachten!):

- *Soll:* Was ist ein gesundes Arbeitsverhalten und Arbeitsvolumen?
- *Ist:* Wie viel Stunden arbeiten die Mitarbeiter? In welchen Bereichen fallen auffällig viele Überstunden an? Welche Ursachen gibt es? Wer ist gesundheitlich gefährdet?
- Betriebliche Aufklärung über die Droge „Arbeit“: Artikel in Firmenzeitung oder Intranet, Gesundheitstage, Vorträge, Seminare, Gesundheitszirkel

Betriebs- und Dienstvereinbarung:

- Regeln zur Einhaltung der Arbeitszeit und Konsequenzen bei Nichteinhaltung
- Eingrenzung der Erreichbarkeitspflicht am Feierabend und im Urlaub
- Urlaubsregelungen (mindestens 1x im Jahr 2 Wochen am Stück)

Schulung von Führungskräften:

Ziel: Sensibilisierung und Vermitteln des Handwerkszeugs für Prävention

- Leistungsanforderungen, Bewertungs-, Belohnungs- und Karrieresystem transparent gestalten, „Vielarbeit“ nicht zusätzlich belohnen!
- Regelmäßige Mitarbeitergespräche
- Intervention bei Verhaltensauffälligkeiten

Umsetzungsmöglichkeiten für Betroffene:

- **Selbsthilfekreis für Arbeitssüchtige:** Suchen Sie einen in Ihrer Nähe! Nehmen Sie Ihren Partner mit. Er/sie leidet wahrscheinlich mehr als Sie!
- **Sinnbilanz**: Was bleibt Ihnen, wenn Sie morgen einen Herzinfarkt bekommen oder die Arbeit (plötzlich) vorbei ist?
- **Loslassen:** Reißen Sie sich aus dem Alltag heraus! Fliegen Sie weg. Nehmen Sie keinen Laptop mit. Schalten Sie das Smartphone aus: Spüren Sie, was Leben bedeutet, wie schön die Natur ist und wie angenehm die Nähe von Menschen ist!
- **Mit Familie/Freunden Zeit verbringen:** Planen Sie Besuche in Biergarten, Kino, Theater, Wandern, Sport …
- **Arbeitsfreie Freizeit:** Nehmen Sie keine Arbeit mit nach Hause!

7.2.8 Sucht: Missbrauch von Substanzen – Alkohol

Beobachter-Checkliste: Ist mein Mitarbeiter alkoholgefährdet?

Alkoholmissbrauch ist eine Form des Substanzmissbrauchs. Andere Suchtmittel sind: Kaffee, Tabak, Psychopharmaka, (Party-)Drogen. Für das Problem Suchtmittelmissbrauch wird Alkoholismus im Folgenden exemplarisch herausgegriffen.

Hauptmerkmale der Alkoholkrankheit sind Entzugserscheinungen und Toleranzveränderungen gegenüber Alkohol sowie die Verleugnung der Abhängigkeit auch vor sich selbst. Wir unterscheiden körperlich Abhängige und psychisch Abhängige. Letztere sind auf dem Weg in die körperliche Abhängigkeit. Der Körper reagiert mit Leberfunktionsstörungen, Magengeschwüren, Bluthochdruck etc. Psychisch sind Depressionen, Minderwertigkeitsgefühle u.Ä. typisch. Jeder 5. ist gefährdet. Alkoholmissbrauch resultiert aus einer Wechselwirkung verschiedener Einflussfaktoren wie genetische (biologische, psychische) Veranlagungen, persönliche Lebensgeschichte oder gesellschaftliche Einflüsse (soziales Umfeld).

Unterschiedliche Trinkgewohnheiten und Abhängigkeitsgrade:

a) **Konflikttrinker:** trinkt zur Erleichterung, ist psychisch abhängig.

b) **Gelegenheitstrinker** trinkt nur zu Anlässen (Feste, Urlaub etc.) im Übermaß. Er ist noch nicht alkoholabhängig, aber hoch gefährdet.

c) **Süchtiger Trinker:** kann Menge nicht steuern, aber kurzzeitig verzichten. Mit steigender Menge entwickelt sich die körperliche Abhängigkeit.

d) **Spiegeltrinker:** trinkt kontinuierlich, hat keine Rauschzustände mehr. Fällt der Spiegel im Blut, kommt es zu Entzugserscheinungen.

e) **Episodischer Trinker:** verfällt bei Anlässen (Konflikten, Hochgefühlen etc.) in mehrtägige Trinkexzesse. Er ist psychisch abhängig, kann aber wochen-/monatelang abstinent sein.

Mit der psy.Res®-Checkliste 8 ermitteln Sie, ob Ihr Mitarbeiter Alkoholmissbrauch betreibt oder wahrscheinlich bereits alkoholkrank ist. Bei der Beurteilung der folgenden vier Fälle, können Sie Ihre Sensibilität für die Alkoholkrankheit schulen.

psy.Res®-Beobachter-Checkliste 8: Alkoholmissbrauch

Nur Zutreffendes ankreuzen!

Merkmale von Alkoholismus bei Mitarbeitern	ja
Der Mitarbeiter…	
Arbeitsverhalten	
1. fehlt häufig ohne Attest; Dritte entschuldigen sie.	
2. bietet an, Fehltage gegen Urlaub aufzurechnen.	
3. zeigt starke Leistungsschwankungen.	
4. macht Fehler, hat Arbeitsrückstände.	
5. ist nur mangelhaft konzentriert.	
6. unzuverlässigkeit und Unstetigkeit nehmen zu.	
7. entfernt sich häufig und kommt sichtlich ruhiger zurück.	
8. beginnt Arbeit unregelmäßig und/oder überzieht Pausen.	
9. Alkohol war bei früherem Arbeitgeber bereits ein Thema.*	
Sozialverhalten	
10. hat starke Stimmungsschwankungen.	
11. wirkt unangemessen nervös, reizbar bzw. aggressiv.	
12. ist unangemessen aktiv und gesellig.	
13. überschätzt sich und leugnet Fehler.	
14. sucht oft Trost, Mitleid, Verständnis bei Kontaktpersonen.	
15. wird von Angstattacken befallen.	
16. Wirkt verunsichert, zeigt unangemessene Schuldgefühle.*	

17. ist immer präsent, wenn Alkohol getrunken wird.				
18. bagatellisiert Trinkmenge, vermeidet Gespräch darüber.*				
Äußeres Erscheinungsbild				
19. vernachlässigt Körperpflege und Kleidung.				
20. hat aufgedunsenes, gerötetes Gesicht, glasige Augen.*				
21. Sprache wirkt verlangsamt, verwässert.*				
22. Häufig bricht ihm/ihr der Schweiß aus.				
23. tarnt Alkoholfahne mit Mundspray, Pfefferminz, Parfüm ...*				
24. Ist häufig müde.				
25. zittern der Hände verschwindet z.B. nach Toilettenbesuch*				
∑ **Punkte gesamt: ...**	**Ampelergebnis:**	☹	😐	☺

* Markierte Felder sind symptomatisch für Sucht! (nach Feuerlein 1986 und ICD 10)

Ihr Ergebnis → Addieren Sie die jeweiligen Punkte!		
Rot bereits bei 9, 18, 23 oder 25 ❑	Alkoholkrankheit ist sehr wahrscheinlich! Handeln Sie gemäß Betriebsvereinbarung Sucht!	☹
Mehr als 7 Punkte ❑ (bei 9, 18, 23 oder 25 bereits Rot)	Alkoholmissbrauch könnte vorliegen: Beobachten Sie genauer!	😐
0- 7 Punkte ❑ (bei 9, 18, 23 oder 25 bereits Rot)	Klären Sie die Ursachen von Problemen auf.	☺

Fallbeispiele

Fallbeispiel 1: „Schutzbrille vergessen“

In Ihrer Firma arbeitet seit zwei Jahren ein Kollege, der bisher unauffällig war und seine Aufgaben zuverlässig erledigt hat.

Innerhalb der letzten drei Monate kam er mehrfach montags zu spät. Dreimal sogar mit einer Fahne, die er mit Pfefferminzbonbons zu verbergen versuchte und vehement bestritt. Beim dritten Mal hatten Sie angeordnet, dass der Mitarbeiter nach Hause gefahren wird. Sie haben eine Abmahnung erteilt. Ihnen fiel neben seiner gehäuften Unpünktlichkeit auf, dass er äußerlich vernachlässigt wirkt und jetzt oft einen abwesenden Eindruck macht. Sein Gesicht ist aufgedunsen und gerötet. Über Dritte erfahren Sie, dass der Kollege offenbar familiäre Probleme hat.

Gestern hat er nach einer kurzen Unterredung über der Fertigungsskizze vergessen, seine Schutzbrille wieder aufzusetzen. Ein abspringender Spann bohrte sich in die Hornhaut seines rechten Auges.

1. Würden Sie hier von Alkoholmissbrauch sprechen?
2. Was ist in diesem Fall zu tun?
3. Warum ist dies in Ihren Augen die beste Entscheidung?

Fallbeispiel 2: „Feuchtfröhliche Party"

Bei einer Betriebsfeier in großer Runde fällt Ihnen eine neue Kollegin auf, die anfangs ziemlich zügig mehrere Glas Wein trinkt und danach beschwipst anbiederndes Benehmen zeigt. Sie hatten sie als sehr zurückhaltende und besonnene Kollegin beim Einstellungsgespräch kennengelernt. Nie fiel sie sonst auf. Sie sind über ihr Verhalten sehr verwundert. Am nächsten Tag kommt die Kollegin mit hochrotem Kopf und entschuldigt sich. Sie scheint sich über ihr Benehmen sehr zu schämen. Sie bittet Sie inständig, sie nicht aus der Probezeit zu entlassen.

1. Welche Theorie haben Sie?
2. Was würden Sie tun?
3. Warum gerade diese Entscheidung?

Fallbeispiel 3: „Schnaps ist gut gegen Cholera"

Bei einem älteren Mitarbeiter kurz vor dem Ruhestand fällt Ihnen auf, dass er mehrmals bei Dienstbeginn unpünktlich ist und häufiger alkoholisiert erscheint. Er bagatellisiert und erklärt Ihnen, dass er gegen seine Magenschmerzen einen Schnaps trinke und ihm das sehr gut helfe. Solche Beschwerden kenne er von früher und wisse, dass der Schnaps wirklich gut tue. Beim Kaffeetrinken merken Sie, dass er sehr angespannt ist und seine Hand stark zittert. Er bemerkt Ihren Blick und verschwindet einen Moment später. Nach 5 Minuten kommt er zurück und wirkt sehr aufgeräumt. Das Zittern ist weitgehend verschwunden. Sie wissen von vorherigen Arbeitgebern, dass er vor über 20 Jahren ein Alkoholproblem hatte und seither abstinent lebt.

1. Welche Theorie haben Sie?
2. Was würden Sie tun?
3. Warum gerade diese Entscheidung?

Fallbeispiel 4: „Tatort Bierkiosk"

Ihr Chef war in den letzten Wochen selten am Arbeitsplatz. Seine Frau ist seit 4 Wochen im Krankenhaus, und er kümmert sich um die beiden Kinder. Sie waren mit ihm vor Jahren mal privat befreundet, haben sich seit seiner Eheschließung etwas aus den Augen verloren. Derzeitig vertreten Sie ihn in seiner Position auf unbestimmte Zeit.

Auf dem Nachhauseweg treffen Sie den Chef, wie er an einem Kiosk Bier aus der Flasche trinkt und Sie offenbar nicht richtig wahrnimmt. Am nächsten Morgen erscheint er mit einem blauen Auge und einer Schürfwunde an der Hand in der Firma. Er ist unrasiert und seine Sachen sind unsauber, was Sie von ihm nicht kennen. Telefonisch kündigt sich ein Herr aus dem Firmenvorstand an und will mit Ihrem Chef eine dringende Angelegenheit besprechen.

1. Hat der Betroffene in diesem Fall ein Problem mit Alkohol?
2. Was würden Sie in der hier vorliegenden Situation tun?
3. Warum ist dies in Ihren Augen die beste Entscheidung?

Auflösung der Fallbeispiele zum Alkoholkonsum

Fall 1: „Schutzbrille vergessen"

1. Würden Sie hier von Alkoholmissbrauch sprechen?

Vorsicht, da könnte sich ein Alkoholmissbrauch anbahnen!

Die Ampel steht mit 3 wichtigen Kennzeichen von Alkoholismus (18., 20., 23.) auf Rot. Man kann von beginnender Alkoholsucht ausgehen. ☹

2. Was ist in diesem Fall zu tun?

Wichtig ist es, zu erfahren, welche Probleme der Kollege hat und ob bzw. wie ihm geholfen werden kann. Das erfordert ein zeitnahes Gespräch mit einer für ihn verantwortlichen Person. Der Mitarbeiter braucht dringend eine Linie für sich! Sei es eine Information über Selbsthilfe-Gruppen bezüglich Alkohol oder (falls konkret nötig) Hilfe bei der Suche einer neuen Wohnung, Gehaltsvorschuss, Adressen von Schuldnerberatung und eine Entlastung im beruflichen Bereich für kurze Zeit, um seine privaten Dinge zu regeln.

3. Warum gerade diese Entscheidung?

Eine Fahne vertuschen und bestreiten ist immer ein ungünstiges Zeichen. Dies kann verschiedene Ursachen haben: Entweder ist es dem Angestellten peinlich oder er versucht erfolglos, mit dem Trinken am Wochenende aufzuhören. In jeder Hinsicht braucht er deshalb Unterstützung. Das veränderte Äußere unterstützt die Diagnose.

Fall 2: „Feuchtfröhliche Party“

1. Welches psychische Problem vermuten Sie in diesem Fall?

Die unauffällige und eher schüchterne junge Frau hat sicher kein Alkoholproblem! Vielmehr scheint sie eine soziale Angst zu haben: Sie ist neu in der Firma und es ist ihr unangenehm, allein in der großer Gesellschaft aufzutreten. Sie weiß nicht, wie sie sich verhalten soll.

Die Ampel steht mit einem negativen Punkt (15.) in der Alkoholismus-Checkliste auf Grün. Es gibt keine Anzeichen auf Alkoholmissbrauch. Item 16 ist nicht anzukreuzen, da die Schuldgefühle für das Ereignis angemessen sind. ☺

2. Wie kann ihr am besten geholfen werden?

Die Kollegin braucht Akzeptanz und Gelegenheit, Anerkennung zu erhalten. Schaffen Sie für sie Gelegenheiten, ihr Selbstwertgefühl zu stärken. Strafen und tadeln Sie sie nicht, aber verdeutlichen Sie die Wirkung auf andere. Bieten Sie ihr eine Unterstützung für eine nächste ähnliche Gelegenheit an. Bei der nächsten Festlichkeit beschäftigen Sie sich bewusst mit ihr und bringen sie in Kontakt zu anderen. So fühlt sie sich nicht allein und verloren und muss ihre Angst nicht im Alkohol ertränken.

Da sie auch sonst sehr zurückhaltend und ruhig ist, sollte versucht werden, sie an geeigneter Stelle in eine Gruppe gegen soziale Ängste zu integrieren.

3. Warum denken Sie, ist dieses Vorgehen richtig?

Die anfangs rasch getrunkene Alkoholmenge hat in diesem Sinn eine auflockernde Funktion. Da die ängstliche, scheue Frau mit Alkohol nicht besonders gut umgehen kann, hat sie einfach zu viel davon getrunken und die Kontrolle verloren. Die Entschuldigung am nächsten Tag und die Angst, deswegen keinen Arbeitsvertrag zu bekommen, machen klar, dass sie sich ihres Fehlverhaltens bewusst ist.

Fall 3: „Schnaps ist gut gegen Cholera“

1. Welches psychische Problem vermuten Sie in diesem Fall?

Der ältere Mann, der so lange abstinent gelebt hat und jetzt gegen körperliche Beschwerden Alkohol trinkt, hat offenbar wieder ein Alkoholproblem.

Die Ampel steht mit 3 Hauptkennzeichen von Alkoholismus (9., 18., 25.) auf Rot. Der Verdacht auf erneutem Ausbruch der Krankheit verhärtet sich (insb. 9.) ☹

2. Wie kann ihm am besten geholfen werden?

Hier bedarf es besonderer Vorsicht! Es ist ihm ja fast 20 Jahre lang gelungen, seine Beschwerden auch ohne Alkohol zu beherrschen. Es muss also etwas Schwerwiegendes vorgefallen sein, weshalb ihm das nicht mehr gelingen will. Deshalb: umgehend ein fürsorgendes Gespräch führen und das Aufsuchen fachmännischer Hilfe anweisen, keinerlei Ausreden und Entschuldigungen akzeptieren, Kontakt zu Therapeuten und Hilfestellen herstellen (Betriebsarzt, Suchtbeauftragter, Sozialbetreuer, Psychologe).

3. Warum denken Sie, ist dieses Vorgehen richtig?

Es ist ausgesprochen gefährlich, wenn eine Person nach so vielen Jahren wieder Alkohol konsumiert. Die Situation kann schnell eskalieren. Sie als Laie sind damit völlig überfordert.

Fall 4: „Tatort Bierkiosk"

1. Hat der Betroffene in diesem Fall ein Problem mit Alkohol?

Dieser Chef hat wahrscheinlich (noch) kein Alkoholproblem, auch wenn er sich einmal in Gesellschaft von Stadtstreichern befand.

Die Ampel steht mit 1 Nebenpunkt (19.) in der Alkoholismus-Checkliste auf Grün. Es liegen keine Anzeichen auf Alkoholmissbrauch vor. ☺

2. Was würden Sie in der hier vorliegenden Situation tun?

Der Fall ist schwierig, da es der Chef ist. Es wäre kollegial, ihn dieses eine Mal zu decken, indem Sie den Termin beim Firmenvorstand für ihn übernehmen. Sprechen Sie mit ihm aber darüber, wie unangenehm für Sie die Situation ist, da er Ihnen als Chef übergeordnet ist. Loyalität ist Ihnen jedoch wichtig. Auch in ihrer Rolle als alte private Freundin fühlen Sie sich verantwortlich. Bieten Sie kollegiale und persönliche Hilfe an. Überlegen Sie gemeinsam, wie Aufgaben delegiert werden können. Ein entlastendes Gespräch kann viel Druck nehmen. Seien Sie aber 100%ig verschwiegen.

3. Warum ist dies in Ihren Augen die beste Entscheidung?

Es sieht ganz danach aus, als sei er mit der Übernahme häuslicher Pflichten hoffnungslos überfordert. Deshalb kam er heute unrasiert und mit unsauberen Sachen zur Arbeit. In diesem Fall war wohl die Ursache, dass er unbedingt pünktlich sein wollte. Rasieren und umziehen hat er nicht mehr geschafft. Das blaue Auge hat er sich evtl. auch beim Spielen mit den Kindern zugezogen. Verurteilen Sie nicht zu schnell.

Selbsttest: Missbrauch von Suchtmitteln

Fragen Sie sich selbst manchmal, ob Ihr Konsum von Stimulanzien noch okay ist? Mit den nächsten Fragen kommen Sie der Antwort auf die Spur.

psy.Res®-Selbsttest 8: Missbrauch und Sucht

	A	B	C	D
Merkmale meines Umgangs mit Suchtmitteln	**ja**	**eher ja**	**eher nein**	**nein**
1. Ich nehme etwas ein, um Stress, Ärger, Sorgen besser zu bewältigen.				
2. Ohne Alkohol/Pillen etc. fühle ich mich innerlich angespannt und unruhig.				
3. Abends entspanne ich am besten mit ein, zwei Gläsern Alkohol.				

4. Ich fühle mich sicherer, selbstbewusster nach Alkohol bzw. Drogenkonsum.				
5. Nach Alkoholgenuss oder Drogenkonsum plagen mich Schuldgefühle.				
6. Meine Gesundheit ist angegriffen, dennoch konsumiere ich Suchtmittel.				
Spaltensumme der Kreuze	**... A**	**... B**	**... C**	**... D**

Ihr Ergebnis → Addieren Sie die Kreuze in Spalte A + B!		
A- und B-Antworten: 5-6 Mal ❑	Handeln Sie sofort! Sie sind in Gefahr. Sie brauchen Hilfe von Psychologen oder Ärzten!	☹
A- und B-Antworten: 2-4 Mal ❑	Prüfen Sie, welche Suchtgefahr am stärksten ist. Hinterfragen Sie. Beschönigen Sie nichts!	😐
A- und B-Antworten: 0-1 Mal ❑	Okay. Hinterfragen Sie ggf., aus welchen Gründen dieses eine Warnsignal besteht.	☺

Markieren Sie nun Ihre Ampelfarbe im Kapitel 5.3.6, Seite 53: Schritt 2 der Gesamtbilanz-Ermittlung!

Selbsttest: Alkohol – Bin ich bereits alkoholabhängig?

Ihr Test zeigt Gelb und Sie wollen es genau wissen? Dann nutzen Sie noch diesen Selbsttest. Sollte dieser Test noch schlechter ausfallen, tragen Sie die schlechtere Ampelfarbe in die Gesamtbilanz auf Seite 53 ein.

✔ Vertiefung zur Selbstbeurteilung einer Alkoholabhängigkeit

Zutreffendes ankreuzen!

In letzter Zeit beobachte ich an mir immer häufiger:	ja
1. Meine Gedanken kreisen ständig um Alkohol.*	
2. Ich esse in Zeiten erhöhten Alkoholkonsums weniger.	
3. Zittern, Brechreiz vergehen, wenn ich Alkohol trinke.*	
4. Ich bin sehr nervös.	
5. Ich habe finanzielle Sorgen infolge meines Alkoholkonsums.*	
6. Ich habe Schlafstörungen und Alpträume.	
7. Ohne Alkohol fühle ich mich innerlich gespannt, unruhig.*	
8. Nach starkem Trinken leide ich an Gedächtnislücken.	
9. Nach dem ersten Glas kann ich nicht mehr aufhören.*	
10. Ich vertrage weniger Alkohol als früher.	
11. Nach dem Trinken habe ich Gewissensbisse/Schuldgefühle.*	
12. Ich versuche ein Trinksystem: z.B. nicht vor 18.00 Uhr beginnen.	
13. Mein Beruf bringt Alkoholtrinken mit sich.	
14. Ich habe wegen Alkoholproblemen schon einmal meinen Arbeitsplatz verloren.*	

15. Ich bin weniger tüchtig, seitdem ich mehr Alkohol trinke.	
16. Wenn ich allein bin, trinke ich gern und regelmäßig Alkohol.	
17. In meinem Bekanntenkreis wird viel getrunken.	
18. Ich fühle mich sicherer, selbstbewusster nach einem Glas Alkohol.	
19. Ich habe einen kleinen heimlichen Vorrat an Alkohol.	
20. Ich trinke, um Stress, Ärger, Sorgen besser zu bewältigen.	
In letzter Zeit beobachte ich an mir immer häufiger:	**ja**
21. Ich wurde bereits wegen Alkohol im Straßenverkehr belangt.	
22. Meine Gesundheit ist angegriffen, dennoch trinke ich weiter.	
23. Ich trinke weiter, obwohl ich den Krach zu Hause fürchte.	
24. Ich höre nicht auf, obwohl ich den Arbeitsplatz gefährde.	
25. Mir fehlt die Kraft, meinen früheren Interessen nachzugehen.	
∑ **Punkte gesamt: ...** **Ampelergebnis:** ☹ 😐 ☺	

* Markierte Felder: Direkte Symptome der Sucht! (nach Feuerlein 1986, ICD 10)

Ihr Ergebnis → Addieren Sie die jeweiligen Punkte!		
Aussagen 1, 3, 5, 7, 9, 14 und weitere ❑	Sie sind alkoholkrank! Hören Sie auf, sich zu betrügen. Es gibt nur einen sinnvollen Weg für Sie: stationärer Entzug & Therapie in einer Fachklinik.	☹
Mehr als 6 Punkte (bei markierten Aussagen Rot!) ❑	Sie betreiben Alkoholmissbrauch, gleiten langsam in körperliche Abhängigkeit. Verniedlichen Sie nichts! Begeben Sie sich sofort in Psychotherapie!	😐
0-6 Punkte (bei markierten Aussagen Rot!!) ❑	Okay! Aber waren Sie auch ehrlich? Sie testeten sich ernsthaft. Das zeigt, dass Sie besorgt sind!	☺

Präventionsempfehlungen: Alkoholmissbrauch

Achtung! Arbeitsfaktoren, die die Suchtgefährdung verstärken:

- Überforderung/hochgesteckte Ziele
- Konkurrenzkampf
- Nachtschicht
- hohe Arbeitstemperaturen
- Mobbing, Ausgrenzung
- Versagensängste, Existenzängste

Empfohlene betriebliche Regelungen:

- **Betriebsvereinbarungen verankern:** Sie erhalten Vorschriften, Regeln und Handlungsanweisungen, wie bei Abhängigkeitserkrankungen verfahren wird. Aus ihnen sind ganz konkrete Schritte ableitbar, die Betriebsangehörigen helfen, sich zu orientieren. Themen sind: Gesundheitsvorsorge, Abbau von Diskriminierung, frühzeitige Hilfe und Wiedereingliederung.
- **Suchtseminare anbieten:** Vermitteln Sie Führungskräften Früherkennung und den Umgang mit Erkrankten.
- **Betrieblicher Suchtbeauftragter:** Bilden Sie einen befähigten Mitarbeiter dafür aus.

- **Transparente Leistungsziele und Verhaltenserwartungen:** Vereinbaren Sie transparente Leistungserwartungen mit allen Mitarbeitern. Führungskräfte sollten einschätzen, ob der Abhängige den Anforderungen entspricht und was er leisten kann.
- **Regelmäßige Mitarbeitergespräche** helfen Führungskräften, die Nähe zum Mitarbeiter zu erhalten und frühzeitig Überforderungen und Probleme aufzudecken.

Verhaltensvorschläge für Vorgesetze:

- **Dokumentieren Sie Auffälligkeiten** und konfrontieren Sie den Betreffenden damit in einem ersten Gespräch. Aber: Stellen Sie keine Diagnose. Sie ersetzen nicht den Arzt oder Therapeuten!
- **Machen Sie den ersten Schritt**: Haben Sie den Mut, Auffälligkeiten anzusprechen. Entsprechende **Trainings** bieten Hilfestellung beim Umgang mit Suchtgefährdeten im Unternehmen.
- **Zeigen Sie Konsequenz:** Sorgen Sie dafür, dass alkoholisierte Mitarbeiter immer sofort nach Hause gebracht werden.
- **Keine Verleumdungsaktionen und Verfolgung** des betreffenden Mitarbeiters: Stützen Sie sich auf eine Betriebs- bzw. Dienstvereinbarung.
- **Nutzen Sie Hilfsangebote:** betriebsinterne Arbeitsgruppen, aber auch externe ambulante und stationäre Betreuungs- und Behandlungsmöglichkeiten sind geeignet.

Verhaltensvorschläge für Kollegen, die Alkoholmissbrauch beobachten:

- **Gehen Sie behutsam vor.** Beobachten Sie den möglichen Betroffenen über längere Zeit. Ein einmaliger Kater bedeutet noch kein Alkoholproblem.
- **Offenheit:** Sehen Sie nicht mehr weg. Sagen Sie genau, was Sie beobachten. Erleichtern Sie die Scham, keine Moralpredigten! Alkoholiker sind krank. Setzen Sie ein enges Ultimatum für den Arztbesuch. Bis dahin schweigen Sie darüber.
- **Wenn sich nichts ändert:** Die Loyalität Einzubeziehender prüfen Sie vorher unbedingt genau. Bedenken Sie, wie schnell Gerüchte entstehen, und behandeln Sie das Thema Alkoholabhängigkeit äußerst sensibel und diskret.
- **Probleme aber nicht aus Mitleid vor Vorgesetzten kaschieren** oder Probleme verdecken. Finden Sie den Mut, unangenehme Dinge direkt anzusprechen.
- **Frühes Erkennen und richtige fachliche Unterstützung** kann dazu beitragen, dass aus einer Alkoholgefährdung keine Abhängigkeit wird. Aber: Sie können nicht den Suchtberater oder Therapeuten ersetzen.
- **Das Ansprechen möglicher Alkoholprobleme bedeutet nicht Verrat.** Sie helfen, denn Alkoholmissbrauch kann auch ein Kündigungsgrund sein.

Verhaltensvorschläge für Betroffene:

- **Schluss mit dem Verleugnen:** Akzeptieren Sie, dass Sie krank sind!
- **Gehen Sie zur Suchtberatung:** Schluss mit Selbstbetrug! Seien Sie ehrlich. Jetzt können nur noch Arzt, Psychologe, Suchtbeauftragter helfen.
- **Suchen Sie einen Therapeuten:** Hinter der Sucht liegen auch mannigfaltige persönliche Probleme. Lernen Sie neue Wege gehen und Konflikte und Stress zu verarbeiten.
- **Beziehen Sie die Familie mit ein:** Sie brauchen einen Rückhalt.

7.2.9 Motivation

Beobachter-Checkliste: Hat Ihr Mitarbeiter bereits innerlich gekündigt?

Hauptmerkmal der „inneren" Kündigung ist die Resignation. Sie geschieht, weil die „äußere" Kündigung nicht möglich erscheint. Die Angst vor Unbekanntem einerseits und das Abhängigsein von Gewohntem andererseits sind es, was Mitarbeiter abhält, berufliches Neuland zu betreten. Befürchtungen, bei neuen Anforderungen zu versagen, paaren sich mit fehlenden Jobalternativen. Resignierte Mitarbeiter leiden. Sie verlieren den Sinn und den Glauben an sich selbst. Sie finden den Antrieb nicht mehr, sich eine neue, herausfordernde Alternative zu suchen. So werden sie krank.

psy.Res®-Beobachter-Checkliste 9: Motivation

Nur Zutreffendes ankreuzen!

Verhalten bei innerer Kündigung	**ja**
Der Mitarbeiter…	
1. lehnt es ab, zusätzliche Tätigkeiten zu übernehmen.	
2. zeigt in seiner Freizeit ein hohes Engagement.	
3. redet Vorgesetzten und Kollegen nach dem Mund.	
4. übt hinter dem Rücken von Vorgesetzten Kritik.	
5. zeigt kein Karrierestreben mehr – wirkt gleichgültig.	
6. erfüllt vereinbarte Ziele nicht mehr.	
7. „hält sich aus allem heraus“, diskutiert nicht mit.	
8. Fehlzeiten sind deutlich gestiegen.	
9. gestaltet Arbeitsplatz nicht persönlich aus.	
10. steht immer mehr in der Kritik.	
11. reagiert auf Anweisungen widerwillig.	
12. schützt Beschäftigung vor – befasst sich mit Privatem.	
13. bedauert ständig, dass der Feierabend noch so weit ist.	
14. führt Arbeitsgänge sehr langsam aus.	
15. unterbricht Arbeit häufig durch kleine Pausen.	
16. schlägt sich freudlos mit der Arbeit herum.	
17. verhält sich distanziert und „schein-harmonisch“.	
18. schiebt Aufgaben zum Nächsten ab.	
19. betreibt „Spiel“: Sich dumm stellen schützt vor Arbeit.	
20. schiebt bei Fehlern desinteressiert Fadenscheiniges vor.	
∑ **Punkte gesamt: …** **Ampelergebnis:** ☹ 😐 ☺	

(In Anlehnung an Forschungen von Faller 1991, Brinkmann & Stapf 2005)

Ihr Ergebnis → Addieren Sie die jeweiligen Punkte!		
11-20 Punkte ❑	Innere Kündigung! Stellen Sie sich einem Führungsfeedback! Hinterfragen Sie auch Ihr Verhalten. Beziehungsarbeit hat jetzt Vorrang!	☹
5-10 Punkte ❑	Warnsignale! Überlegen Sie eine Strategie für die Dialogeröffnung. Haben Sie Anlass zum Ärger gegeben? Kann eine Teamsitzung Klärung bringen?	😐
0-4 Punkte ❑	Fragen Sie nach Ursachen für eventuelle Demotivations-erscheinungen.	☺

Fallbeispiel Constanze W.: „Metamorphose“

Constanze W.: „Metamorphose“

Constanze hat als junge Ingenieurin eine Stelle in einem großen Ingenieurbüro bekommen. Wollte man sie beschreiben, käme man nicht ohne die Adjektive: „engagiert, ausgesprochen hilfsbereit und beneidenswert optimistisch“ aus. Sie hat Temperament. Scheu kennt sie nicht. Sie sagt, was sie denkt. Ein Hans Dampf in allen Gassen!

Das führt manchmal zu Problemen, da Constanze W. direkt mit Kunden verhandelt und eigene Entscheidungen trifft. Die hätte sie mit ihrem Chef, dem Servicedirektor Walter G., vorher absprechen müssen. Constanze mangelt es an Berufserfahrung. Ihre gut gemeinten Ideen berücksichtigen oft nicht alle Auswirkungen auf die Firma.

Walter G. muss ihr die Konsequenzen klar aufzeigen, sonst ist seine Stellung anzuzweifeln. Er beschneidet Constanze stark in ihren Kompetenzen. Sie soll sich erst mal die Lorbeeren verdienen, ehe sie eigenständig nach außen hin auftreten kann. Er unterstellt sie direkt Max M., der in der Firma den Ruf eines Technokraten hat.

Zuvor ein Pionier in Aufbauarbeit und sprühend vor Verbesserungsideen, ist Constanze bereits nach drei Monaten ein völlig veränderter Mensch. Sie lehnt Aufgaben ab, da sie ihrem Arbeitsplatz nicht angemessen seien, und legt sich mit dem Chef an. Vor den Kollegen macht sie ihn schlecht. Schon morgens sieht sie ständig auf die Uhr und verkündet lautstark die verbleibende Zeit bis zum Feierabend, was die Kollegen ausgesprochen auf die Nerven geht. Bei fast jeder Aufgabe kommt ein Kommentar oder ein unzufriedenes Meckern. Sie ist sogar am Telefon unfreundlich, flucht nach dem Auflegen: „Das war ja wieder ein Idiot!“ Ihr Kollege vis à vis schüttelt den Kopf: „Sag mal, Constanze, ist es Dir denn egal, wie unsere Kunden über uns denken?“ Constanze zuckt mit den Schultern. Etwas schnippisch entgegnet sie: „Ich kann hier eh nichts ändern. Wieso sollte mein Verhalten da irgendetwas ausmachen?!“

Es gibt für sie gute Gründe, erst einmal bei ihrem momentanen Arbeitgeber zu bleiben: gutes Gehalt, kurzer Arbeitsweg, stabile Auftragslage. Zwei Jahre sollte sie schon aushalten, sagt sie sich. Dann könne sie ja über ein eigenes Büro nachdenken.

Im Freundeskreis möchte sie nicht über die Arbeit reden. Immer häufiger ist sie auf Partys, immer mit einem Glas in der Hand. Ihren Freunden fällt auf, dass sie sich im Technikerverein dagegen gar nicht mehr engagiert. Letztes Jahr wollte sie für den Vorsitz im Juniorenclub kandidieren. Heute glaubt sie, dass andere doch besser geeignet seien. Solche Selbstzweifel kannte man an ihr nicht. Was ist nur mit ihr passiert?

1. Hat Constance W. innerlich gekündigt?
2. Welche Verhaltensbeobachtungen belegen Ihre Meinung?
3. Welche Bedingungen in der Arbeit haben dazu beigetragen?
4. Welche gesundheitlichen Folgen können langfristig resultieren?
5. Wie kann die Situation für Constance W. verbessert werden?

Auflösung des Falls: Constanze W.: „Metamorphose“

1. Hat Constanze W. innerlich gekündigt?

Constanze W. befindet sich offensichtlich auf dem Weg in die innere Kündigung.

Die Ampel steht mit 10 von 20 negativen Punkten in der Checkliste innere Kündigung noch (!) auf Gelb! (1., 3., 4., 5., 6., 11., 12., 14., 17., 20.) Sie ist im Begriff, innerlich zu kündigen. 😐

2. Welche Verhaltensbeobachtungen belegen Ihre Meinung?

Statt Anerkennung hat Constanze W. einen starken Machtentzug erlebt, der ihren Handlungsspielraum aufs Engste begrenzt. Sie hat keine Motivation mehr, sich über das notwendigste Maß hinaus für die Firma einzusetzen. Sie lehnt Aufgaben ab. Ihre Enttäuschung und Unzufriedenheit drücken sich im Meckern und in dem Gerede hinterm Rücken aus. Sie hat jegliche Freude am Job verloren, was sie auch ihr Umfeld spüren lässt. Die Arbeit ist ihr egal geworden. Sie „träumt" von der Selbstständigkeit.

3. Welche Bedingungen in der Arbeit haben dazu beigetragen?

Der Servicedirektor Walter G. hat es sich zu einfach gemacht. Er wollte den Unruhegeist loswerden. Er hätte sehen müssen, dass Constanze und Max so verschieden sind wie Feuer und Wasser. Weder Walter noch Max bewiesen Führungsfähigkeit.

Sicherlich kann Constanze W. in ihrem Eifer nicht einfach Entscheidungen ohne ihren Vorgesetzten treffen. Jedoch zieht Walter G. im Kampf um seine Position zu harte Konsequenzen, die Constanze das Gefühl geben, ihr Arbeitsengagement wird hier nicht benötigt und bisher Geleistetes nicht wertgeschätzt. Dass Constanze W. nun dem Technokraten Max M. unterstellt wird, bedeutet für sie Eingrenzung von Freiheitsgraden und Tätigkeitsspielräumen. Verantwortung, Befugnisse, Kreativität, Erfahrungsgelegenheiten werden beschnitten. Die Chemie zwischen beiden stimmt nicht, sodass auch Teamgeist nicht mehr als Ressource wirken kann. Die anpackende, zielstrebige Mitarbeiterin wird in ihrem Engagement und ihrer Entwicklung behindert.

4. Welche gesundheitlichen Folgen können langfristig resultieren?

Die Degradierung ist schmerzlich. Nachlassende Leistung sowie distanzierte und freudlose Einstellung zur Arbeit sind das Resultat. Das Aushalten in einer enttäuschenden Arbeitsumgebung beeinflusst die Persönlichkeit als Ganzes und wirkt in die gesamte Lebensgestaltung hinein. Die Begeisterung für den Technikverein hat nachgelassen, sie zweifelt an ihrer Kompetenz für den Vorsitz. Individuelle Ressourcen wie Selbstvertrauen, Selbstwirksamkeitsüberzeugung, Sinnerleben, Motivation werden abgebaut. Der innere Zweifel kann zur Depression oder in die Alkoholabhängigkeit führen. Sie betäubt sich in der Freizeit. Ihre Energien, die bei der Arbeit keine Nutzung finden, wie auch ihre Frustration lässt sie auf ausschweifenden Partys heraus. Die Idee vom Aufbau einer selbstständigen Existenz nimmt immer mehr plakative Züge an.

Auch Kollegen leiden an der Unzufriedenheit von Menschen, die innerlich kündigen. Sie müssen ihre Launen ertragen und den Leistungsausfall ausgleichen.

5. Wie kann die Situation für Constanze W. verbessert werden?

Führungskräfte:

Gemeinsames Nachdenken im Führungskreis: Walter und Max sollten gemeinsam überlegen, wie Constanze am besten zu führen ist. Bei einem „Springinsfeld" wie Constanze ist das eine Herausforderung. Die beiden Führungskräfte sollten eine gemeinsame Sprache finden und sich regelmäßig über Fortschritte verständigen.

Gespräch zwischen Walter und Constanze: Walter hat einen besseren Zugang zu Constanze und sollte zuerst mit ihr allein sprechen. Die Ereignisse sind aufzuarbeiten. Sicherlich ist sich Constanze in ihrem Eifer nicht bewusst gewesen, dass sie Befugnisgrenzen überschreitet. Fraglich ist auch, wie oft eine Kompetenzüberschreitung stattgefunden hat. Es ist herauszufinden, inwiefern Zukunftsträume und Entwicklungsmöglichkeiten vereinbar sind. Interessen und Fähigkeiten sind zu analysieren.

Mitarbeitergespräch zu dritt mit Walter und Max gemeinsam: Wie können ihre Kompetenzen und Qualitäten optimal eingesetzt werden? Verantwortungsbereiche und Befugnisse sollten klar abgesteckt werden. Gelegenheit zu kritischem Feedback sollten ermöglicht, Erwartungen abgeklärt und ein Umsetzungsplan aufgestellt werden.

Constanze W.:

Konfliktklärung: Constanze W. sollte darauf bestehen, mit ihren Vorgesetzten zu reden, insb. mit Walter G. Dabei gilt es, hartnäckig zu sein, bis sie ihr Ziel erreicht hat.

Äußere Kündigung: Gehalt und Arbeitsweg allein sind nicht maßgebend für einen Job. Auch die Zufriedenheit und persönliche Entwicklung sollten gewährleistet sein. Wenn nichts mehr hilft, sollte sich Constanze einen anderen Job suchen.

Selbsttest: Motivation

Wie motiviert sind Sie bei Ihrer Arbeit?

psy.Res®-Selbsttest 9: Motivation

	A	B	C	D
Merkmale meiner Motivation für die Arbeit	**ja**	**eher ja**	**eher nein**	**nein**
1. Um die Arbeit mache ich mir keinen Kopf mehr: Meine Ideen interessieren hier sowieso nicht.				
2. In letzter Zeit brauche ich hin und wieder eine Auszeit, um mich wieder für den Job zu motivieren.				
3. Die ständige Ungewissheit, wie es für mich hier weitergeht, nimmt mir die Motivation für die Arbeit.				
4. Ich leiste mehr, als ich dafür zurückbekomme.				
5. Ich bin enttäuscht, weil ich mich hier nicht mehr weiterentwickeln kann.				
6. Manchmal empfinde ich Wut auf die Firma bzw. meine Führungskraft und möchte mich am liebsten rächen.				
7. Ich fühle mich unfair behandelt.				
8. Mich frustriert, dass hier nur geredet, aber nichts verändert wird.				
Spaltensumme der Kreuze	**... A**	**... B**	**... C**	**... D**

Ihr Ergebnis → Addieren Sie die Kreuze in Spalte A + B!		
A- und B-Antworten: 5-8 Mal ❑	Handeln Sie! Gehen Sie Veränderungen jetzt an! Bei Ihnen besteht deutlicher Motivationsverlust.	☹
A- und B-Antworten: 2-4 Mal ❑	Prüfen Sie, welche Veränderungen realisierbar sind, und sprechen Sie es angemessen an.	😐
A- und B-Antworten: 0-1 Mal ❑	Okay! Suchen Sie ggf. nach Lösungen falls Sie einen „Minuspunkt" haben.	☺

Markieren Sie nun Ihre Ampelfarbe im Kapitel 5.3.6, Seite 53: Schritt 2 der Gesamtbilanz-Ermittlung!

Präventionsempfehlungen: Motivationsverlust und innere Kündigung

Achtung! Verstärkende Arbeitsfaktoren für innere Kündigung:

- negative Beziehung zur Führungskraft
- enttäuschte Erwartungen
- keine motivierenden Ziele/Firmenkrise
- fehlende Anerkennung
- keine Berücksichtigung privater Belange
- geringe Bezahlung

Handlungsempfehlungen für Unternehmen und Führungskräfte:

- **Mitarbeiter ernst nehmen:** Sind Arbeitsabläufe transparent? Weiß jeder, wofür er zuständig ist und wo seine Grenzen liegen? Geben Sie den Mitarbeitern die Möglichkeit, sich mit all ihrem Wissen und Können einzubringen.
- **Mitarbeitern vertrauen:** Kontrolle nur in einem angemessenen Rahmen ausüben. Mitarbeiter dürfen nicht das Gefühl haben, dass man ihnen nicht vertraut.

- **Für Mitarbeiter sorgen:** Mitarbeiter fühlen sich ernst genommen, wenn man ihnen zuhört und sie unterstützt. Das Unternehmen kann seinen Teil durch angemessene Bezahlung oder auch Unterstützung der Mitarbeiter in schwierigen (z.B. familiären) Situationen beitragen.
- **Mitarbeiter fordern** und gleichzeitig die Angst vor Misserfolgen nehmen: Handlungsspielräume wahrnehmen, sich ausprobieren, Ideen entwickeln oder neue Verantwortungsbereiche übernehmen – das motiviert und trägt zum Unternehmenserfolg bei.
- **Mitarbeiter fördern:** Klare Erwartungen an die Mitarbeiter, offene und ehrliche Rückmeldung zu ihren Leistungen (z.B. in regelmäßigen Mitarbeitergesprächen) kommunizieren. Wohin will sich der Mitarbeiter entwickeln? Welche Möglichkeiten gibt es? Finden Sie gemeinsam Ziele für die Weiterentwicklung.
- **Mitarbeitergespräch:** Sprechen Sie sein Verhalten an. Fragen Sie nach seiner Enttäuschung durch die Arbeit. Worin sieht er Sinnerfüllung? Motivieren Sie!
- **Persönliche Aufmerksamkeit:** Muntern Sie Ihre Mitarbeiter täglich auf!
- **Aufgeschlossene Haltung:** Bewahren Sie Ihre Sympathie für den Mitarbeiter, auch wenn er Ihnen schwere Stunden bereitet. Er braucht Ihr Vertrauen!

Weitere Umsetzungsmöglichkeiten für Betroffene:

- **Selbstkritische Haltung:** Sind nur andere an Ihrer Demotivation schuld oder gibt es auch persönliche Ursachen? Diese können Sie selbst ändern! Ein Psychotherapeut unterstützt Sie beim Klären Ihrer Situation.
- **Gespräch mit dem Chef:** Sprechen Sie Ihre Enttäuschung offen an. Eventuell finden Sie gemeinsam eine Lösung für Ihre Situation.
- **Entwicklungsgespräch:** Vereinbaren Sie mit Ihrer Führungskraft Ihren persönlichen schriftlichen Entwicklungsplan. Lassen Sie dort auch Verantwortlichkeiten und Befugnisse fixieren.
- **Loslassen:** Ist eine Verbesserung der Situation nicht absehbar, dann seien Sie nicht bequem. Sie opfern Ihre Zufriedenheit und Gesundheit! Suchen Sie auch nach beruflichen Alternativen.

7.2.10 Ressourcen in der Arbeit – Quellen für die Gesundheit

Der Fall Ludwig R.: „Ich lass mich nicht unterkriegen!"

Welche Kraft Ressourcen verleihen können verdeutlicht das letzte Beispiel. Der Selbsttest ist bereits ausgefüllt – und zwar von Ludwig R., dem Protagonisten des Falls. Er hat eine äußerst schwierige berufliche Phase durchstanden und letztendlich gesiegt.

Bewertung der individuellen Ressourcen im Selbsttest durch Ludwig R.:

psy.Res®-Selbsttest 10: Individuelle Gesundheitsressourcen

Aussagen zu meinen Gesundheitsressourcen	A ja	B eher ja	C eher nein	D nein
Sinnerfüllung durch Arbeit				
1. Meine Arbeit interessiert mich.	X			
2. Was ich durch meine Arbeit bewirken kann, begeistert mich.	X			
3. Meine Arbeit gibt mir Selbstvertrauen.	X			
Selbstwertgefühl im Unternehmen				
4. Ich bin wertvoll für das Unternehmen.	X			
5. Ich kann in der Firma viel bewegen.	X			
6. Man nimmt mich im Unternehmen ernst und vertraut mir.	X			
Soziale Beziehungen				
7. Andere suchen meinen Rat.	X			
8. Ich pflege meine Beziehungsnetze.	X			
9. Es erfüllt mich, Menschen zu helfen.	X			
10. In meiner Familie kann ich mich ganz öffnen und erhalte Rückhalt.	X			
Erholungsfähigkeit				
11. Ich lasse Probleme leicht hinter mir.		X		
12. Ich kann gut ein- und durchschlafen.			X	
13. Nach Stress erhole ich mich schnell.			X	
Einstellungen und Charakter				
14. Ich bezeichne mich als Realist.	X			
15. Ich gehe Probleme aktiv an.		X		
16. Ich bin hartnäckig.	X			
17. Ich vertraue meinem Bauchgefühl.	X			
18. Es fällt mir leicht, mich umzustellen.		X		
19. Ich bin ein gelassener Mensch.			X	
20. Disziplin zu halten fällt mir leicht.		X		
Verhalten				
21. Ich bewege mich ca. 1 Stunde/Tag.			X	
22. Ich ernähre mich gesund.			X	
23. Ich wende Entspannungsübungen an.			X	
24. Ich plane meinen Tag im Voraus.		X		
25. Ich gehe strategisch überlegt vor.		X		
26. Ich setze meine Balance zwischen Arbeit und Freizeit konsequent durch.		X		
Spaltensumme der Kreuze	**13 A**	**7 B**	**6 C**	**... D**

Ihr Ergebnis → Addieren Sie die Kreuze in Spalte A + B!		
A- und B-Antworten: 0-9 Mal ❑	**Vorsicht:** Sie haben zu wenige Gesundheitsressourcen. Lassen Sie sich von einem Psychologen helfen. Bauen Sie Ihr Netzwerk aus! Leben Sie gesünder!	☹
A- und B-Antworten: 10-18 Mal ❑	**Prüfen** Sie, welche Gesundheitsressourcen Sie allein oder mithilfe anderer Personen in Zukunft stärken können.	😐
A- und B-Antworten: 19-26 Mal ✗	**Glückwunsch!** Sie besitzen viele Ressourcen für die Bewältigung von schwierigen Situationen und für ein zufriedenes Leben.	✗

Fall Ludwig R.: „Ich lass mich nicht unterkriegen!"

Ludwig R.: „Ich lass mich nicht unterkriegen!"

Ludwig R. ist Ingenieur und seit 23 Jahren an einem naturwissenschaftlichen Institut einer Universität beschäftigt. Gleichzeitig engagiert er sich im Alumniverein. Trotz des seit 16 Jahren verschlechterten Arbeitsklimas (Führungswechsel) und mehrerer Gerichtsprozesse u.a. wegen ungewollter Kündigung, ist er noch immer in seinem Job tätig.

Alles begann mit dem neuen Institutsleiter Herrn Prof. P., der seine eigene Assistentin mitbrachte. Vermutlich begehrte die Assistentin die Planstelle von Herrn R. Sukzessive entzog der Professor Ludwig R. daher Aufgaben. So übernahm die Assistentin die Planung und Durchführung von Versuchen mit den Worten: „Das kannst du vergessen, Ludwig. Ab heute übernehm' ich das!" Dafür sollte er als Gärtner eingesetzt werden. Daraufhin suchte er das Gespräch mit seinem Vorgesetzten, denn als Ingenieur wollte er auch als solcher beschäftigt werden. Vorgesetzter und Assistentin überwachten jeden Schritt von Ludwig R., darauf wartend, dass er einen Fehler beging. Schnell fing er drei Abmahnungen. Kurz vor Weihnachten erhielt er die Kündigung. Er habe private Fahrten dienstlich abgerechnet. Doch Ludwig R. ging die Probleme aktiv an und zog vor das Gericht. „Ich kämpfe und lasse mir nichts gefallen." Er mag seinen Job, liebt die wissenschaftliche Arbeit und kann sich nach 23 Jahren am Institut keinen anderen Job vorstellen. Er klagt sich ins Institut zurück, verliert jedoch den Prozess gegen seine Rückgruppierung.

Unterstützung erfährt Herr R. in dieser schwierigen Zeit durch sein persönliches Netzwerk: Seine Frau und ein Kollege stärken ihm den Rücken. Darüber hinaus erfüllt ihn die Tätigkeit im Alumniverein. Er baut ein weltweites Absolventen-Netzwerk auf, kann Studenten unterstützen, fühlt sich akzeptiert und anerkannt. Er sieht die Dinge positiv und realistisch: „Mit manchen Menschen kommt man besser zurecht, mit anderen weniger. Ich akzeptiere Herrn Prof. P. als meinen Vorgesetzten und auch, dass er anders, ja, schwieriger ist." In der emotional komplizierten Zeit hat sich Ludwig R. psychotherapeutische Hilfe gesucht. Das brachte ihm Einsicht und Gelassenheit.

Mittlerweile ist Ludwig R.s Vorgesetzter in Altersteilzeit. Seine Assistentin geht in ein paar Wochen. Herr R. blickt nach vorn und streicht zuversichtlich die Tage bis zum Abschied der Assistentin ab. Er hat sich durchgesetzt!

1. Was macht die Situation für Ludwig R. schwierig?
2. Welche Ressourcen erkennen Sie bei Herrn R.?

Auswertung des Falls Ludwig R.: „Ich lasse mich nicht unterkriegen“

1. Was macht die Situation für Ludwig R. schwierig?

Die Frage, das Institut zu verlassen, stellt sich für Herrn R. nicht. Er liebt seinen Job und die Wissenschaft und kann sich glücklich schätzen, eine der begehrten Planstellen innezuhaben, auf die es auch die Assistentin des Professors abgesehen hat. Darüber hinaus sind 23 Jahre Institutstätigkeit nicht zu vernachlässigen. Der Wechsel in die wirtschaftliche Praxis ist in dieser Situation sicherlich hart und beängstigend.

2.Welche Ressourcen erkennen Sie bei Herrn R.?

Im Fall dieses Ingenieurs lassen sich verschiedene Aspekte der Widerstandsfähigkeit nachweisen. Der Gesundheitstest zeigt, dass er über gute Ressourcen in verschiedenen Bereichen verfügt. Diese lassen sich auch **sieben wichtigen Faktoren der Widerstandsfähigkeit** (Resilienz) (Rampe 2010) zuordnen:

a) **Optimismus (Realismus):** So bezeichnet sich Ludwig R. als Realist. Sein optimistischer Realismus zeigt sich insbesondere in der Einschätzung von Prof. P., den er nicht als Täter, sondern als anders und schwierig bezeichnet.

b) **Akzeptanz:** Diesen Umstand akzeptiert er genauso wie er den Rückschlag im Gerichtsprozess gegen seine Rückgruppierung annimmt.

c) **Opferrolle verlassen:** Er selbst sagt, dass er kämpft und sich nicht alles gefallen lässt. Das aktive Angehen von Problemen sowie das Suchen des direkten Gespräches mit seinen Vorgesetzten bringen ihn voran.

d) **Verantwortung:** Damit übernimmt er Verantwortung für sich und seine Situation. Durch das Aufsuchen einer Psychotherapeutin versucht er, sein eigenes Leiden abzubauen und seine Situation zu verbessern. Er strebt nach Lösungen.

e) **Netzwerke nutzen:** Herr R. verfügt außerdem über ein stabiles, soziales Netzwerk, das ihm den Rücken stärkt. Dies zeigt sich in dem Bericht von Herrn R. (seine Frau, die ihm Rückhalt gibt und der übergeordnete Kollege, der sich für ihn einsetzt sowie die Netzwerke des Alumnivereins.).

f) **Zukunft planen:** Herr R. geht davon aus, dass er mit der 23-jährigen Institutstätigkeit schwerlich einen anderen Arbeitsplatz findet. Sein Ziel ist, seinen Arbeitsplatz zu erhalten und als zweites Standbein das Engagement im Alumniverein auszubauen.

Selbsttest: Meine Gesundheitsressourcen

Nun testen Sie sich selbst! Tragen Sie anschließend Ihr letztes Ampelergebnis in das Formblatt zur Gesamtbilanz ein und *ermitteln Sie Ihre Bilanz „Meine Arbeit & Gesundheit“*. Erstellen Sie abschließend Ihren Aktionsplan zur Stärkung Ihrer Gesundheit!

Und: Bleiben Sie konsequent bei der Erfüllung Ihrer Aktionspläne. Wir wünschen Ihnen guten Erfolg, viel Glück und vor allem Gesundheit!

Wenn Sie die Ressourcen Ihres Mitarbeiters einschätzen wollen, überlegen Sie, ob Sie die genannten Eigenschaften an ihm wahrnehmen (kann auch bei Mitarbeitergesprächen als Leitfaden für ein Ressourcengespräch verwendet werden). Individuelle Gesundheitsressourcen können aus den Verhaltensweisen von Menschen zum größten Teil erschlossen werden.

psy.Res®-Selbsttest 10: Individuelle Gesundheitsressourcen

	A	B	C	D
Aussagen zu meinen Gesundheitsressourcen	**ja**	**eher ja**	**eher nein**	**nein**
Sinnerfüllung durch Arbeit				
1. Meine Arbeit interessiert mich.				
2. Was ich durch meine Arbeit bewirken kann, begeistert mich.				
3. Meine Arbeit gibt mir Selbstvertrauen.				
Selbstwertgefühl im Unternehmen				
4. Ich bin wertvoll für das Unternehmen.				
5. Ich kann in der Firma viel bewegen.				
6. Man nimmt mich im Unternehmen ernst und vertraut mir.				
Soziale Beziehungen				
7. Andere suchen meinen Rat.				
8. Ich pflege meine Beziehungsnetze.				
9. Es erfüllt mich, Menschen zu helfen.				
10. In meiner Familie kann ich mich ganz öffnen und erhalte Rückhalt.				
Erholungsfähigkeit				
11. Ich lasse Probleme leicht hinter mir.				
12. Ich kann gut ein- und durchschlafen.				
13. Nach Stress erhole ich mich schnell.				
Einstellungen und Charakter				
14. Ich bezeichne mich als Realist.				
15. Ich gehe Probleme aktiv an.				
16. Ich bin hartnäckig.				
17. Ich vertraue meinem Bauchgefühl.				
18. Es fällt mir leicht, mich umzustellen.				
19. Ich bin ein gelassener Mensch.				
20. Disziplin zu halten fällt mir leicht.				
Verhalten				
21. Ich bewege mich ca. 1 Stunde/Tag.				
22. Ich ernähre mich gesund.				
23. Ich wende Entspannungsübungen an.				
24. Ich plane meinen Tag im Voraus.				
25. Ich gehe strategisch überlegt vor.				
26. Ich setze meine Balance zwischen Arbeit und Freizeit konsequent durch.				
Spaltensumme der Kreuze	**... A**	**... B**	**... C**	**... D**

Ihr Ergebnis → Addieren Sie die Kreuze in Spalte A + B!		
A- und B-Antworten: 0-9 Mal ❑	**Vorsicht:** Sie haben zu wenige Gesundheitsressourcen. Lassen Sie sich von einem Psychologen helfen. Bauen Sie Ihr Netzwerk aus!	☹
A- und B-Antworten: 10-18 Mal ❑	**Prüfen** Sie, welche Gesundheitsressourcen Sie allein oder mit Hilfe anderer Personen in Zukunft stärken können.	😐
A- und B-Antworten: 19-26 Mal ❑	**Glückwunsch!** Sie besitzen viele Ressourcen für die Bewältigung von schwierigen Situationen und für ein zufriedenes Leben.	☺

Markieren Sie nun Ihre Ampelfarbe im Kapitel 5.3.6, Seite 53: Schritt 2 der Gesamtbilanz-Ermittlung!

Präventionsempfehlungen: Aufbau von Gesundheitsressourcen

Im Kapitel 6 erhalten Sie zu den positiven Beispielen jedes der 10 psy.Risk®-Faktoren stets eine Analyse der Veränderung von Ressourcen. Alle drei Ressourcen-Arten werden diskutiert. Wir empfehlen, zur Vertiefung der Lernerfahrungen zum Ressourcenaufbau ruhig noch einmal zurückzublättern. In der folgenden Tabelle sind Maßnahmen zum Aufbau individueller Ressourcen zusammengefasst. Sie beziehen sich auf die in Kapitel 4 diskutierten Ressourcen.

Zu fördernde individuelle Ressourcen	Maßnahmen
• Selbstwirksamkeits-überzeugung • Widerstandsfähigkeit: Engagement, Selbststeuerung Einsatzbereitschaft, gesundes Wagnis • Realitätssinn, realistischer Optimismus	→ Verantwortung delegieren, Freiraum geben und aus dem Hintergrund heraus nachhaltig unterstützen und kontrollieren → Herausforderungen und Erfahrungsgelegenheiten bieten – Messlatte auf das richtige Maß dabei setzen → Mut und Einsatzbereitschaft belohnen, z.B. durch öffentlich Anerkennung → Risiko- und Fehleranalysen im Team durchführen
• Positive Beantwortung von Sinn- und Wertfragen • Gelassenheit, Besonnenheit, mitmenschliche Güte	→ Teamgespräche über innere Überzeugungen und ethische Fragen → Wertekonferenzen → Diskussionen zu Leitlinien und Grundsätzen des Umgangs miteinander
• Selbstwertschätzung, Selbstwertgefühl, Selbstvertrauen • positive Selbstinstruktion	→ Erfahrungsgelegenheiten bieten, dabei anleiten, begleiten und wertschätzen → Feedback regelmäßig durchführen: Leistungsfeedback durch die Führungskraft und durch Kollegen, sog. 360°-Feedback installieren → Teamentwicklungsworkshop mindestens einmal im Jahr durchführen: Teammitglieder sich wechselseitig wertschätzen lassen
• Motivation und gesunden Ehrgeiz entwickeln	→ Persönliche Gespräche mit Führungskräften → Regelmäßige Teamrunden auch zu Fragen der Zusammenarbeit → Auftritte der Führung vor der Belegschaft: Transparenz über Lage und Ziele → Firmenevents (Jahresauftakt etc.): die Faszination der gemeinsamen Stärke erleben lassen → Sinnvolle Wettbewerbe organisieren, z.B. auch Ideenwettbewerb modernisieren → Karrieresystem ausbauen, z.B. auch Fachlaufbahn ermöglichen → Spielräume und Freiheitsgrade in der Arbeit eröffnen

Zu fördernde individuelle Ressourcen	Maßnahmen
• Aktives Einholen sozialer Unterstützung und Lösungsorientierung	→ Teamarbeit organisieren und belohnen → Vorleben: als Führungskraft selbst entscheidungs- und lösungsorientiert agieren, delegieren und um Unterstützung bitten
• Verlassen der Opferrolle und Übernahme von Verantwortung	→ Offene Diskussionen führen: Ursachenanalysen und Feedbackrunden im Team → Verantwortung nicht abnehmen, keine Schonhaltung zulassen, Konsequenz zeigen → Schritte i.S. wertvollen Sozialverhaltens anerkennen prämieren
• Flexibilität, Anpassungs- und Wandlungsfähigkeit	→ Zukunftsszenarien gemeinsam entwickeln → Tätigkeitswechsel, Aufgabenrotation, Hospitationen ermöglichen → Bei Konflikten und Meinungsverschiedenheiten die Sichtweisen ausdiskutieren → bei Anfangswiderstand gegen Veränderungen gelassen bleiben und nachhalten
• Gesunde Lebensweise	→ Möglichkeiten gesunder Ernährung bieten → Wasserspender aufstellen → Einladendes Ambiente, Erholungsmöglichkeiten im Freien → Einhaltung Arbeits- und Gesundheitsschutz → Bewegung, Betriebsport, Massagen, Yoga, Entspannungsverfahren fördern → Gleitzeit einführen → Mitarbeiter bei Pflege und Unterbringung von Kindern und Angehörigen unterstützen
• Diszipliniertheit und Planungsneigung • Effektive Lern- und Arbeitsmethodiken	→ Vorbildrolle: selbst diszipliniert vorgehen und Mitarbeitern dadurch Orientierung und Halt geben → Planungsinstrumente zur Teamsteuerung nutzen → Regelkommunikation festlegen und Termine einhalten, vorbereitet kommen → In Besprechungen mit Visualisierungsmethoden arbeiten, evtl. Moderator einsetzen → Seminare: Aufgaben- und Zeitmanagement (z.B. Getting Things Done®, Allen 2007), Projektmanagement, Kreatives Problemlösen, Konzentrations- und Gedächtnistechniken, Lern- und Arbeitstechniken, Problemlöse-/Fehlersuchtechniken.

8 Vorbeugen vor Fehlbelastungen – Prävention im Unternehmen

■ Der persönliche Kontakt zu Mitarbeitern fördert den Aufbau einer Gesundheitskultur

8.1 Ganzheitliches Betriebliches Gesundheitsmanagement

8.1.1 Koordinationsplattform für Maßnahmen der Prävention

Nachdem Sie nun an zahllosen Beispielen Anregungen zur Analyse, Beurteilung und Prävention von arbeitsbedingter Gesundheit erhalten haben, steht die Frage der Umsetzung.

Viele Unternehmen machen sich Gedanken um die richtige Art und Weise der Prävention. Das spiegelt sich z.B. darin wider, dass sich immer mehr Betriebe mit der Installation und Festigung eines **„Betrieblichen Gesundheitsmanagements" (BGM)** beschäftigen. In Anbetracht des Fachkräftemangels und des gestiegenen Rentenalters stellen Betriebe hohe Erwartungen an seinen Nutzeffekt. **Das Betriebliche Gesundheitsmanagement beinhaltet strukturierte Maßnahmen zur Gesundheitsförderung mit dem Ziel, Belastungen zu reduzieren und das Wohlbefinden sowie das Gesundheitsverhalten der Mitarbeiterinnen und Mitarbeiter zu steigern.** Zentrales Merkmal des Gesundheitsmanagements ist, dass die jeweiligen Maßnahmen miteinander in Zusammenhang stehend umgesetzt werden. Erfolgreiches und nachhaltiges Gesundheitsmanagement gliedert sich in folgende Schritte:

- Problemanalyse
- Auswahl geeigneter Messmethoden und -instrumente
- Genaue Erfassung des IST-Zustands
- Ableitung von Veränderungsmöglichkeiten aus gewonnen Analyseergebnissen
- Umsetzung entsprechender Veränderungen, wobei alle Beteiligten und Betroffenen miteinbezogen werden sollten
- Evaluation der durchgeführten Maßnahmen und Überlegungen zur Fortführung

Zur Festigung und Institutionalisierung eines Gesundheitsmanagementsystems bietet sich die Schaffung einer eigens dafür vorgesehenen Stelle an. Dadurch wird die Nachhaltigkeit gesichert und die Steuerung von Maßnahmen erleichtert. Im Zuge eines erfolgreichen Gesundheitsmanagementsystems können Motivation, Wohlbefinden und Zufriedenheit der Mitarbeiter kontinuierlich verbessert und somit langfristig auch Flexibilität, Qualität und Produktivität gesteigert werden.

8.1.2 Herausforderung: Verhältnisprävention

Eine wichtige Rolle bei der Implementierung eines betrieblichen Gesundheitsmanagements spielt die Beeinflussung der Unternehmenskultur: Es soll sich eine Gesundheitskultur entwickeln. Kultur beeinflusst maßgeblich Betriebsklima, Verhalten, Motivation und Wohlbefinden der Beschäftigten. Vom betrieblichen Gesundheitsmanagement wird demnach nicht nur der Einsatz von Entspannungsverfahren, Rückenschule, Nordic Walking und Ähnliches erwartet, sondern vor allem die Verbesserung der Bedingungen und Verhältnisse, wie z.B. ein neues Arbeitszeitmodell, eine Veränderung der Führungskultur, erweiterte Spielräume bei der Tätigkeitsausführung oder im Karrieremodell, gerechte Qualifikationsbedingungen, betriebliche Eingliederungshilfe nach Krankheit und vieles andere.

Grundsätzlich unterscheidet man **zwei Formen** der betrieblichen Prävention:

a) **Verhältnisprävention:** Sie setzt an den Umwelt-, Arbeits- und Lebensbedingungen des Menschen an und zielt ab
    - auf die Reduzierung und Beseitigung von äußeren Belastungsfaktoren
    - auf die Schaffung von Ressourcen, die in der bewussten Gestaltung der Arbeit und der sozialen Beziehungen in der Arbeit existieren

b) **Verhaltensprävention:** Sie setzt am Menschen selbst an und zielt ab
    - auf die Reduzierung gesundheitsgefährdender Gewohnheiten sowie Arbeits- und Lebensstile
    - auf die Initiierung eines gesundheitsgerechten Verhaltens und der Stärkung persönlicher und auch sozialer Gesundheitsressourcen

Bei der Analyse der Umsetzung von betrieblichem Gesundheitsmanagement in Unternehmen fällt immer wieder auf, dass Verhältnisprävention nur stiefmütterlich oder randständig betrieben wird.

Das weist zahlenmäßig z.B. die Metaanalyse von Bamberg und Busch aus und dies belegt auch eine Befragung des Wirtschafts- und Sozialwissenschaftlichen Instituts (WSI) der Hans-Böckler-Stiftung 2004, die 2177 Betriebsrats- und 1396 Personalratsmitglieder zu gesundheitspräventiven Maßnahmen befragten. Nur zwei von insgesamt 18 Einzelmaßnahmen zielten auf Verhältnisprävention ab wie z. B. beschäftigtengerechte Arbeitszeitregelung und Mitsprache der Beschäftigten bei der Arbeitsplatzgestaltung. Den größten Handlungsbedarf sahen die Befragten bei der Umgestaltung von Arbeitsplätzen und Arbeitsabläufen, Verbesserung der betrieblichen Kommunikation und bei der Optimierung des Führungsverhaltens.

Wie kommt es zur Überbetonung von verhaltenspräventiven Maßnahmen?

Krankenkassen bieten kostenlose Kurse an, was kostenbewusste Unternehmen gern annehmen. Gesundheitsförderung kann dabei sozusagen „outgesourct" werden, wird von Externen betrieben, ist also vom Tisch. Ein Yogakurs oder eine Laufgruppe im Betrieb ist ein wunderbarer Zusatz und rüttelt aber nicht an Grundfesten.

Anders ist das, wenn man Verhältnisse angehen will. Das geht ans „Eingemachte" und hat langwierige Veränderungsprozesse zur Folge, die Unternehmen auch zusätzlich zu den Alltagsbelastungen beschäftigen, manchmal sogar in Atem halten können. Man denke nur an die schwäbische Firma, die sich entschlossen hatte, ihre Wertekultur infrage zu stellen, und in 90 Mitarbeiterworkshops nach einem neuen Leitbild suchte.

Ein dritter Grund aber ist, dass in Unternehmen immer noch viel zu wenig Wissen über die Zusammenhänge von Gesundheit in der Arbeit bestehen. Wo genau sind die Stellschrauben, mit denen man nachweislich die Gesundheit von Mitarbeitern beeinflussen kann? Welche Maßnahmen sollten in die Unternehmensprozesse integriert werden, um Schritt für Schritt eine Gesundheitskultur aufzubauen?

8.2 psy.Res®-Gesamtbilanz – geeignetes Instrument für Verhältnisprävention

8.2.1 Gesundheit an der Wurzel anpacken

Das vorgestellte Testinstrumentarium „psy.Res®-Gesamtbilanz: Meine Arbeit & Gesundheit" hat sich zur Aufgabe gestellt, das Wissen über die Zusammenhänge von Bedingungen und Verhältnissen, Ressourcen, Psyche und körperlicher Gesundheit transparenter zu machen. Es beschreibt immer wieder den Zusammenhang von Analyse, Bewertung und Prävention und ist also nicht nur ein Analyse- sondern auch ein Präventionstool. Mit einer Vielzahl hinterleuchteter Fallbeispiele sollten die Stellschrauben für Gesundheit in der Arbeit verdeutlicht werden. Zur besseren Orientierung wurden sie in 10 Kategorien: die 10 psy.Risk®-Faktoren unterteilt. Die Stellschrauben sind die Bedingungen und Verhältnisse. Wir möchten Unternehmen anregen, Gesundheit an der Wurzel anzupacken und nicht nur die „Wundheilung" zu unterstützen.

Das heißt, die Gesamtbilanz „Meine Arbeit & Gesundheit" zielt **in der Hauptsache auf die Veränderung der Verhältnisse und Bedingungen** ab. Auch im Teil 2, dem „psy.Res®-Gesundheitstest", werden vorwiegend Empfehlungen zur betrieblichen Verhältnisprävention gegeben.

8.2.2 psy.Res®-Mitarbeiterbefragung – Starthilfe für ganzheitliches Gesundheitsmanagement

Ein Betriebliches Gesundheitsmanagement, das Verhältnisprävention sinnvoll integriert, ist ein ganzheitliches Gesundheitsmanagement. Die psy.Res®-Analyse als Mitarbeiterbefragung zu dem Thema „Motivation durch gesunde Arbeit" eignet sich als Starthilfe für die Implementierung eines solchen ganzheitlichen Systems. Die Methode der Mitarbeiterbefragung mit ihrem zyklischen Vorgehen und der Einbeziehung aller Mitarbeiter (siehe dazu Abbildung auf Seite 191: Ablauf einer Mitarbeiterbefragung) fördert direkt den Aufbau einer Gesundheitskultur.

Die in diesem Buch dargestellten Checklisten und Selbsttests zur Gesamtbilanz „Meine Arbeit & Gesundheit" können also nicht nur zur Fremd- bzw. Selbstbeobachtung verwendet werden, sondern auch für eine anonyme Befragung herangezogen werden.

Wichtige Erfolgskriterien zur Durchführung einer Mitarbeiterbefragung sind aus bisheriger Erfahrung:

1. Die **aktive Unterstützung durch Entscheider** (Geschäftsführung, Betriebsrat, Betriebsarzt, Personalabteilung etc.), um die zügige und konsequente Umsetzung der Mitarbeiterbefragung und der daraus abgeleiteten Handlungsmaßnahmen zu gewährleisten. Sind alle wichtigen Gremien vertreten, ist die Nachhaltigkeit einer solchen Mitarbeiterbefragung stärker gegeben.

   → *Meilenstein 1*: Start in das Projekt mit einer **Kick-off-Veranstaltung in der Projektsteuergruppe**, die Beteiligte aus allen Unternehmensebenen vereint.

2. Der **persönliche Kontakt zu Mitarbeitern und Führungskräften** vor Beginn der Befragung in Form von Informationsveranstaltungen bietet die Möglichkeit, Fragen seitens der Belegschaft zu erfahren sowie Bedenken aufzudecken und aufzulösen. Darüber hinaus unterstützen diese den Vertrauensaufbau zum durchführenden Institut. Das externe Beratungsunternehmen, das die Befragung begleitet und durchführt, wird

so von den Mitarbeitern und Führungskräften als neutraler Vermittler wahrgenommen, was die Offenheit, kritische Themen anzusprechen, erhöht.

→ *Meilenstein 2*: Durchführung von **Kurz-Workshops mit allen Führungskräften**, um über das Thema zu informieren, Sinn und Zweck und Ablauf der Befragung darzustellen.

→ *Meilenstein 3*: **Teamweise Information aller Mitarbeiter** in kleinen Gruppen, um den Mitarbeitern die Möglichkeit zu geben, ihre Fragen und Bedenken zu äußern. Können diese geklärt und beantwortet werden, hat dies positiven Einfluss auf die Beteiligung und Rücklaufquote.

3. Die Mitarbeiterbefragung sollte möglichst **von einem unabhängigen Institut begleitet bzw. durchgeführt** werden und für die Beteiligten die Einhaltung des Datenschutzes, höchstmögliche Anonymität und professionelle Handhabung der Ergebnisse garantieren.

   Die Zusicherung von Anonymität beispielsweise durch vorfrankierte, kodierte Fragebögen, die auch außerhalb des Unternehmens in die Post gegeben werden können, schaffen Vertrauen und geben den Mitarbeitern die Möglichkeit, offen und ehrlich auch kritische Themen anzusprechen.

   → *Meilenstein 4*: **Professionelle Durchführung der Befragung** mithilfe von validierten und praxiserprobten Instrumenten wie den Tests psy.Risk® und psy.Res®.

4. Die **Rückmeldung der Ergebnisse wird in individuellen Teamworkshops bzw. Einzelgesprächen** intensiv umgesetzt, sodass alle Beteiligten über ihr jeweiliges Ergebnis informiert sind. Dabei gibt es in den Rückmeldeveranstaltungen auch die Möglichkeit, Ergebnisse zu diskutieren und Handlungsmaßnahmen aus Sicht der Belegschaft für die Entscheidergremien zu erfassen.

   → *Meilenstein 5*: Um die interne Hierarchie bzw. Informationskette im Unternehmen einzuhalten, wird zuerst der **Steuerkreis über die Ergebnisse der Mitarbeiterbefragung informiert**.

   → *Meilenstein 6*: Im nächsten Schritt werden die Führungskräfte in **individuellen Führungskräfte-Feedbacks** über die Ergebnisse in ihrem Team informiert.

   → *Meilenstein 7*: Nach Information der Führungskräfte werden die **Ergebnisse in den Teams vorgestellt und diskutiert** (Team-Innovationsrunden). Besonderes Gewicht wird hierbei darauf gelegt, auch die Veränderungsmaßnahmen aus Sicht des Teams zu erfassen und für die Weitergabe an Steuerkreis, Geschäftsführung und Führungskraft aufzubereiten. Hier sind die Mitarbeiter als Experten ihrer eigenen Arbeit besonders gefragt!

   → *Meilenstein 8*: In einzelnen Fällen kann es nach den Team-Innovationsrunden notwendig sein, eine **Vermittlung zwischen Team und Führungskräften** durchzuführen. Dies ist vor allem dann der Fall, wenn es Handlungsbedarf in der Mitarbeiterführung oder in der Arbeitsprozessorganisation gibt.

   → *Meilenstein 9*: Nach der Durchführung aller Führungskräfte-Feedbacks und Team-Innovationsrunden werden die **Ergebnisse der Rückmeldegespräche** wiederum **an den Steuerkreis weitergegeben**. Der Steuerkreis entscheidet dann über die Umsetzung notwendiger **Veränderungs- und Handlungsmaßnahmen**.

5. Entscheidend für den Gesamterfolg einer Mitarbeiterbefragung bzw. auch die Nachhaltigkeit von abgeleiteten Veränderungs- und Handlungsmaßnahmen ist, inwieweit es im Unternehmen einen **internen Projektverantwortlichen für die Begleitung des Projektes** gibt. Dieser steuert die Termin- und Raumkoordination für die Informations- und Rückmeldeveranstaltungen und betreibt vor allem das **interne Projektmarketing**.

   Das interne Projektmarketing hält das Projekt am Leben und zeigt den Mitarbeitern immer wieder den aktuellen Stand bzw. wie es im nächsten Schritt weitergeht. Damit wird erreicht, dass das Thema nicht in Vergessenheit gerät, alle Mitarbeiter und Führungskräfte immer über den aktuellen Stand Bescheid wissen und somit für eine Beteiligung begeistert werden – d. h., dass das Projekt im Unternehmen lebt!

   → *Nachhaltigkeit*: **Implementierung einer Gesundheitskultur** im Unternehmen: Positiv ist es, wenn die Mitarbeiterbefragung keine „Eintagsfliege" im Unternehmen bleibt, sondern die Mitarbeiter und Führungskräfte merken, dass sich mit ihrer Beteiligung an dem Ganzen Dinge im Unternehmen positiv verändert haben. Es ist von Vorteil, eine Mitarbeiterbefragung in regelmäßigen Abständen zu wiederholen, damit immer der aktuelle Stand in der Belegschaft erfasst und zeitnah darauf mit Veränderungen reagiert werden kann.

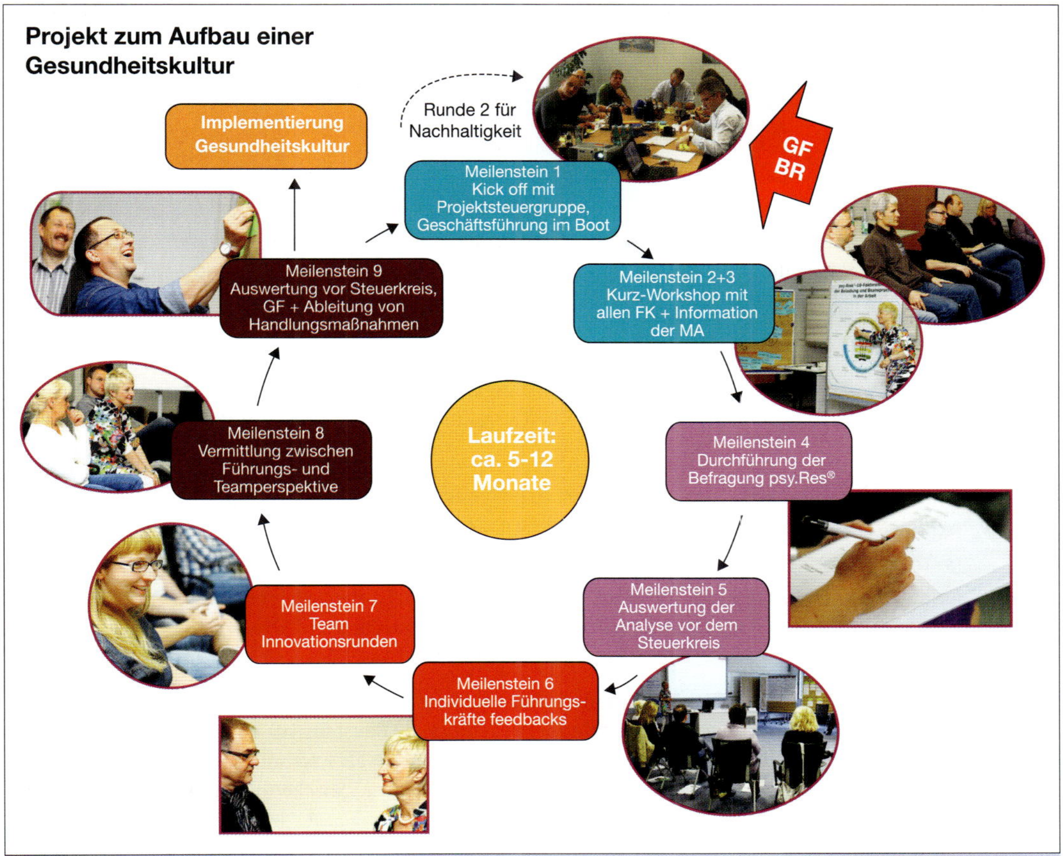

■ **Ablauf einer Mitarbeiterbefragung** GF = Geschäftsführer, BR = Betriebsrat

8.2.3 psy.Res®-Modell der Drei Ressourcen-Pfeiler im Unternehmen – Leitvision für ganzheitliches Gesundheitsmanagement

Sie fragen sich vielleicht, was „*Implementierung einer Gesundheitskultur*" eigentlich bedeutet. Ein Begriff ist schnell dahergesagt. An welchen Bedingungen und Verhältnissen erkenne ich eine Gesundheitskultur? Wie ist sie begreifbar?

Mit dem *psy.Res®-Modell der Drei Ressourcen-Pfeiler* im Unternehmen (auch „Gebäude des zukunftsfähigen Unternehmens" genannt) haben wir ein Leitbild entwickelt, an dem sich Unternehmen orientieren können.

Bewegen wir uns gedanklich noch einmal zum Kapitel 4, in dem die Ressourcen beschrieben wurden. Durch Paradigmenwechsel – weg von der Krankheitsreparaturmedizin hin zur ganzheitlichen Gesundheitsprävention – veränderte sich die Sicht auf den Arbeits- und Gesundheitsschutz im Unternehmen. Innovative Lösungsansätze zielten nicht mehr nur auf die Eliminierung von Gefahren hin, sondern gingen vor allem von der Stärkung persönlicher, organisationaler und sozialer Ressourcen aus.

Arbeits- und Gesundheitsschutz im Unternehmen bedeuten demnach, Strukturen und Prozesse so zu gestalten, dass die Quellen, die unsere Ressourcen speisen, stets Energie spenden. Ein gesundes zukunftsfähiges Unternehmen richtet seine Prävention auf die drei im Kapitel 4 beschriebenen Ressourcenkategorien aus. Dabei entsteht ein tragfähiges Gebäude mit drei Grundpfeilern sowie einem stabilisierenden System von Verbindungsbausteinen.

■ Die drei Pfeiler des Gebäudes des zukunftsfähigen Unternehmens

Pfeiler 1 ist der Pfeiler *„Arbeit"*. Das Element der Arbeit ist die *„Tätigkeit"*. Die Ressourcen, durch die wir die Arbeit bewältigen und die in der Ausübung der Arbeitstätigkeit immer wieder aufgebaut und weiterentwickelt werden, sind die **arbeitsbezogenen Ressourcen** (z.B. Tätigkeitsgestaltung, Arbeitsmittel, Arbeitsprozess, Arbeitsschutzlösungen).

Pfeiler 2 steht für die *„Beziehung"* der miteinander Arbeitenden. Das Element von *„Beziehung"* ist die (zwischenmenschliche) Kommunikation. Bewältigungshilfen existieren in den **sozialen Ressourcen** (z.B. Netzwerke, Führungskultur, Teamklima, Hilfen im Konflikt).

Pfeiler 3 umfasst die *„Lebensweise"* der Arbeitenden. Das Element der Lebensweise ist das *„Verhalten"*. Bewältigungshilfen existieren im Wesentlichen in den **individuelle Ressourcen** (z.B. Selbstvertrauen, Überzeugungen, Motivation, Zuversicht, Fitness).

Die drei Pfeiler sind miteinander durch Elemente verbunden, die zwei Ressourcenkategorien in sich vereinen (*Verbindungsglieder*). So hat eine regelmäßige Mitarbeiterbefragung (Baustein 10) beispielsweise sowohl Einfluss auf die arbeitsbedingten Ressourcen (Prozesse und Abläufe werden als Ergebnis der Befragung verändert) als auch auf die sozialen Ressourcen (verbesserter Kommunikationsfluss zwischen Belegschaft und Unternehmensleitung und Führungskraft).

Insgesamt beinhaltet das Gebäude des zukunftsfähigen Unternehmens *27 einzelne Maßnahmen*, die dazu beitragen, ein Unternehmen so zu gestalten, dass alle Ressourcenpfeiler stabil aufgebaut werden. Das wirkt sich auf die Gesundheit und Motivation der Mitarbeiter und Führungskräfte des Unternehmens positiv aus und ist die beste Grundlage dafür, dass das Unternehmen erfolgreich und zukunftsfähig agieren kann!

„psy.Res®“-Modell der Drei-Ressourcen-Pfeiler

Das Gebäude des zukunftsfähigen Unternehmens

Instrument des ganzheitlichen Gesundheitsmanagements

Pfeiler Arbeit Element: Tätigkeit **Arbeitsbezogenene Ressourcen**	Verbindungsglied	Pfeiler Beziehung Element: Kommunikation **Soziale Ressourcen**	Verbindungs-glied	Pfeiler Lebensweise Element: Verhalten **Individuelle Ressourcen**
Ganzheitliches Arbeitsschutzmanagement 1		**psy.Risk®-Teamworkshops** zur Gefährdungsbeurteilung 11		**Arbeitsgruppe Work-Life-Balance** Überarbeitung, Ausbrennen vorbeugen
Das Unternehmens-Wiki Firmen-Know-how aufbereiten 2	**Die jährliche Erfolgs-inventur** Mitarbeitergespräch 7	**Der moderierte Konfliktworkshop** ausgebildete interne Moderatoren können angefordert werden 12	**Der Gesundheitszirkel** Fehlbelastungen mit Betroffenen analysieren und reduzieren 17	**Der betriebliche Gesundheitscheck** Vorsorge 22
Technischer Innovationszirkel abteilungsübergreifende Ideenschmiede 3	**Betriebliches Integrationsmanagement BEM** Umgang mit Erkrankten und Rückkehrern 8	**Freitagsfrühstück „in-team“** Teamfestigung und Kommunikation 13	**Healthy Score Card** Gesundheit controllen 18	**Sorgenhotline** Employer Assistance Program: raschen Zugriff auf Therapeuten erleichtern 23
Die strukturierte Arbeitsbesprechung aufgabenbezogener Informationsaustausch 4	**Das 360°-Führungsfeedback** für werteorientierte Führung 9	**Der monatliche Führungszirkel** Patensysteme, Erfahrungslernen 14	**Unternehmensakademie** Aufklärung und Sensibilisierung 19	**Gesundheitscoaching** Hilfe für den individuellen Ressourcenaufbau 24
Die jährliche Zukunftskonferenz „Motiviert ins neue Jahr“ 5	**Mitarbeiter-Befragungen** auch zu psychischen Belastungen 10	**Familientag im Unternehmen** „family meets company“ 15	**Das Ethikgespräch** Werte etablieren Sinn vermitteln 20	**Corporate Activity Center** Entspannung, Bewegung Kreativität im Betrieb 25
Das Präventionskurzgespräch Gefährdungsbeurteilung im Team 6		**„Good-Citizen“** Tag der offenen Tür, Benefizprogramme 16		**Die „Iss dich gesund“-Kantine** Gesundheitstag und wertvolles Essen 26

Arbeitsgruppe Unternehmensentwicklung: halbjährliche Visionswerkstatt

Die Abteilungen vernetzen sich und denken gemeinsam vor 27

■ Das Gebäude des zukunftsfähigen Unternehmens (Nagel 2004)

Welche Bausteine haben Sie bereits fest in Ihrem Unternehmensgebäude integriert? Sie fangen beim Aufbau einer Gesundheitskultur nicht bei null an. Nehmen wir ein Beispiel: Vielleicht gibt es bei Ihnen schon immer den Tag der offenen Tür auch für Familien (15) und Sie hätten das nie mit Gesundheitsmanagement in Verbindung gebracht. Aber betrachten Sie es genauer, ist es ein Mosaikstein im Gesamtbild. Väter und Mütter können ihren Kindern mit Stolz zeigen, wo sie arbeiten und was sie leisten. Die Kinder ihrerseits verstehen besser, warum die Eltern nicht immer für sie verfügbar sein können. Ihre Trauer darüber weicht nun dem Stolz. Das nimmt den Eltern Last. Das Verständnis der Ehepartner untereinander wird in ähnlicher Weise gefördert. Außerdem bauen Sie als Unternehmen ein wichtiges Netzwerk auf: Das Netzwerk zukünftiger Azubis und Mitarbeiter. Kinder eifern gern ihren Eltern nach. Als Firma haben Sie nun ein leichtes Spiel, Ihren Nachwuchs zu rekrutieren.

Die Bausteine sind kein Dogma. Sie sind auch nicht allumfassend. Es gibt andere Maßnahmen, die Sie ergänzen oder gegen Bausteine austauschen können. Es muss nicht unbedingt das Corporate Activity Center (25) (modernes Fitness- und Entspannungszentrum im Betriebsgelände) sein. Vielleicht haben Sie eine Pausengymnastik organisiert oder einen Ruheraum eingerichtet, wo man Powernapping (Kurzschlaf) oder eine Meditation mit Musik durchführen kann? Falls bei Ihnen Sucht ein Thema ist, könnte der Baustein „Einstellung bzw. Ausbildung eines Suchtbeauftragten“ gut geeignet sein, so wie das im Fall von Edgar F. (psy.Risk®-Faktor 10: Rahmenbedingungen) war.

Manche Bausteine sind Pflicht, da vom Gesetzgeber vorgeschrieben: z.B. (8) Betriebliches Integrations- oder Eingliederungsmanagement (BEM). Es will den Ursachen von Langzeiterkrankungen auf die Spur kommen und die sorgsame Unterstützung der Genesenden bei ihrer Rückkehr an den Arbeitsplatz gewährleisten.

Achten Sie auch darauf, dass Ihr Gebäude keine Schieflage bekommt. Als Unternehmensverantwortlicher ist es Ihre Aufgabe, alle drei Pfeiler gleichwertig auszubauen. Sind Sie Berater, dann sollten Sie in Ihren Konsultationen Ihren Blick auf alle drei Pfeiler weiten und sich nicht ausschließlich von der Spezifik Ihres eigenen Fachs leiten lassen.

Wir hoffen, dass unser Buch Ihnen auf die gewünschte Art Zusammenhänge, Strategien und Wege bei der Prävention von psychischen Fehlbelastungen, Stress und Burnout aufgezeigt hat. Zu guter Letzt wünschen wir uns auch, Ihre Lust am Ausprobieren entfacht zu haben. Es ist gar nicht so schwer: Wenn Sie in Massivbauweise zielstrebig an Ihrem Gesundheitsgebäude arbeiten, führen Sie Ihr Unternehmen automatisch in eine sichere, gesunde Zukunft.

Wir wünschen Ihnen dabei sehr viel Erfolg!

Über Ihr Feedback, Geschichten, Erfahrungsberichte freuen wir uns übrigens sehr.

9 Literatur

Abrahamson, E. (2000). Change without Pain. In: Harvard Business Review. 4/2000. S. 75-79. Deutsche Übersetzung: Abrahamson, E. (2001): Unternehmenswandel ohne Schmerzen. In: Harvard Businessmanager. 1/2001. S. 95-99.

Allen, D. (2007). Wie ich die Dinge geregelt kriege: Selbstmanagement für den Alltag. Piper Taschenbuch

Antons, K. (2011). Praxis der Gruppendynamik: Übungen und Techniken. Hogrefe-Verlag

Antonovsky, A. & Franke, A. (1997). Salutogenese: Zur Entmystifizierung der Gesundheit. Dgvt-Verlag

Auhagen, A. E. (Hrsg.) (2004). Positive Psychologie. Anleitung zum „besseren" Leben. Beltz

Badura, B., Ritter, W. & Scherf, M. (1999). Betriebliches Gesundheitsmanagement: Ein Leitfaden für die Praxis. Edition Sigma

Bamberg, E., Busch, Ch. & Ducki, A. (2003). Stress- und Ressourcenmanagement. Strategien und Methoden für die neue Arbeitswelt. Bern: Hans Huber Verlag

Bierhoff, H.W. & Fetchenhauer, D. (2001). Solidarität: Themen und Probleme. In: Bierhoff, H.W. & Fetchenhauer, D. (Hrsg.). Solidarität: Konflikt, Umwelt und Dritte Welt. Leske + Budrich, Opladen, S. 9-19

Bödeker, W. & Friedrichs, M. (2012). Kosten der psychischen Erkrankungen und Belastungen in Deutschland. In Schröder, L. & Urban, H.-J. (Hrsg.), Gute Arbeit. Zeitbombe Arbeitsstress – Befunde, Strategien, Regelungsbedarf (S. 39-59). Frankfurt am Main: Bund-Verlag GmbH

Branden, N. (2011). Die 6 Säulen des Selbstwertgefühls: Erfolgreich und zufrieden durch ein starkes Selbst. Piper

Buckingham, M. & Coffman, C. (2005). First, Break All the Rules: What the World`s Greatest Managers Do Differently. Pocket Books

Bundesverband der Betriebskrankenkassen (2004). Auf dem Weg zum gesunden Unternehmen: Argumente und Tipps für ein modernes betriebliches Gesundheitsmanagement (Link: http://www.dnbgf.de/uploads/media/auf_dem_weg_zum_gesunden_unternehmen.pdf)

Burisch, M. (2010). Das Burnout-Syndrom: Theorie der inneren Erschöpfung. Fischer Verlag

Claessens, D. (1992). Familie und Wertesystem. Duncker & Humblot

Collins, J. & Coutu, D.L. (2003). How Resilience Works. In: Harvard Business Review on Building Personal and Organizational Resilience. Harvard Business School Press, pp1-18.

Covey, S.M.R. & Merrill, R. (2009). Schnelligkeit durch Vertrauen: Die unterschätzte ökonomische Macht. GABAL-Verlag GmbH

Debitz, U., Gruber, H. & Richter, G. (2001). Psychische Gesundheit am Arbeitsplatz, Teil 2: Erkennen, Beurteilen und Verhüten von Fehlbeanspruchungen. Bochum: Technik & Information

DIN Deutsches Institut für Normung e.V. (2000). Ergonomische Grundlagen bezüglich psychischer Arbeitsbelastung – Teil 1: Allgemeines und Begriffe (ISO 10075:1999); Deutsche Fassung EN ISO 10075-1:2000. Berlin: Beuth Verlag

DIN Deutsches Institut für Normung e.V. (2000). Ergonomische Grundlagen bezüglich psychischer Arbeitsbelastung -Teil 2: Gestaltungsgrundsätze (ISO 10075-2:2000); Deutsche Fassung EN ISO 10075-2:2000. Berlin: Beuth Verlag

DIN Deutsches Institut für Normung e.V. (2002). Ergonomische Anforderungen für Bürotätigkeiten mit Bildschirmgeräten – Teil 1: Allgemeine Einführung (ISO 9241-1:1997); Deutsche Fassung EN ISO 9241-1:1997. Berlin: Beuth Verlag

DIN Deutsches Institut für Normung e.V. (2004). Ergonomische Grundlagen bezüglich psychischer Arbeitsbelastung – Teil 3: Grundsätze und Anforderungen an Verfahren zur Messung und Erfassung psychischer Arbeitsbelastung (ISO 10075-3:2004); Deutsche Fassung EN ISO 10075-3:2004. Berlin: Beuth Verlag

DGPPN Deutsche Gesellschaft für Psychiatrie, Psychotherapie und Nervenheilkunde (2012). Positionspapier zum Thema Burnout. DGPPN Berlin (Link: http://www.dgppn.de/fileadmin/user_upload/_medien/download/pdf/stellungnahmen/2012/stn-2012-03-07-burnout.pdf)

Dunckel, H. (1998). Psychologische Arbeitsanalyse: Verfahrensüberblick und Auswahlkriterien. In Dunckel, H. (Hrsg.), Handbuch psychologischer Arbeitsanalyseverfahren. (S.9-30). Zürich: vdf Hochschulverlag AG

Friedman, H. S. & Martin, L. R. (2012). Die Long-Life-Formel: Die wahren Gründe für ein langes und glückliches Leben. Beltz

Gesetz über die Durchführung von Maßnahmen des Arbeitsschutzes zur Verbesserung der Sicherheit und des Gesundheitsschutzes der Beschäftigten bei der Arbeit (Arbeitsschutzgesetz – ArbSchG vom 7. August 1996, BGBl I S. 1246, zuletzt geändert am 5. Februar 2009 BGBl. I S. 160)

Hacker, W. (2005). Allgemeine Arbeitspsychologie: Psychische Regulation von Wissens-, Denk- und körperlicher Arbeit. Huber

Hacker, W. & Richter, P. (1984). Psychische Fehlbeanspruchung: Psychische Ermüdung, Monotonie, Sättigung und Stress (Spezielle Arbeits- und Ingenieurpsychologie in Einzeldarstellungen, Bd. 2). Berlin: Springer Verlag.

Henningsen, P. (2012). Freunde sind wichtiger als die Ernährung. In: Gehirn und Geist, 3 -2012, S. 35

Hoyos, C.G. & Frey, D. (1999): Arbeits- und Organisationspsychologie. Beltz

Hupke, M. (2010). Vereinbarkeit von Berufstätigkeit und Privatleben. In D. Windemuth, D. Jung & O. Petermann (Hrsg.), Praxishandbuch psychische Belastungen im Beruf (S. 57-65). Wiesbaden: Universum Verlag

Jessulat, R., Nagel, U. & Zschiesche, W. (2010). Geeignete Interventionen zur Prävention psychischer Fehlbelastungen: Ergebnisse aus dem PREVA-Projekt der BG ETEM (2006-2009). In: Tagungsband zum 16. Workshop „Psychologie der Arbeitssicherheit und Gesundheit“ 2010 in Dresden

Karasek, R. A. (1979). Job demands, job decision latitude and mental strain: implications for job redesign. In: Administrative Science Quarterly, 24, S. 285-308.

Karasek, R. A. & Theorell, T. (1990). Healthy Work: stress, productivity and the reconstruction of working life. New York: Basic Books.

Knoll, N., Scholz, U. & Rieckmann, N. (2005). Einführung in die Gesundheitspsychologie. UTB

Kreis, J. & Bödecker, W. (2003). Gesundheitlicher und ökonomischer Nutzen betrieblicher Gesundheitsförderung und Prävention: Zusammenstellung der wissenschaftlichen Evidenz. BKK Bundesverband und Hauptverband der Gewerblichen Berufsgenossenschaft

Kobasa, S. C. (1979). Stressful life events, personality, and health: Inquiry into hardiness. In: Journal of Personality and Social Psychology 37 (1), S. 1–11

Leymann, H. (2002). Mobbing: Psychoterror am Arbeitsplatz und wie man sich dagegen wehren kann. Wunderlich

Luxemburger Deklaration zur betrieblichen Gesundheitsförderung in der Europäischen Union. (2007). www.netzwerk-unternehmen-fuer-gesundheit.de/fileadmin/rs-dokumente/dateien/Luxemburger_Deklaration_22_okt07.pdf

Maslach, Ch., Leitner, M.P. und Lidauer, B. (2001). Die Wahrheit über Burnout. Springer

Meyer, M., Stallauke, M. & Weirauch, H. (2011). Krankheitsbedingte Fehlzeiten in der deutschen Wirtschaft im Jahr 2010. In Badura, B., Ducki, A., & Schröder, H., Klose, J. & Macco, K. (Hrsg.,). Fehlzeiten-Report 2011. Führung und Gesundheit. Zahlen, Daten, Analysen aus allen Branchen der Wirtschaft. (S.223-384). Heidelberg: Springer Verlag

Nagel, U. (2006) Psychische Gesundheit in der Arbeit beurteilen und fördern. Teil 1: eine schnelle Hilfe zur Selbsthilfe für Mitarbeiterinnen und Mitarbeiter; BG ETEM

Nagel, U. (2012) Psychische Faktoren am Arbeitsplatz. Teil 2: eine Handlungshilfe für Unternehmer und Führungskräfte; BG ETEM

Nagel, U., Gerecke, U., Jessulat, R. & Kainrat, S. (2011). Erweiterte Prävention in der Arbeit: Erfassung psychischer Fehlbelastungen, Fehlbeanspruchungen und Gesundheitsressourcen mit den validierten Diagnoseinstrumenten psy.Risk®. Zentralblatt für Arbeitsmedizin, Arbeitsschutz und Ergonomie, 61, (S.230–242).

Nagel, U., Gerecke, U. & Zschiesche, W. (2010). Im Wandel gesund bleiben: Psychische Gesundheitsressourcen bewerten und aufbauen. In: Tagungsband zum 16. Workshop „Psychologie der Arbeitssicherheit und Gesundheit“ 2010 in Dresden

Nagel, U.; Zschiesche, W. & Kainrat, S. (2010). Die Online-Lernplattform psy.Res®-online: Psychische Belastungen erkennen, beurteilen und beeinflussen. In: Tagungsband zum 16. Workshop „Psychologie der Arbeitssicherheit und Gesundheit“ 2010 in Dresden

Nagel, U. (2007). Organisation gesund gestalten: Chance für Betriebe, Herausforderungen für Führungskräfte. In: Rausch, K. (Hrsg.). Organisation gestalten: Struktur mit Kultur versöhnen. Pabst Science Publisher. S. 492-507

Nebel, C., Wolf, S. & Richter, P. (2010). Instrumente und Methoden zur Messung psychischer Belastung. In D. Windemuth, D. Jung & O. Petermann (Hrsg.), Praxishandbuch psychische Belastungen im Beruf (S. 261 – 274). Wiesbaden: Universum Verlag

Poppelreuter, S. (1997). Arbeitssucht. Psychologie Verlags Union, Weinheim

Poppelreuter, S., Mierke, K. & Wenchel, K. (2005). Psychische Belastungen am Arbeitsplatz. Schmidt

Rampe, M. (2010). Der R-Faktor. Das Geheimnis unserer inneren Stärke. Books on Demand

Richter, G. (2010). Toolbox Version 1.2 Instrumente zur Erfassung psychischer Belastungen. Dortmund: (BAuA). Bundesanstalt für Arbeitsschutz und Arbeitsmedizin.

Richter, P. & Hacker, W. (1998). Belastung und Beanspruchung: Stress, Ermüdung und Burnout im Arbeitsleben. Kröning: Asanger Verlag

Riechert, I. (2011). Psychische Störungen bei Mitarbeitern. Ein Leitfaden für Führungskräfte und Personalverantwortliche – von der Prävention bis zur Wiedereingliederung. Heidelberg: Springer Verlag

Riemann, F. (2009). Grundformen der Angst: Eine tiefenpsychologische Studie. Reinhardt

Sarges, W.; Wottawa, H. & Roos, C. (Hrsg.) (2010). Handbuch wirtschaftspsychologischer Testverfahren: Band 2 Organisationspsychologische Instrumente. Dustri

Satir, V.S. (2004). Kommunikation. Selbstwert. Kongruenz: Konzepte und Perspektiven familientherapeutischer Praxis. Junfermann Verlag

Schaufeli, W., Maslach, C. & Marek, T. (1996). Professional Burnout: Recent Developments in Theory and Research, Washington, DC, Taylor & Francis

Schaufeli, W.B. & Enzmann, D. (1998). The Burnout Companion to Study and Practice: A Critical Analysis. Taylor & Francis

Schindler, R. (1967). Die Soziodynamik in der therapeutischen Gruppe. In: Psychoanalyse und Gruppe 11 (Heft 5). Vandenhoeck & Ruprecht, S. 308–314

Schwarzer, R. (1997). Gesundheitspsychologie: Ein Lehrbuch. Hogrefe-Verlag

Schwochow, R. (1997). Workaholics: Wenn Arbeit zur Sucht wird. Links

Siller, E. (2009). Sinnerfüllung im Beruf: Zum Zusammenhang von Merkmalen der Arbeitstätigkeit, Sinnerfüllung, Arbeitsengagement und Wohlbefinden. Unveröffentlichte Diplomarbeit. Leopold-Franzens-Universität Innsbruck

Sochert, R. (1998). Gesundheitsbericht und Gesundheitszirkel. Band 3. NW-Verlag

Sonntag, K. & Frieling, E. (1999). Lehrbuch Arbeitspsychologie. Bern: Hans Huber Verlag

Sponsel, R. (2006). Spiritualität: Eine psychologische Untersuchung. Internet Publikation für Allgemeine und Integrative Psychotherapie, 26.08. 2006 (http:// http://www.sgipt.org/wisms/gb/spirit0.htm) (Stand: 06.08.2012)

Stahl, E. (2002). Dynamik in Gruppen: Handbuch der Gruppenleitung. BeltzPVU

Udris, I. et al. (1992). Arbeit und Gesundheit. Psychologie Verlags Union

Ulich, E. & Wülser, M. (2004). Gesundheitsmanagement im Unternehmen. Arbeitspsychologische Perspektiven. Wiesbaden: Gabler Verlag

Ulich, E. (2010). Verantwortung und Gesundheit. In Windemuth, D., Jung, D. & Petermann, O. (2010). Praxishandbuch psychische Belastungen im Beruf (S. 252-260). Wiesbaden: Universum Verlag.

Urban, H.-J., Pickshaus, K. & Fergen, A. (2012). Das Handlungsfeld psychische Belastungen – die Schutzlücke schließen. In Schröder, L. & Urban, H.-J. (Hrsg.), Gute Arbeit. Zeitbombe Arbeitsstress – Befunde, Strategien, Regelungsbedarf (S. 23-38). Frankfurt am Main: Bund-Verlag GmbH

von Hopfgarten, A. (2012). Seelische Abwehrkraft. In: Gehirn und Geist 2012 (Heft 3), S. 28-34

Wagner, R. & Harter, J.K. (2006). 12: The Elements of Great Managing. Gallup Press

Werner, E.E. (2001). Unschuldige Zeugen. Der Zweite Weltkrieg in den Augen von Kindern. Europa Verlag Hamburg

Westermayer, G. & Stein, B. A. (2006). Produktivitätsfaktor Betriebliche Gesundheit: Organisation und Medizin. Hogrefe-Verlag

Windemuth, D., Jung, D. & Petermann, O. (Hrsg.) (2009). Praxishandbuch psychische Belastungen im Beruf: vorbeugen – erkennen – handeln. Universum Verlag

10 Stichwortverzeichnis